産業用3Dプリンターの最新技術・材料・応用事例

Industrial 3D Printers : Latest Technology, Materials, and Application Examples

監修：山口修一
Supervisor : Shuichi Yamaguchi

シーエムシー出版

はじめに

　2012年頃から始まった今回の3Dプリンターブームにより，今では3Dプリンターという言葉は，すっかり市民権を得た感がある。過去のブームは産業界における一部の関係者の間での関心の高まりであったのに対して，今回はコンシューマー向けの低価格な3Dプリンターが家電量販店でも簡単に入手できるようになったこともあり，一般の消費者や産業界全体を広く巻き込んでのブームと言え，過去とは明らかに異なっている。3Dプリンターに関するニュースは今でも頻繁に取り上げられ，導入企業や参入企業も日を追って増加しており，これまでのように一過性のもので終わる気配はない。そのため今回はブームと呼ぶにはふさわしくないのかもしれない。確かに安価な3Dプリンターについてはその造形物の品質レベルが低いことから，一時ほどの人気や勢いはない。また知識やノウハウもなく，3Dプリンターを導入した企業においては，実際のものづくりに活かせていないケースも見受けられる。しかしその一方で，今回のブームが到来する前から，この技術を研究し，試行錯誤しながらこの技術と向き合ってきた企業においては，今回の関心の高まりによってもたらされた新しいニーズに対して，具体的なものやサービスを提供することが可能となり，ビジネスに確実に結びついている。また，近年の技術開発の進歩により航空宇宙やメディカル分野など，新たな用途への展開も着実に進んでいる。

　このように，かつてないほどに関心の高まりを見せている3Dプリンティング技術ではあるが，これまで産業用3Dプリンターについて，最新の動向を踏まえ，基礎から実用的な応用例まで，さらには関連するソフトウェアや今後の展望にまで踏み込んだ専門書は数少ない。そこで本書では，今回のブームが来る以前から3Dプリンターや関連する技術と向き合いながら技術を蓄積してきた第一線の研究者の方や企業の方に最新の技術を解説して頂くと共に，これからの展望についても解説して頂いた。本書はこれから技術開発を検討している研究者の方や3Dプリンターを使った新規事業を検討している企業にとって必要とされる，正しい知識と最新の技術や動向に関する情報を提供することを目的としている。

　ところで，3Dプリンターとは専門家の間では本来Additive Manufacturing（AM）装置の中でも安価な装置を指す言葉であったが，各種メディアがAM装置全体を表す言葉として用いたため，現在では広くこの意味で使われている。本書ではこれらの状況を踏まえAM装置全体を表す言葉として3Dプリンターを使用する。また，造形原理はASTM（American Society for Testing and Materials）国際会議で決められた分類に従うと，①材料押出法（Material extrusion），通称FDM，熱溶解積層法，②液槽光重合法（Vat photo-polymerization），通称光造形法，③シート積層法（Sheet lamination），④結合剤噴射法（Binder jetting），通称インクジェット粉末積層法，⑤材料噴射法（Material jetting），通称インクジェット光硬化積層法，⑥粉末床溶融結合法（Powder bed fusion），通称粉末焼結法，⑦指向エネルギー堆積法（Directed energy）の7種類となるが，用語は執筆者が日常的に使っている文言をそのまま使用しているため統一されていない。なお，本書では③と⑦を除き産業用途に普及している方法について解説している。

最後に年度末の御多忙な中，執筆をご快諾頂いた執筆者の皆様に心より御礼申し上げたい。本書が3Dプリンターに関係する多くの研究者や技術者，そして新規事業を検討している方々に参照して頂き，3Dプリンターによる新しいものづくりの時代の扉を開く一助となれば幸いである。

2015年5月

㈱3Dプリンター総研
山口修一

執筆者一覧（執筆順）

山口 修一	㈱3Dプリンター総研　代表取締役， ㈱マイクロジェット　代表取締役
安齋 正博	芝浦工業大学　デザイン工学部　デザイン工学科　教授
京極 秀樹	近畿大学　工学部　ロボティクス学科　教授
吉田 俊宏	シーメット㈱　営業部　部長
當間 隆司	武藤工業㈱　3Dプリンタ事業部　東京開発部　部長
早野 誠治	㈱アスペクト　代表取締役
萩原 恒夫	東京工業大学　大学院理工学研究科　産官学連携研究員
宮保 淳	アルケマ㈱　京都テクニカルセンター　所長
川瀬 至道	ユニチカ㈱　技術開発本部　技術開発企画室 テラマック推進グループ　グループ長
迫部 唯行	ユニチカ㈱　産業繊維事業部　繊維資材生産開発部　部長
上田 一恵	ユニチカ㈱　樹脂事業部　市場開発室　室長
木寺 正晃	愛知産業㈱　先進機能部　先進システム課　主任
吉川 大士	㈱ノリタケカンパニーリミテド　セラミックス事業部　技術部 商品開発チーム　チームリーダー
古川 英光	山形大学大学院　機械システム工学専攻　システム創成工学科 教授，山形大学　ライフ・3Dプリンタ創成センター長
高瀬 勝行	JSR㈱　筑波研究所　主任研究員

春日寿利	㈱スリーディー・システムズ・ジャパン　3Dプリンター事業本部 営業部　マネージャー
栗原文夫	㈱ディーメック　光成形統括
小泉卓也	シーメット㈱　営業部　営業Gr.
戸羽篤也	(地独)北海道立総合研究機構　産業技術研究本部　工業試験場 製品技術部　生産システム・製造技術グループ　主査（製造技術）
天谷浩一	㈱松浦機械製作所　常務取締役
中本貴之	(地独)大阪府立産業技術総合研究所　加工成形科　主任研究員
松下富春	中部大学　生命健康科学部　生命医科学科　特任教授
藤林俊介	京都大学大学院　医学研究科　感覚運動系外科学講座　整形外科　講師
福田英次	弓削商船高等専門学校　電子機械工学科　助教
樋口鎮央	和田精密歯研㈱　生産本部　常務取締役，生産本部長
竹田正俊	㈱クロスエフェクト　代表取締役
矢田拓	マテリアライズジャパン㈱　Streamicsコンサルタント
小林広美	㈱スリーディー・システムズ・ジャパン　3Dプリンター事業本部 営業部　マネージャ
丸尾昭二	横浜国立大学　工学研究院　システムの創生部門　教授
芦田極	国立研究開発法人 産業技術総合研究所　製造技術研究部門 オンデマンド加工システム研究グループ　研究グループ長

目次

第1章 産業用3Dプリンター概論

1 3Dプリンターの誕生から今日まで
～ラピッドプロトタイピングからアデティブマニュファクチャリングへの変遷～ ……… 安齋正博 … 1
  1.1 はじめに …………………… 1
  1.2 3Dプリンターという言葉 … 1
  1.3 3Dプリンターを使うための要素技術の昨今 ………………… 2
  1.4 3Dプリンターの泣きどころ … 4
  1.5 ラピッドプロトタイピング（RP） ……………………………… 5
  1.6 ラピッドツーリング（RT）とラピッドマニュファクチャリング（RM） ……………………… 5
  1.7 3Dプリンターの応用がもたらすもの ……………………… 6
  1.8 おわりに ………………… 9
2 3Dプリンタの将来と次世代技術開発 ……………………… 京極秀樹 … 11
  2.1 はじめに ………………… 11
  2.2 産業用3Dプリンタの課題 … 12
  2.3 次世代型産業用3Dプリンタ技術開発 …………………… 13
  2.4 産業用3Dプリンタの将来展望 … 17
  2.5 おわりに ………………… 18

第2章 各種積層造形技術と今後の展望

1 光造形法の現状と活用 ……………………………… 吉田俊宏 … 20
  1.1 はじめに ………………… 20
  1.2 光造形装置とは ………… 20
  1.3 当社の光造形装置について … 21
  1.4 当社の取り組みに関して … 23
  1.5 最新樹脂材料について … 23
  1.6 光造形アプリケーション … 23
  1.7 光造形精密鋳造について … 25
  1.8 光造形の将来 …………… 27
2 樹脂溶融型3Dプリンターの要素技術 ……………………… 當間隆司 … 28
  2.1 はじめに ………………… 28
  2.2 フィラメント …………… 28
  2.3 造形ヘッド ……………… 29
  2.4 送り込み機構（エクストルーダー） ………………………… 33
  2.5 造形テーブル …………… 34
  2.6 ヘッド駆動機構 ………… 36
  2.7 最後に …………………… 38
3 インクジェット法 ……… 山口修一 … 39
  3.1 はじめに ………………… 39
  3.2 インクジェット技術について … 39
  3.3 インクジェット法による各種造形

	方法 …………………………… 42	4	粉末床溶融結合法 ……… **早野誠治** 49
3.4	今後の展望 ……………………… 46	4.1	粉末床溶融結合（PBF）法 …… 49
3.5	おわりに ………………………… 47	4.2	市販されているPBF装置 ……… 52

第3章 造形材料開発の最新動向

1	材料から見た3Dプリンター ………………………… **萩原恒夫** … 65	3.5	おわりに ………………………… 93
1.1	はじめに ………………………… 65	4	3Dプリンター造形用材料：ポリ乳酸と高耐熱ポリアミド ……… **川瀬至道，迫部唯行，上田一恵** … 95
1.2	3Dプリンター …………………… 65		
1.3	ハイブリッド型積層造形装置 …… 74	4.1	はじめに ………………………… 95
1.4	材料から見た3Dプリンターの今後の行方 ……………………… 74	4.2	PLA ……………………………… 96
		4.3	Material Extrusion用フィラメント ……………………………… 99
2	粉末床溶融結合（PBF）造形向けポリアミド材料 ……………… **宮保　淳** … 77	4.4	材料の展開 ……………………… 102
		5	LPW社における積層造形装置用低コスト・高品質粉末の開発動向 ………………………… **木寺正晃** … 104
2.1	3Dプリンター技術としての粉末床溶融結合（PBF）造形 ……… 77		
2.2	樹脂粉末を用いるPBFの概要 … 77	5.1	はじめに ………………………… 104
2.3	PBF材料としてのポリアミド … 79	5.2	金属の積層造形システムの歴史と日本の現状 ……………………… 104
2.4	PBFに最適な長鎖脂肪族ポリアミド ……………………………… 80		
		5.3	英国LPWテクノロジー社について ……………………………… 106
2.5	ポリアミド11とポリアミド12の違い ……………………………… 81		
		5.4	金属の積層造形のマーケット …… 108
2.6	アルケマ社のPBF向けポリアミド材料 ……………………………… 83	5.5	高品位粉末とLPW社 …………… 109
		5.6	おわりに ………………………… 111
2.7	おわりに ………………………… 86	6	3Dプリンター造形用粉体材料の開発 ………………………… **吉川大士** … 112
3	インクジェット粉末積層法における各種材料 ……………… **山口修一** … 87		
		6.1	ノリタケにおける3Dプリンターの利活用 ……………………… 112
3.1	はじめに ………………………… 87		
3.2	結合剤噴射法における材料 ……… 87	6.2	3Dプリンター用造形粉開発の経緯 ………………………………… 113
3.3	材料噴射法における材料 ………… 89		
3.4	今後の動向 ……………………… 92		

6.3 3Dプリンター用石膏材料の要求特性 …… 113	7.7 材料のデジタル化：その社会実装へのアプローチ …… 125
6.4 ノリタケ製材料の技術的特徴 …… 114	7.8 化学系のメイカーズ革命を起こそう！ …… 125
6.5 造形例 …… 116	8 光造形法における材料開発
6.6 今後の展望 …… 117	…… **高瀬勝行** …… 127
7 3Dゲルプリンターが先導する化学系メイカーズ革命 …… **古川英光** …… 118	8.1 はじめに …… 127
7.1 はじめに …… 118	8.2 光造形用樹脂の基本構成 …… 127
7.2 二枚目の名刺 …… 118	8.3 光造形の応用分野と光造形用樹脂に対する要求特性 …… 129
7.3 広がらなかった高強度ゲルブーム …… 119	8.4 光造形用樹脂の耐熱性 …… 131
7.4 ゲルプリンターで，誰もが高強度ゲルを作れるようになる …… 121	8.5 光造形用樹脂の靭性 …… 133
7.5 3Dゲル造形物の評価 …… 121	8.6 光造形用樹脂の透明性 …… 136
7.6 3Dデジタルデータのもたらす意味 …… 123	8.7 光造形用耐熱・透明・靭性樹脂の物性紹介 …… 137
	8.8 おわりに …… 140

第4章　3Dプリンターを用いた応用技術と応用事例

1 3Dプリンターの各種方式と応用事例 …… **春日寿利** …… 141	2.1 はじめに …… 153
1.1 はじめに …… 141	2.2 原理 …… 153
1.2 3Dプリンターによる造形の仕組みの基本 …… 141	2.3 マイクロ波加熱の特徴 …… 154
1.3 3つの製品カテゴリと7つの3Dプリントエンジン …… 141	2.4 熱可塑性樹脂のマイクロ波加熱特性 …… 154
1.4 3D Systems 3Dプリンター製品紹介 …… 142	2.5 光成形プロセス …… 155
	2.6 マイクロ波成形機 …… 156
1.5 おわりに …… 152	2.7 マイクロ波成形品の性能 …… 156
2 マイクロ波成形技術（ゴム型で熱可塑性樹脂を成形する技術） …… **栗原文夫** …… 153	2.8 光成形品の特徴 …… 158
	2.9 今後の展開 …… 160
	3 光造形技術における透明材料を活用した流体可視化への応用 …… **小泉卓也** …… 161
	3.1 はじめに …… 161

3.2　様々な積層方法 …………… 161
　3.3　透明・可視化 ……………… 162
　3.4　まとめ …………………… 166
4　3Dプリンターを用いた鋳造用鋳型の作製技術と活用事例 ……… **戸羽篤也** … 167
　4.1　鋳造法における鋳型製造プロセス ………………………………… 167
　4.2　3Dプリンターによる鋳型造型の利点 ……………………………… 168
　4.3　3D積層鋳型造型機 ………… 169
　4.4　国内における鋳型造型用3Dプリンター開発の取り組み ………… 171
　4.5　3Dプリント鋳型を用いたリバースエンジニアリング ………… 172
　4.6　まとめ …………………… 173
5　金属光造形複合加工装置LUMEX Avance-25について …… **天谷浩一** … 174
　5.1　概要 ………………………… 174
　5.2　金属光造形複合加工法とは …… 175
　5.3　金属光造形複合加工装置の紹介 ‥ 177
　5.4　LUMEX Avance-25によるプラ金型製作 ………………………… 179
　5.5　LUMEX Avance-25による高機能部品製作事例 ………………… 182
　5.6　結言 ………………………… 183
6　金属積層造形装置を用いた金属部品や金型への応用事例および今後の展開 ……………………… **中本貴之** … 184
　6.1　はじめに …………………… 184
　6.2　炭素鋼粉末のSLM造形物の高密度化および高強度・高硬度化 …… 184
　6.3　低合金鋼粉末のSLM造形物へのプラズマ窒化処理による耐摩耗性の向上 ……………………………… 188
　6.4　おわりに …………………… 190
7　レーザー溶融3D積層造形による医療デバイスの開発事例および今後の展開 ……………… **松下富春，藤林俊介** … 191
　7.1　緒言 ………………………… 191
　7.2　造形品の品質 ……………… 191
　7.3　医療デバイスの開発事例 …… 195
　7.4　結言 ………………………… 199
8　電子ビーム積層造形装置を活用した医療機器開発への取り組みと適用事例および今後の展開 ……… **福田英次** … 201
　8.1　電子ビーム積層造形法 ……… 201
　8.2　電子ビーム積層造形装置を活用した医療機器開発 ……………… 203
　8.3　今後の展開 ………………… 206
9　金属積層造形装置を用いた歯科補綴物への応用事例 ……… **樋口鎮央** … 208
　9.1　はじめに …………………… 208
　9.2　鋳造プロセスへのAM技術の応用 ……………………………… 210
　9.3　製作方法 …………………… 211
　9.4　材料および方法 …………… 212
　9.5　設計の自由度 ……………… 216
　9.6　レーザークラウンの適応製品 … 217
　9.7　レーザーシンタリングのこれからの適応製品 ………………… 218
　9.8　レーザーシンタリングの将来展望 ……………………………… 221
10　3Dプリンターで成形するカスタムメイド人工骨―主に粉末固着法による人工

		骨成形の基礎と応用— **安齋正博** …… 222
10.1	はじめに …………………………… 222
10.2	AMにおける粉末固着積層法 …… 224
10.3	粉末固着積層法を応用した人工骨の製作 ……………………………… 225
10.4	その他のAMを用いた人工骨の製作 ……………………………………… 227
10.5	おわりに ………………………… 231
11	3Dプリンターを用いた超軟質心臓シミュレーターへの応用 **竹田正俊** … 232
11.1	はじめに ………………………… 232
11.2	時間および原価管理システム「CMAX」の構築 ……………… 233
11.3	いのちを救うプロジェクト ……… 233
11.4	再現性にこだわった技術革新 …… 234
11.5	独自性と今後の波及効果 ………… 236
11.6	How to makeからWhat to makeへ ………………………………… 237
12	Additive Manufacturingに特化したプロセス管理・自動化システム …………………… **矢田 拓** … 238
12.1	現在のAM技術 …………………… 238
12.2	AMを用いた生産 ………………… 238
12.3	AMプロセスを管理する専用システム ……………………………… 241
12.4	まとめ ……………………………… 244

第5章 市場動向と今後の展望

1	3Dプリンタ最新情報と今後の可能性 ……………………… **小林広美** … 245
1.1	はじめに ………………………… 245
1.2	3Dプリント＝積層造形（成形）法 ……………………………………… 246
1.3	3Dプリンタ 市場性 ……………… 247
1.4	3D Systems社について ………… 248
1.5	様々な積層造形方式と特徴 ……… 248
1.6	「ものづくり」の様々な段階で活用される3Dプリンタ ………… 249
1.7	3Dプリンタを活用した新しい生産メソッド ……………………… 251
1.8	医療分野での活用 ………………… 252
1.9	オンデマンド3Dプリント事業 … 253
1.10	エンターテインメント，フィギュア，記念品 …………………… 254
1.11	建築，土木，住宅販売など ……… 255
1.12	バーチャルリアリティと3Dプリント ……………………………… 256
1.13	宇宙開発 …………………………… 257
1.14	個人レベルに広がる3Dプリンタ ……………………………………… 258
1.15	Google "Project Ara" カスタム生産ラインに組み込まれる3Dプリンタ ……………………………… 260
1.16	最後に ……………………………… 261
2	マイクロ・ナノ光造形法による次世代造形技術 ………… **丸尾昭二** … 262
2.1	はじめに—光造形からマイクロ・ナノ光造形へ— …………………… 262
2.2	2光子マイクロ光造形法の原理と特徴 ……………………………… 264

2.3 2光子造形法の進化—加工分解能・加工速度の向上とハイアスペクト化— …………………… 266
2.4 2光子造形法の応用—高機能ラボオンチップの開発— …………… 267
2.5 無電解めっきによる金属化マイクロマシンの開発 ……………… 269
2.6 シリコーン樹脂型を用いた3次元構造体の複製技術 …………… 271
2.7 新規な感光性材料による機能構造体の作製—アモルファスカーボン構造体の形成— …………… 272
2.8 セラミックス材料を用いた鋳型技術による機能構造体の創製 …… 273
2.9 まとめと今後の展望 ……… 276
3 金属の積層造形技術の今後の展開と国際標準化の動向 ………… 芦田 極 …… 278
3.1 はじめに ………………… 278
3.2 3Dプリンターの多様化と材料の変遷 …………………………… 278
3.3 3Dプリンターによる金属部品の製作 ……………………………… 280
3.4 国際標準化の動向 ………… 284
3.5 金属3Dプリンターの今後の展開 ……………………………… 287

第1章　産業用3Dプリンター概論

1　3Dプリンターの誕生から今日まで〜ラピッドプロトタイピングからアデティブマニュファクチャリングへの変遷〜

安齋正博[*]

1.1　はじめに

　3Dプリンターという言葉は，実は2012年頃から使われるようになった言葉である。1980年代はRapid Prototyping（RP）という言葉が使われていた。Rapid Prototypingを直訳すると迅速試作品製作となる。我が国では積層造形とも言われた。日本語に訳すとどこにも積層などという意味は見当たらないのであるが，RPの原理（層を積み重ねて形を造形）から考えると日本語の積層造形の方がピンとくる。最近ではRapid Manufacturing やAdditive Manufacturingなどが用いられて，試作品造形以外ではRPという単語はやがて使われなくなるのではないかと思う。因みに，AMはASTMによって以下のように定義されている。

　Additive manufacturing（AM）is defined by ASTM as the "process of joining materials to make objects from 3D model data, usually layer upon layer, as opposed to subtractive manufacturing methodologies, such as traditional machining. Synonyms: additive fabrication, additive processes, additive techniques, additive layer manufacturing, layer manufacturing and freeform fabrication".[1]

　AMは，3次元モデルデータから付加加工プロセスによる製品製作手法であると言える。付加加工は足し算の加工方法であり，これと対峙する方法は除去加工である。その代表例は，切削，研削，放電加工などであり，金型の形状加工では一般に使用されている。

1.2　3Dプリンターという言葉

　2012年頃から，3Dプリンターを使用すればものづくりに革新が起こるというキャッチフレーズが多くの雑誌で取り挙げられ，テレビやラジオでもよく見聞きするようになった。これによって，小学生でも3Dプリンターという単語を理解するようになり，言葉が市民権を得てしまった。しかし，それ以前に販売されていた積層造形機が画期的に変わったわけではない。以下に，なぜこのようになったのかを分析して，これからどのように3Dプリンターを活用したらよいかについて私見を述べる。

　まず，オバマアメリカ合衆国大統領が，2012年の初めに，今後4年間で1000カ所の学校に3Dプリンターやレーザーカッターなどのデジタル工作機械を完備した「工作室」を開くプログラム

---

*　Masahiro Anzai　芝浦工業大学　デザイン工学部　デザイン工学科　教授

を起ち上げた。また，2012年8月には，3Dプリント技術を研究・発展させるためにオハイオ州に3000万ドルを投入してNAMII（National Additive Manufacturing Innovation Institute：全米積層造形イノベーション機構）の設立も発表した。このあたりから3Dプリンターという言葉がよく使われるようになってきており，それ以前には，3Dプリンティングという言葉はあったが，3Dプリンターという専門用語はなかったように記憶している。3Dプリンティングはインクジェットを使用して，スターチや石膏パウダーを固める方法で，文字通りプリンターに使用するインクジェットを使用している。これだとまさにプリンターである。しかし，現在3DプリンターはAdditive Manufacturing全体を指す言葉になってしまった。当初関係者は，目くじらをたててこの差異を説明したのであるが，最近では諦めて，3Dプリンターと言っている（少なくともわたしは）。デジタルものづくり教育および雇用促進が目的のようであるが，お金のばら撒きによる人気取りにしか思えないのはわたしが政治を知らないせいだからであろうか。

それとアメリカでのもう一つの出来事は，Chris Andersonという科学雑誌編集者がMAKERSというベストセラーを発刊したことも3Dプリンターを幅広く認知させた要因の一つである。The new industrial revolution：21世紀の産業革命が始まる，というショッキングな本であった。簡単に言えば，3Dプリンターを使えば，だれでもメーカーになれて，第2の産業革命がここから始まるというような内容である。要点を訳本よりまとめると以下のようである[2]。

①デスクトップのデジタル工作機械を使って，モノをデザインし，試作すること（デジタルDIY：Do It Yourself）。

②それらのデザインをオンラインのコミュニティーで当たり前に共有し，仲間と協力すること。

③デザインファイルが標準化されたこと。おかげでだれでも自分のデザインを製造業者に送り，欲しい数だけ作ってもらうことができる。また，自宅でも家庭用のツールで手軽に製造できる。これが発案から起業への道のりを劇的に縮めた。まさに，ソフトウェア，情報，コンテンツの分野でウェブが果たしたのと同じことがここで起きている。

少し日本語が変であるが，言いたいことを具体的に言えば以下のようになるであろう。

製造業にかかわらない（かかわっていても良いのだが）一般の人（Aさん）が，自分で何かをデザインして，こんなのデザインしたのですが，だれかこれ作ってくれませんか？……とネットを介して情報をばら撒く。それを見た製造業者が，いつまでに1個いくらでこんな材料でこの精度で作れますと情報をAさんに返す。その情報を基にAさんは気に入った製造業者へ発注する。Aさんは出来上がった製品をネット上で通信販売する。これでAさんも立派なメーカーだ。なんとなく胡散臭い話である。趣味の世界で自分だけ悦に入っていればこんな話もありだが，メーカーとしての種々の責任はどうなるのであろうか。

1.3　3Dプリンターを使うための要素技術の昨今

さて，このような二つの話だけで，日本が踊らされているわけではないと思う。3Dプリンターは，ものづくりのためのツールであるから，これが使われるためには種々の要素技術がある程度

第1章　産業用3Dプリンター概論

のレベルで整っていなければならない。以下にRP初期と現在での主要要素技術を比較してみよう。主な要素技術は，コンピューター，CAD，供試材料（使える材料），機械の低価格化と特許などであろうか。

　20年前のコンピューターと今のそれでは雲泥の差がある。これは誰でもが納得していただけると思う。当時エンジニアリングワークステーション（EWS）が1台一千万円以上であった。それでも重いデータでは，数日計算にかかるのが普通であった。今，同じ性能のPCは数十万円で買えるであろう。

　CADはどうであろうか？

　CADは明らかに高性能化，低価格化が進んでいる。また，大学の機械系の教育カリキュラムでもCAD/CAM演習は一般的になっている。機械設計・製図で使用していたドラフターにはほとんどお目にかかれない。また，ソフトウェア同士の互換性も有し，STLデータに変換する機能も有しており，このデータがほとんどの3Dプリンターを動かすソフトウェアのスタンダードである。3Dプリンターの基本は3D-CADによるモデリングである。したがって，3D-CADと3Dプリンターは切っても切れない関係である。さらに使い勝手が良く，安価なCADの出現が待たれる。

　現在でもそうであるが，使用できる材料は，各手法によって限定されている。しかし，各3Dプリンターで使用できる材料は大幅に増えている。例えば，3Dシステムズ社では，メタルを含めて100種類以上の材料を供給している。従来の工業材料に比べればごくわずかであるが，これだけでも応用範囲が増加するということで，3Dプリンターのユーザーにとっては喜ばしいことである。

　10万円を切る低価格の3Dプリンターも登場している。低価格の多くは，自分で組み立てるキット販売のようである。しかし，それなりの形状が造形できることが確認されており，you tubeなどでも動画で紹介されている。これは，基本特許が切れたことと無関係ではない。積層造形の基本特許は1980年代に多くが認証されており，20年以上経過している。しかし，その周辺特許や応用特許も多く，これから特許関係の係争が予想される。

　重要な積層造形関連特許を図1に示す。基本の原理まで遡ればかなり古い手法といえるものの，現在のように3Dデータの使用を前提とした発展は光造形法が登場してからである。光造形法の最初の発明者は日本人の小玉秀男博士である。その後，丸谷洋二博士によってもなされているが，いずれも3Dシステムズ社のハル（Hull）氏の特許より早いのである。残念ながら小玉氏の特許は手続きミスで成立しておらず，それゆえ光造形法は公知とされている。その他，光造形法に次いで広く使われているシート積層法の研究も，東大生研の中川研究室で早くから行われていた。このように，積層造形法の中心をなす2つの方法について，基本的な考え方は日本で誕生していたにもかかわらず，実用機の開発が米国に遅れることになったのは，日本の3D-CAD開発が遅れていたことが一つの理由とされている。

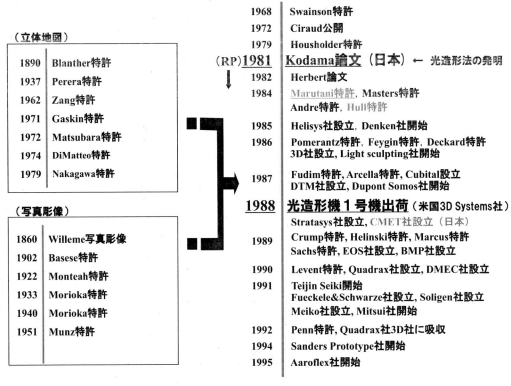

図1　積層造形法（RP）の歴史
参考：積層造形システム，工業調査会（1996）

1.4　3Dプリンターの泣きどころ

　さて，これまで，3Dプリンターの主に良いところに着目してきた。ここでは，改めて3Dプリンターの泣きどころを確認しておこう。まず，3Dプリンターは積層造形の一種であるから，層を積み重ねる。したがって，この層の厚み分だけ層間で段差が生じる。特に緩斜面では目立つので何らかの後仕上げ工程が必要になる。また，複雑形状の造形では，サポートといういわば支え棒が必要になる。この除去工程も手作業である。サポート除去・仕上げ工程の対策が必要である。当然であるがCADデータのモデリングが必要である。3Dプリンターは，CADデータを具現化するだけのツールであるから，これらはセットで考えなければならない。

　3Dスキャナーを使用するにしても，3D-CADを使用するにしても，CADデータが必要である。前述したように，3Dプリンターとこれらはセットにして考慮すべきである。むしろ，3D-CADデータよりは，何を作るのかのアイデアが重要である。このアイデアの具現化のために3Dプリンターが一番適当であれば必然的に3Dプリンターが使用されるべきである。

第1章　産業用3Dプリンター概論

1.5　ラピッドプロトタイピング（RP）[3]

　3Dプリンターを理解する上でRPは大変重要である。なぜなら，現在の3Dプリンターと呼ばれているシステムを構成するものはRP機を構成しているそれと同様だからである。以下に金型製作との関連におけるRPについて詳解する。

　製品の3D-CADデータがあれば，RPという手法によって試作品が簡単に自動的に製造できる。その原理は製品の3次元形状を薄い層が順次積層させられたものとみなし，何らかの方法により薄い層を自動的に作って，それを重ねていくという，付加加工のIT活用自動加工技術である。

　この方法で出来上がったモデルは，形状確認や試作品として使われるが，今まで長時間をかけて削り出し，さらにそれぞれのパーツを接着して作っていたものが，完全自動で素早く製作できるようになった。RPは金型を使った素形材製造法ではないが，素形材モデルが製造できるため，金型製造のためのコンカレントエンジニアリングに組込まれ，形状確認や試作品作りの役割を果たしている。CADデータができると短時間に試作品を製作でき手に触れることが可能となり，造形物の形状評価がより正確に行えるようになった。

　RPの方法には各種の方法が存在する。RPの長所はCADデータさえ準備できれば，一台の機械で自動的に最終形状を作れる点にある。短所としては，RPの方式ごとに材料に制約があり実際の素形材と異なり，表面に段差が生じ平滑化の手仕上げが必要であり，切削加工に比して形状精度が劣るといった点である。

1.6　ラピッドツーリング（RT）とラピッドマニュファクチャリング（RM）[3]

　積層造形を用いて成形用の型を早く安く製作することも可能であり，Rapid Toolingと呼ばれている。RTによるハードツーリングでは，その製作手法は以下の四つに大別できる。
①RP模型を非金属素材に転写する。
②RP模型をそのまま型として用いる。
③RP模型を金属素材に転写する。
④RP手法で金属の型を直接製作する。
　RTには樹脂型であるソフトツーリングと，金属製で大量生産にも使用できるハードツーリングがある。

　ソフトツーリングは積層造形モデルよりシリコンゴム型へ転写し，このゴム型に樹脂を真空注形する間接法と，積層造形品自体を樹脂製の型にする直接法がある。前者は注形材に制約があるものの，ゴム型の製作は簡単である。後者は射出成形に用いられ，耐久性を強化させるために積層造形材に金属粉末やセラミック粉末を混入させ，金属インサートを挿入している。

　ハードツーリングについては直接法が開発され将来の技術改良により実用化が期待されている。以下にハードツーリングについて説明する。

1.6.1　鋳造によるハードツーリング

　RPで作製された模型から金属製品を鋳造によって製作するには，非金属の模型を造形して鋳造

型へ転写し，鋳造によって金属製品を製作する方法と，鋳造型をRPによって造形して鋳造によって金属製品を得るという二通りがある。前者は早くから実用化され鋳造用模型として砂型製造に光造形で製作した模型が用いられている。

1.6.2　金属粉末焼結ハードツーリング

　樹脂コートした金属粉末をレーザー焼結する方法では，密度を高くするために溶融金属の含浸工程が必要である。この間に生ずる多少の寸法変化を見込んでおく必要がある。また，金属粉末を直接レーザー照射で溶融・焼結して高密度化し，金型形状を直接製作する方法は工程的には便利であるが，熱ひずみや精度問題に解決すべき問題も残っており，最終的に切削仕上げを必要とする。

1.6.3　金属光造形と高速ミーリングとの複合加工技術

　金属粉末のレーザー焼結による直接造形では，精度が悪く金型として使用するには，後加工が必須であり金型につきものの深リブ溝加工が困難となる。このレーザー焼結技術と高速ミーリング技術を複合化した技術は，RPの加工形状に対する制約が無いというメリットと切削加工の高精度というメリットをうまく組み合わせている。この手法は金属光複合加工と言われている。

　RTは現在，さらに進んで，実製品がダイレクトに製作可能なRapid Manufacturing（RM）へと移行されている。さらにその呼称がAMに変遷している。

1.7　3Dプリンターの応用がもたらすもの

　3Dプリンターをものづくりに活用することによってどのようなメリットがあるのだろうか。第1に，3Dプリンターの導入によってコンセプトモデル，試作品，金型などのツールが短時間に自動的に生産できる。これは，当初から言われてきたことで，この活用事例は自動車メーカーや家電メーカーの試作部門で長年使われてきた実績がある。CADをメインとしたデジタルデータを使用したものづくりにはますます欠かせないツールとなっている。

　第2は，上述のものづくり分野以外での活用によって，実際に使用できるものをデジタルデータからダイレクトに生産できることである。複雑形状，多品種・少量生産，タクトタイムの短縮，オーダーメイド，テーラーメイドなどがキーワードとなる。航空宇宙，医療などへの応用が期待できる。

　第3には，廉価3Dプリンターを用いた個人ユーザーのものづくりツールである。これは，最終製品としてよりもある程度の形ができていれば可とするモデリング，意匠確認などであり，フィギュア，アクセサリーなどはこれに類する。

　以下に2，3の事例を示す。

　図2は，ジェット戦闘機のダクト配管をレーザー溶融で製作したもので，スーパーエンプラであるPEEKを使用している[4]。このような複雑形状部品を金型による射出成形で造形するのは困難であり，部品点数も車などに比してはるかに少ない。複雑形状かつ多品種・少量生産の典型であろう。

第1章　産業用3Dプリンター概論

http://www.designnews.com/article/print/512823high_Tech_Parts_Planned_for_Joint_Strike_Fighter.php
http://www.royalcomposites.com/products/ht-laser-sintering

図2　3Dプリンターによるジェット戦闘機用配管ダクト適用事例
使用材料：PEEK

図3　3Dプリンターによるタイヤ用金型の作製事例
(㈱スリーディー・システムズ・ジャパン)

　図3は，自動車用のタイヤ金型の事例を示す[5]。5軸制御マシニングセンタを用いて切削加工するのが一般的であるが，最近では金属粉末を溶融・焼結して金型が製作可能になってきた。今後，このような複雑形状の金型への適用が増加すると考える。
　以下に3Dプリンターによる医療関連分野への応用について事例を挙げて説明する。
　図4は，粉末固着法によって直接インプラント用の人工骨を製作するもので，CTデータから得られた人体のデータを基に必要とする骨を設計し，実際に体内に埋め込むものである[6]。材料が骨と同一成分であるために，ある一定期間過ぎると自分の骨に置換されるというものである。
　図5は，レーザーメルティングによって製作した膝用インプラントである[7]。現在は削り出して製作されているが，3Dプリンターの有用性（複雑形状による軽量化，個人に応じた形状の最適

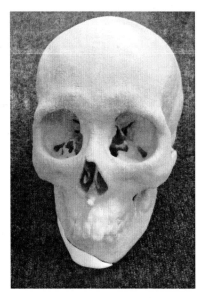

図4　3Dプリンター（インクジェット方式）で製作した人工骨
（㈱ネクスト21）

青い部分は，CTデータを基に製作した頭蓋骨（石膏），白い部分は顎変形部分に合わせて製作した人工骨（リン酸三カルシウムが素材）を示す。この骨は数年かけて実際の骨になっていく。

図5　Laser Meltingで試作した膝用インプラント
（㈱NTTデータエンジニアリングシステムズ）

化，表面の生体親和性の付与など）を発揮できる分野の一つであろう。同様に，この手法による歯科への応用（Co-Cr合金）もヨーロッパでは多くみられ，今後我が国でも認証されれば飛躍的に普及するのではないかと考える。

図6は，インクジェット方式で造形したフィギュアを示す[8]。3Dプリンターは，大量生産には

第1章　産業用3Dプリンター概論

図6　インクジェット方式3Dプリンターで造形した多色フィギュアの事例
(3Dプリンター-Bring画像)

不向きであると言われている。しかし，3Dデータを多数コピーして配列すれば大量生産も難しくはない。金型で製作した場合とのコスト，精度，時間との比較になろう。最近では，FDM方式でも多色タイプが開発され，今後多方面への応用が広範なものとなるであろう。

この種の造形では，個人で作成したデータさえ転送すれば，自分だけのオリジナルアイテムやフィギュアを製作したり，3Dデータを出品し造形物を販売したりするサービスもビジネス化されており，一般向けに普及しそうである。また，チョコレートやビスケットの造形などに使用している食品関係分野もあって，アイデア次第で応用は広範なものになろう。

1.8　おわりに

3Dプリンターの誕生から今日までというテーマで，歴史的背景に触れた。実際の積層造形研究は，さらに遡るが，3Dデータを併用した光造形からの説明に留めた。歴史的には，RP → RT → RM → AMと変遷してきた。

ものづくりのための形状加工，成形加工に完璧な手法は存在しない。種々の手法の中から，現状で最適なものを選択して組み合わせてゆくのがものづくり工程である。3Dプリンターもその一手法にすぎない。種々の加工法との棲み分けをきちんと考えて，それぞれの加工法の最適化を図っていかなければならない。その選択過程において3Dプリンターが最適であれば，大いにものづくりの将来に寄与することは間違いないところだろう。

ものづくり技術の異分野への応用もターゲットに入れ，新たな使い方を考えれば3Dプリンターの適用範囲はさらに広範囲になるだろう。

3Dプリンターの将来はどうか？と聞かれると明言できない。しかし，これからはDigital Direct Manufacturing（デジタルデータから直接製品をつくる）が当たり前になることは間違いない。もしかしたら，ちょっと高級なスマートフォンからデータをコンビニに転送して，コンビニには3Dプリンターが何台も設置してあって，造形してくれるようになるかもしれない。コンビニは無理

でも，ホームセンターに3D造形センターができるかもしれない。これまで，大量生産というと一般的には金型がツールになっていた。そうでないものづくりの形態も3Dプリンターによって拍車がかかるような気がする。

なお，本稿は，日本政策金融公庫，ゴム協会向けへ執筆した内容に加筆したものである[9,10]。

文　　献

1) Reprinted, with permission, from ASTM F2792-10 Standard Terminology for Additive Manufacturing Technologies, copyright ASTM International, 100 Barr Harbor Drive, West Conshohocken, PA 19428. A copy of the complete standard can be obtained from ASTM International, http://www.astm.org
2) クリス・アンダーソン，関美和（翻訳），MAKERS―21世紀の産業革命が始まる，NHK出版（2013）
3) 中川威雄，安齋正博，ものづくりの原点素形材技術，素形材技術解説書制作委員会編，175（2005）
4) http://www.designnews.com/article/print/512823high_Tech_Parts_Planned_for_Joint_Strike_Fighter.php, http://www.royalcomposites.com/products/ht-laser-sintering
5) ㈱スリーディー・システムズ・ジャパン講演資料（2013）
6) 安齋正博，山澤建二，成形加工，**16**(10), 626（2004）
7) 前田寿彦，素形材，**48**, 13-17（2007）
8) 3Dプリンター-Bring画像
9) 安齋正博，日本政策金融公庫調査月報，No.072, 38-43（2014）
10) 安齋正博，日本ゴム協会誌，**87**(9), 376-381（2014）

2 3Dプリンタの将来と次世代技術開発

京極秀樹[*]

2.1 はじめに[1,2]

　我が国においても，2012年のアメリカ・オバマ大統領の演説以来，急速に3Dプリンタへの関心が高まり，低価格の3Dプリンタが普及してきている。これは，ストラタシス社が開発した溶融堆積（FDM）法による装置で，基本特許が切れたこともあり，この領域では主流をなしてきた。2014年9月には，シンシナチ社がこの方法により，ABS樹脂に炭素繊維を混合した材料で電気自動車用の車体を造形して話題となった。産業用としては，本技術の先駆けとなった3D Systems社の紫外線硬化樹脂を利用した装置が最初で，試作品の形状確認などに利用されてきた。最近，産業用として主流となってきたのは，粉末積層法で，樹脂，金属，セラミックス粉末をパウダーベッドとして敷き詰め，レーザーや電子ビームにより溶融凝固させる方式である。この方式は，テキサス大学オースティン校が先駆けで，その後EOS社などがこの方式を取り入れた装置開発を行った。とりわけ，金属については，ドイツのEOS社，Concept Laser社，SLM Solutions社が販売台数も多く世界をリードしてきている。その他，3D Systems社の装置やRenishaw社の装置が販売されている。また，我が国では，㈱松浦機械製作所が松下電工㈱，現在のパナソニック㈱と開発した積層造形と切削を複合化した金属光造形装置が先駆けである。最近では，同様の装置をソディック㈱が開発している。また，粉末をレーザーにより溶融堆積して造形する溶融堆積法と切削を複合化した装置開発もDMG森精機㈱，ヤマザキマザック㈱において相次いで行われている。

　海外の動きを見ると，イギリスではMTC（Manufacturing Technology Centre）においてNottingham大学などの3大学を中心に，AM（Additive Manufacturing）技術の拠点化を行っており，ドイツにおいてもFraunhofer研究所を中心に，Paderborn大学を研究拠点として，金属3Dプリンタの強みを活かした技術開発を行っている。また，アメリカでは，オバマ大統領の演説により設置されたNAMIIを現在America Makesと改称して，AM技術の拠点化を行っている。いずれも，産学官連携を通じてAM技術の開発や人材育成を行っている。

　このような世界的な動きの中で，我が国においても，三次元積層造形技術の重要性についての認識が高まり，2013年度には，経済産業省が「新ものづくり研究会」を立ち上げ，2014年2月に報告書[3]をまとめている。この報告書においては，我が国の"ものづくり"における競争力強化を図る上で，本技術は"ものづくり"のプロセスおよび製品の革新を図る技術として重要であると指摘している。このような背景の下，2014年度より経済産業省の肝いりで，「三次元造形技術を核としたものづくり革命プログラム」[4]および内閣府によるSIPプログラム[5]が開始された。

　本節では，産業用3Dプリンタの課題と将来展望について述べる。

---

[*] Hideki Kyogoku　近畿大学　工学部　ロボティクス学科　教授

2.2 産業用3Dプリンタの課題

産業用3Dプリンタの課題としては，次のような点が挙げられる。

2.2.1 装置

装置における課題としては，ユーザーニーズから見ると，主に次の点が挙げられる。

- 造形速度の高速化
- 造形品の高精度化
- 造形品の大型化
- 傾斜機能・複層材料製造技術など

粉末積層溶融（パウダーベッド）方式においては，造形速度の高速化を図るために，SLM Solutions社は，周辺部を400Wファイバーレーザーにより，強固かつ高精度に造形し，内部については，1kWファイバーレーザーにより高速で造形する方式や4台のレーザーを搭載する方式を採用している。また，3D Systems社は，ローラー方式のリコーターの採用や微細粉末の利用により造形品の高精度化を図っている。造形品の精度については，熱変形による影響も大きく，最適造形条件（いわゆるレシピ）の検討，造形パターンの検討，さらにはサポートの最適配置などソフトウェアメーカーによる検討も行われている。これに対して，溶融堆積（デポジション）方式においては，積層造形と切削を複合化した装置が，DMG森精機㈱，ヤマザキマザック㈱から相次いでリリースされ，切削による高精度化を目指した装置開発も行われている。

造形品の大型化に対応するために，各社とも大型装置の開発に力を入れている。現在の標準造形サイズは，□250mmであるが，最近では，□500mm以上のものが開発されており，今後導入が進むものと予測される。

これに対して，傾斜機能・複層材料製造可能な装置開発はまだ研究段階であり，溶融堆積方式を中心に，今後の進展が期待される。

このように，ハードウェアに対する機能の向上は目覚ましく，さらに高いハードルとなってきている。

2.2.2 制御ソフトウェア

制御用ソフトウェアの課題として，次のような点が挙げられる。

- 操作性の向上
- サポート・ラティス構造自動生成
- 加工条件・材料データベースなど

操作性の向上，サポート・ラティス構造の自動生成など，マテリアライズ社を中心に開発が進められている。従来型のサポート形状から，図1に示すようにメッシュ状のサポート生成，さらには，3-maticといったソフトウェアによるラティス構造生成など，日進月歩で開発が進められている。加工条件・材料データベースについては，各社の装置に依存するところが大きく，いわゆるレシピとして各社から提供されているが，製品によっては必ずしも最適とは成らず，製造メーカーとして独自のデータベース化が必要である。

第1章　産業用3Dプリンター概論

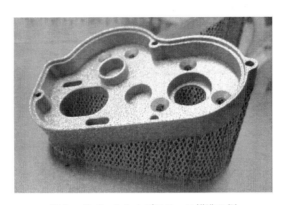

図1　サポートおよびラティス構造の例

このように，制御用ソフトウェアについては，ユーザーの意見を取り入れて，装置メーカーとタイアップしながら改善が進められているが，上記の点については，まだ多くの課題を抱えている。

2.2.3　金属粉末

金属粉末については，次のような課題が挙げられる。
- 低コストAM用粉末製造技術
- 高融点金属材料粉末製造技術など

装置メーカーから指定されることが多く，ユーザーからは非常に高価との指摘があり，本技術導入の障害の一つとなっている。今後は，さらなる低コストの金属粉末の開発が望まれている。また，高融点金属粉末などの製造技術は確立されているとは言えず，今後の新たな粉末製造技術の開発が望まれている。

2.3　次世代型産業用3Dプリンタ技術開発[4]

2.3.1　事業の背景および目的

欧米では，AM技術を一つの核とした設計・製造技術の革新が進行しており，航空宇宙，自動車，産業用機器などの製品設計・製造において，ますます重要な技術として認識されてきている。このように，新たな"ものづくり"のための設計・製造プロセスの革新は，我が国においても重要であり，本技術を支える装置開発は，とりわけ金属3Dプリンタ開発ではドイツのメーカーに大きく後れをとっており，今後装置の開発技術を有しておくことは，我が国のものづくり産業において極めて重要である。

このような背景の下，次世代のものづくり産業を支える三次元積層造形システムを核とした我が国の新たなものづくり産業の創出を目指すことを目的として，経済産業省「三次元造形技術を核としたものづくり革命プログラム」の国家プロジェクトが立ち上がった。これを実践する機関として技術研究組合次世代3D積層造形技術総合開発機構（通称，TRAFAM）が設立され，図2

に示す体制で，2014年度より5年計画で開始された。その内容を，以下に紹介する。

2.3.2　開発目標

次世代型産業用3Dプリンタ技術開発プロジェクトの目標は，世界最高水準の三次元積層造形装置を開発することで，

①高速化

②高精度化

③大型化

④複層化

を目指すものである。光源には，電子ビームとレーザービームの2種類を採用して，表1に示すような目標を達成する。具体的には，金属粉末の焼結・溶融に適した高速レーザー装置などの開発から，造形雰囲気の制御，金属粉末の積層技術の高速化などの日本のものづくり産業の強みを有する部分での開発を行い，積層造形速度が，現在の10倍，製品精度が，現在の5倍となる高速・高性能三次元積層造形装置を開発し，さらに，開発が終了する2020年に当該装置を実用化するものである。

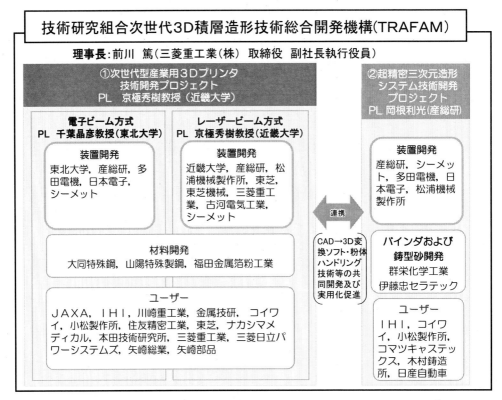

図2　技術研究組合次世代3D積層造形技術総合開発機構（TRAFAM）組織体制[6]

第1章　産業用3Dプリンター概論

表1　開発目標

	光源	造形サイズ（mm）	造形速度（cc/h）	寸法精度（μm）
タイプⅠ	EB	大型（1000×1000×600）	500	50
タイプⅡ	EB	小型（300×300×600）	500	20
タイプⅢ	LB	大型（1000×1000×600）	500	20
タイプⅣ（デポジション方式）	LB	小型（300×300×300）	500	20

2.3.3　事業内容

　本プロジェクトでは，上述の目標を達成する世界最高水準の次世代型産業用3Dプリンタの開発を行い，開発が終了する2020年に当該装置を実用化する。これにより，航空宇宙分野，医療機器分野，産業輸送機器分野などにおいて，これまでできなかった製品，形状が複雑でいくつかの加工技術を組合せないと製造できなかった製品ないし自由で複雑形状などの高付加価値製品などの製造を実現する。

　また，積層造形装置に使用できる金属粉体の材料開発や，材料の複合化・高機能化，後加工技術，未使用材料の回収などの周辺技術開発についても実施する。さらに，三次元積層造形に係る材料などの基盤技術の研究開発も併せて行うことにより，次世代のものづくり産業を支える三次元積層造形システムの高度化を図る。

　国家プロジェクトで求められている技術開発内容は，次の通りである。

⑴　**電子ビームおよびレーザービーム共通**
①異種金属を傾斜構造で積層することを可能とする。
②装置で使用する積層造形用の制御ソフトなどを開発する。
③粒径50μm以下の金属粉体の使用を可能とする。

⑵　**電子ビーム**
①電子ビームの出力は5kW以上，ビーム径は100μm以下。
②電子ビームコラム陰極の耐久時間は1000時間以上。
③加工室の真空度は1×10^{-2}Pa以下。

⑶　**レーザービーム**
①レーザーの出力2kW以上。
②高速パルス駆動技術の開発。
③ガルバノミラーの高速化，数台対応技術開発。

⑷　**金属など粉末開発および粉末修飾技術開発**
①金属粉末の粒径分布の狭幅化，微細化技術の開発。
②鉄系，銅系，ニッケル系，チタン系，コバルト系など3Dプリンタ用金属粉末の製造技術の
　確立。

③高温耐熱合金，耐食合金などの新合金材料を，当該産業用3Dプリンタにおいて使用できる技術の確立。
④金属粉末の高品質および低コスト化技術の開発。
⑤防錆など粉末修飾技術および傾斜材料用粉末製造技術の確立。
⑥チタン系および新材料合金を除く各種金属粉体については，粒径20μm以下のものを使用できるよう実用化開発する。

(5) 周辺技術（高機能複合部材の開発，後加工，未使用粉末の回収など技術）開発
①爆発防止など，装置の安全性対応技術の開発。
②造形物の自動搬出・ブラスト，粉体自動供給，金属粉体分離，不要粉体自動回収機構など周辺装置の開発。
③造形物の精度向上に資する最適な後処理加工技術の開発。
④機能複合部材の開発および積層条件などの検討。
⑤粉末の高性能分級技術の検討。

2.3.4 次世代3D積層造形技術開発

開発目標を達成するためには，上記の通り，多くの課題を解決する必要がある。TRAFAMでは，電子ビームとレーザービームの2種類を光源とした金属3Dプリンタ開発を行うとともに，金属粉末開発および制御ソフトウェア開発を含めた三位一体の次世代3D積層造形技術の開発を行っている。なお，レーザービーム方式では，粉末積層溶融方式と溶融堆積方式の2種類の装置開発を行っている。

(1) 電子ビーム方式3D積層造形装置技術開発

電子ビーム方式では，高速・高精度化・大型化を満足するために長寿命で高出力の電子銃の開発が重要な課題である。併せて，複層化に対するニーズは多く，重要な課題となっている。また，高速・高精度化，さらには大型化を目指すためには，最適造形条件の検討も重要であり，いわゆるレシピ開発のための加工条件の検討，シミュレーション技術の開発などを行っている。
①要素技術研究開発
②複層電子ビーム3Dプリンタ開発
③大型高速電子ビーム3Dプリンタ開発

(2) レーザービーム方式3D積層造形装置技術開発

粉末積層溶融方式では，高速・高精度化・大型化を満足するために，高出力・高品質のファイバーレーザーを開発することと併せて，多重光源化を図るシステムを開発する。また，溶融堆積方式でも，複層化が重要な課題となっている。電子ビーム方式と同様に，高速・高精度化，さらには大型化を目指すためには，最適造形条件の検討も重要であり，いわゆるレシピ開発のための加工条件の検討，シミュレーション技術の開発などを行う。
①要素技術開発
②複層レーザービーム3Dプリンタ開発

③大型高速レーザービーム3Dプリンタ開発

(3) 金属粉末開発および粉末修飾技術開発

金属粉末については、AM技術に相応しい材料開発とその低コスト化が重要課題となるため、次のテーマを実施する。

①新アトマイズ法による高融点・高活性金属粉末製造技術の開発
②気体流による遠心分離方式金属粉末分離機構の開発
③高機能粉末製造のための粉末修飾技術の開発

(4) 3Dプリンタ制御ソフトウェア開発

ソフトウェア開発については、STLフォーマットに代わるAMFフォーマットの開発、最適なサポート作成ソフトウェアの開発やラティス構造生成ソフトウェアの開発などを行うとともに、加工データベースとの連携による最適パスの生成ソフトウェアなどの開発を行う。

①各種フォーマットにおけるデータ処理ソフトウェアの開発
②加工条件設定・最適パス生成技術の開発

2.4 産業用3Dプリンタの将来展望

産業用3Dプリンタの将来について見ると、装置開発、すなわちハードウェア開発はもちろんのこと、設計技術についても変革していく必要がある。近い将来に向けて、必要な項目としては、以下のような点が考えられる。

2.4.1 次世代型産業用3Dプリンタの製造技術の獲得・展開

①デジタルマニュファクチャリングの重要なツールである産業用3Dプリンタの製造技術の獲得・展開
②世界の金属3Dプリンタ生産能力は、まだ低いため、今後の需要に応える産業用3Dプリンタ生産能力の拡大
③産業用3Dプリンタのさらなる高機能化への対応

例として、現在装置開発がされている複合機もその一つであり、今後、それぞれの製品にあった専用機の開発も必要である。

2.4.2 設計・製造技術の革新

これまで製造が不可能であった製品の設計技術の変革を行うことによる製品の高機能化を目指す設計技術、とりわけ、

①トポロジー最適設計
②軽量化構造の採用による機能化設計
③シミュレーション利用による最適設計

などを駆使した設計技術を確立するとともに、新たな人材育成プログラムを実施していくことが重要である。

(a) 気孔率 70%　　　　　　　　(b) 造形品

図3　ポーラス体の最適化設計の例
（最適化設計は，広島大学・竹澤准教授の厚意による）

2.4.3　次世代型産業用3Dプリンタによる製造技術の革新

本技術により，従来の加工法ではできない形状の製品の製造が可能であるとともに，

①製品の短納期化・低コスト化

②製品の軽量化・高機能化など

製品の製造技術を革新することができる。

これらにより，我が国独自の次世代型産業用3Dプリンタ製造技術を確立するとともに，我が国における"ものづくり"技術のノウハウを活かした，設計・製造・計測までを統合した統合生産システムを確立する。これにより，我が国の"ものづくり"における設計・製造技術の革新が推進されるとともに，本技術が他の分野における3Dプリンタ開発に幅広く展開されることも大いに期待される。

2.5　おわりに

これまで述べてきたように，産業用3Dプリンタ，とりわけ金属3Dプリンタについては，かなりの技術が確立されてきたものの，ハード面およびソフト面ともユーザーニーズには十分に応えられているとは言い難いのが現状である。しかし，このところの本技術への認識も高まり，今後はデジタルマニュファクチャリングにおける重要な加工法になることは間違いない。このためにも，さらなる本技術の革新と併せて人材育成が必要である。

第1章　産業用3Dプリンター概論

文　　献

1) 京極秀樹, 近畿大学次世代基盤技術研究所報告, **5**, 139 (2014)
2) 京極秀樹, 溶接学会誌, **83**, 250 (2014)
3) 経済産業省, 新ものづくり研究会報告書 (平成26年2月)
4) 大胡田稔, 素形材, **55**, 54 (2014)
5) NEDO SIP (戦略的イノベーション創造プログラム)／革新的設計生産技術, http://www.nedo.go.jp/koubo/CD3_100009.html (2015年2月28日現在)
6) 技術研究組合次世代3D積層造形技術総合開発機構 (TRAFAM) カタログ

第2章　各種積層造形技術と今後の展望

1　光造形法の現状と活用

吉田俊宏*

1.1　はじめに

「3Dプリンタ」という言葉が徐々に定着してきたように思う。なんでもどんなものでもできるという認識から何ができて何ができないのかの棲み分けを理解されている人が以前よりも増えた気がするのは気のせいではないだろう。2012年6月に東京ビッグサイトにて開催された展示会では，3Dプリンタゾーンへ前年の3倍以上の来場者が訪れ，爆発的な注目を浴びたのは記憶に新しい。それ以降，家電量販店や大手インターネット上でも3Dプリンタを取り扱うといった具合に過去には予想もつかない動きが現れ，3Dプリンタメーカの数も販売店数も数年前とは比較にならないほど増加した。

現在広義に使用されている3Dプリンタという呼称は以前，ラピッドプロトタイピング（RP）と呼ばれ，現在は欧米を中心にアディティブマニュファクチュアリング（AM）へと呼称が変化している。変化の理由は活用領域に変化が生じているためである。具体的には，単なる形状確認や試作領域のみの活用から高度な試験評価や実製品・部品としての活用領域へと変化している。そこには，「3DCAD」の普及と「3Dプリンタ」の普及が関与しており，今日設計者が製品形状や勘合などの確認を現場で適宜，容易に実行できる環境の実現に寄与している。

積層造形技術のパイオニア企業である当社は，四半世紀にわたり積層技術を開発し市場に明示してきたが，積層造形に長い歴史があることや積層造形技術の代表格である光造形の発明が日本人によるものだという事実を知らない方がまだ多いと感じる。様々な方式や価格帯の積層造形装置が台頭する中，まだまだどの方式を選択したら良いか迷う方も多いと思う。それはその方式の特徴を理解し，使用用途によって棲み分けることで解消されると考える。その棲み分けの一つの参考にして頂きたく，今も数多くの企業に使用されているシーメットの光造形に対する取り組みも含め，光造形装置とは何であるのか，どのように使用されるのかここでは述べていきたい。

1.2　光造形装置とは

光造形装置とは紫外線硬化性樹脂に紫外線を照射し硬化させ，積層していく方式の装置である。現在光造形装置は紫外線レーザで硬化させる方式のもの，プロジェクタで露光し硬化させる方式のもの，タンクに常に樹脂を入れる方式のもの，吊り下げ方式のものと様々である。その中で当社の装置はタンクに常に樹脂を入れておき，その表面に紫外線レーザを照射して硬化させる方式

＊　Toshihiro Yoshida　シーメット㈱　営業部　部長

第2章　各種積層造形技術と今後の展望

のものである。

　この方式の利点は小物から大物の造形品を精度よく速く造形することができるところである。

1.3　当社の光造形装置について

　当社は現在大型機種「RapidMeister ATOMm-8000」と中型機種「RapidMeister ATOMm-4000」の2種類を販売中である。

　2014年6月より，新大型光造形装置「RapidMeister ATOMm-8000（写真1）」を販売開始した。前年に発売した「RapidMeister ATOMm-4000（写真2）」と同じく，性能を従来機以上，価格は従来機以下というのがコンセプトである。光造形装置は10年以上前に1億円以上していたが，より多くの企業様に使用して頂きたいというコンセプトの下，研究・開発を重ね技術革新の末にリリースできた装置である。

　高性能に重点を置き開発した旧大型機種の「RapidMeister NRM-6000」と同じ機構を搭載しているにも関わらず，設計見直しなどにより実売価格を従来同型機種のおよそ半分にて販売することが可能になった。

　また，「ランニングコスト」も非常に重要であるため，新型レーザを採用し従来機比で約40％のコスト削減が期待できる仕様とした。

　当社製の樹脂全ての搭載が可能なので，当社の強みである透明高機能樹脂や環境にやさしい非アンチモン樹脂が全て活用できる。

　近年販売好調な3Dプリンタの導入企業に対するヒヤリング結果や専門誌のレポートを分析するとランニングコストについて不満を持つ声が多いことが認識できる。

　3Dプリンタは数百万円以内の製品もたくさん販売されているが，一方で材料やその他消耗品が

写真1　「RapidMeister ATOMm-8000」デザイン

写真2　「RapidMeister ATOMm-4000」デザイン

比較的高額に設定されている。光造形はサポートと呼ばれる支持材の痕が残るというデメリットを言われがちであるが，使用されるサポート材量は非常に少なく，1個当たりの造形品コストは他方式と比較しかなり安い。また，サポート痕は紙やすりなどで磨けば簡単に消すことができる上，造形方向を工夫すればサポートを付けたくない場所や手の届かない場所にサポートを付けなくても造形が可能である。

新製品「RapidMeister ATOMm-8000」や「RapidMeister ATOMm-4000」は前述の通り，イニシャルだけでなくランニングまでのコストを考慮しているので数年間の活用を想定した場合，トータルコストを比較した時，イニシャルコストだけで比べた場合程の価格差には至らないどころか装置は10年以上使用することが可能な為，それ以上と認識している。

加えて，「RapidMeister ATOMm-8000」のワークサイズはより多くの大型モデルを一体で造形できるようまた多種多様な製品や複数データの一括造形ができるよう，幅800 mm×奥行き600 mm×高さ400 mmと更に大きな造形が可能な仕様に設定した。

「RapidMeister ATOMm-4000」は2013年1月の販売開始以降，ハイエンド造形機の概念を大きく変え，これまで予算の上限制約によって3Dプリンタしか選択肢にすることができなかったお客様が，内製化を考える際，過去試作品として多く活用してきた光造形を導入検討の対象としやすくなった。更に「RapidMeister ATOMm-8000」を市場に投入し，大型機もまた選択肢の拡大に寄与すると考える。

当社は横浜市緑区白山に拠点を置く横浜樹脂開発センターに「RapidMeister ATOMm-8000」と「RapidMeister ATOMm-4000」を設置している。

本センターでは装置，樹脂の開発だけでなく，最適な造形条件の検証や当社製品の造形模様を

第 2 章　各種積層造形技術と今後の展望

いつでも見学して頂けるショールームとしての体制を整えている。

1.4　当社の取り組みに関して

　ここで一つ当社の取り組みに関して記述しておきたい。それは，アフターサービスに関してである。当社は製品の開発だけでなく，アフターサービスも自社および自社と密接な関係のある協力会社で行っている。

　装置が安定的に稼働していれば気にする必要のないことであるのは当然であるが，時に不具合が発生する。当社はその際，装置が止まってしまう期間をできるだけ短くするよう努めている。また，当社は保守サービスをニーズに応じて数種類用意し，お客様の選択肢を拡げると共に，保守契約に加入されていないお客様から造形に関するアドバイスなど求められても当然応じている。光造形装置は以前より安価になったとはいっても，まだ数千万円することは間違いなく，アフターサービスを充実させることは当然である。

1.5　最新樹脂材料について

　積層造形装置を選択する際，最も重要視されるものの一つが「材料の特性」である。

　光造形で重要なのは材料を硬化させる為のパラメータである。装置だけでも材料だけでもダメなのである。当社は装置の開発だけでなく，樹脂の開発も自社で行うことで，各部署が連携し合い，より早く最適なパラメータを見つけ出す工夫をしている。光造形の特徴は造形品の精度が良いことであるが，もう一つ他の方式ではなかなか真似できないのが透明の造形品である。

　当社は，約8年前に他社に先駆けて高透明樹脂「TSR-829」をリリースした。それにより透明造形品の需要は確実に顕在化した。以後，数社の光造形材料メーカ，3Dプリンタメーカが透明樹脂をリリースしている。しかしながら，「TSR-829」は透過率90％以上の高い透明性と磨き処理なしでも透明であることなどを特徴としており，自他ともに認める優位性となっている。

　当社は，この優位性に更に付加価値を加えるために既に2つの新規透明樹脂を販売開始している。

　一つは，透明耐熱樹脂「TSR-884B」である。この透明耐熱樹脂「TSR-884B」は，世界初「耐熱性」と「透明性」を両立した今までにない全く新しいジャンルに位置づく。透明耐熱樹脂「TSR-884B」は，ものづくり産業界で必須とされる環境性能として非アンチモン（アンチモン化合物を含有しない）仕様となっている。

1.6　光造形アプリケーション

　この透明耐熱樹脂「TSR-884B」を活用することによって，これまで市場から要望されてきた以下のニーズに応える写真3から写真6にあるような光造形品への適合を実現させることができた。

　①シリンダヘッドの内部でのオイル，液体の流れ方の視える化への適用例
　②ヘッドランプの光り方の視える化への適用例

写真3　TSR-884Bによるシリンダヘッド造形品

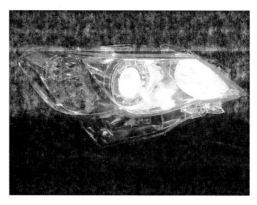
写真4　TSR-884Bによるカーランプ造形品

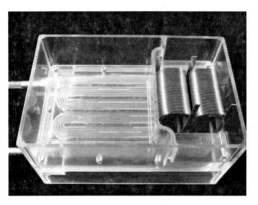
写真5　TSR-884BによるDC/DCコンバータ造形品

写真6　TSR-884Bによるカーエアコンダクト造形品

写真7　TSR-890によるクリップ造形品（左）とレンズ造形品（右）

③インバータ，モータの冷却水の流れ方の視える化への適用例
④エアコンダクトの温風の流れ方の視える化への適用例

第2章　各種積層造形技術と今後の展望

光造形の可視化ソリューションに関しては，別章で詳細に説明させて頂くが，数年前にはできなかった熱をかけた上での可視化が更に光造形の可能性を高め，ものづくりに対し幅を広げたことは間違いないだろう。

2つ目の透明樹脂は，透明高靭性樹脂「TSR-890」である。この材料も「TSR-884B」と同様に光造形固有の高い透明性を有しながら，組み付けやセルフタッピングが円滑に行える靭性が極めて高い特性を有する。なお，この樹脂も当然非アンチモン仕様である。

製造業では試作品を製作する際に何割か透明な材質で加工する需要が元来多く，「TSR-829」も多くのユーザに活用頂いているが，靭性が増したことで写真7にあるような強度や可視性を要するプロトタイプを中心に活用量は更に増大することを見込んでいる。

1.7　光造形精密鋳造について

次に「光造形精密鋳造」を紹介する。

通常のロストワックス精密鋳造は，初回に金型を製造しワックスパターンモデルを作製し，それをマスターモデルとして鋳造している。一方，「光造形精密鋳造」では，金型を使用せず光造形でワックスパターンモデルに代わるマスターモデルを製作する。

当社の提案する「光造形精密鋳造」には以下の特徴がある。

通常のロストワックス精密鋳造は，必ず初回に金型を製造し，それを用いてワックスパターンモデルを製造する。金型を使用する為，多ロットでないと金型製造コストを回収しづらく，金型製造に時間がかかることが問題であった。

「光造形精密鋳造」は，このワックスパターンモデルを金型ではなく光造形で製作する為，それらの問題を解決することができる。詳しくは，図1の通りである。

特に，開発初期段階の試作品製作や小ロット生産などのように，少量の精密鋳造品を必要とするニーズに適用できると期待している。よって，図2にある通りリードタイム，コストの両方を

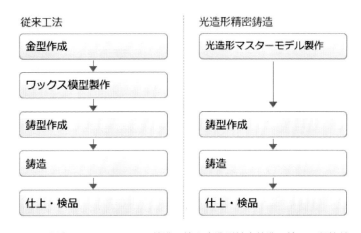

図1　従来のロストワックス鋳造工法と光造形精密鋳造工法の工程比較

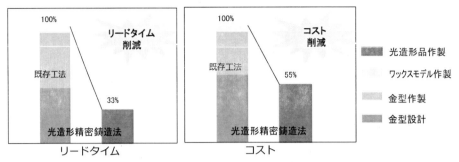

※本出典は羽モデル6個同時作製した際の費用比較である。

図2　従来のロストワックス鋳造工法と光造形精密鋳造工法のリードタイムとコストの比較

写真8　光造形精密鋳造のマスターモデルとした光造形品（左）と鋳造品（右）

削減でき迅速対応ができる。

　ワックスは，高温にすると溶解するが，光造形品は溶解ではなく，ガス化して消失する。従来樹脂は，大量の灰が鋳型内に残存してしまい鋳造品の鋳肌に悪影響を及ぼすことが多かった。しかし，当社が既に販売する非アンチモン樹脂「TSR-883」は，大幅にこの灰の残存量を軽減させることができる。その結果，鋳造品の出来栄えも大幅に向上した。

　光造形は，数ある積層造形法の中で最も高精度で見栄えの美しい光造形を造形する能力を持っている。したがって，「光造形精密鋳造」ならば光造形の造形品を忠実に鋳造品に反映させ仕上がりの良い鋳造品を製作することができる。粉末造形法による造形品のようなザラつきのあるマスターモデルでは，鋳造品の鋳肌もザラついてしまい，後加工が大変になってしまうが，そのような不満を解消できる。更に3Dプリンタの造形品の適用と比較しても，精度と薄肉形状の表現性でメリットを見出すことができる。

　特に，写真で紹介するターボインペラやインバータケースは，その代表的な事例である。このような形状では，粉末造形，3Dプリンタおよび切削加工の何れにおいても課題が発生することを市場から確認している。「光造形精密鋳造」のメリットを紹介するため，写真8にあるターボチャ

ージャーシステム用インペラへの適用事例を一つの事例として掲載する。

1.8 光造形の将来

　光造形は積層造形装置の中でも歴史が古く，その過程で光造形装置よりも安価なインクジェットプリンタの台頭，光造形よりも靭性が強いモデルを造形できる粉末焼結機の台頭により，その時代時代で光造形はもう終わるだろうと言われてきた。

　しかしながら，未だに光造形を多くの企業が使用しており，光造形に関して我々がアジア地域で高い市場占有率を得られているのはなぜだろうか。

　一つは技術革新の末，同サイズの造形装置であれば価格を同等もしくはそれ以下にすることができたこと。もう一つは光造形の可能性を信じ，またお客様のニーズに極力応えたいという企業努力により，少なからず少しずつでも光造形の利点を向上することができているということではないかと勝手に推測する。

　現在，積層造形装置は多種多様になってきているが，お客様のニーズを満たすことができる装置は出てきていない。それぞれの方式の一長一短を理解した上で，使用用途によって使い分けることが重要である。

　光造形装置で重要なのは間違いなく材料物性の向上である。実製品と同じもしくは限りなく近い物性を持つ樹脂の開発に対する要望は今に始まったことではない。光造形にとってそれは命題であり，永遠のテーマである。我々は少しずつでも物性向上を目指し，開発をし続ける。また，光造形品および当社の特徴でもある透明樹脂に更に付加価値をつけていきたい。

2 樹脂溶融型3Dプリンターの要素技術

當間隆司*

2.1 はじめに

本節では樹脂溶融型の3Dプリンターについての技術を整理していく。樹脂溶融型の3Dプリンターの基本的な造形方法は溶融した樹脂を細いノズルから吐出させ単層の構造体を作製し，この構造体を積層して造形物を形成する方法である。システムの構成としては樹脂を吐出するヘッド，樹脂を溶かすエネルギーを発生させるヒーター，樹脂を吐出させる力を発生させるフィラメント送り込み機構，吐出した樹脂を造形させるための造形テーブル，ヘッドを移動させて単層造形を行う平面駆動機構，単層の構造体の積層を行う昇降機構がハードウェアの基本構成である。このハードウェアと構造体の材料であり吐出圧力を発生させるピストン代わりとなるフィラメントとの組み合わせで樹脂溶融型3Dプリンターシステムは構成されている。以下にそれぞれの機能について技術を整理していく。

2.2 フィラメント

樹脂溶融型造形に使用されるフィラメントは造形材料でありながら，樹脂を吐出させる圧力を連続的に発生させるピストンの機能を持っている。使用される樹脂はポリ乳酸（PLA）やABS材が主流でフィラメントの径は$\phi 3.0\,mm$と$\phi 1.75\,mm$のモノが市販されている。フィラメントのポイントは熱による膨張や収縮に対するバランスのとり方と外形寸法のバラツキに対する押出し機構の余裕度の2点をハードウェア側が抑え込むべき内容になっている。

2.2.1 射出成型との差

フィラメントは溶融ヘッドで溶かされ，吐出され硬化するというプロセスを連続して造形物を構成していく。樹脂をノズルから吐出するにはガラス転移温度（Tg）を超え，溶融温度を超えないと自由に吐出することができないが，Tgを超えると熱膨張係数が極端に大きくなるので温度を上げ流動性を良くするとその分体積が膨張する。しかし，これが常温に戻った時には当然ではあるが，その分だけ収縮することになる。一方，造形は吐出した細線で面を塗り潰しながら構造体を作っていくので，どうしても吐出後の経過時間が面内，面間で異なってしまい，接合された樹脂同士に温度差ができてしまうことになる。吐出時の温度は一定なので発生する温度差は収縮の差になる。細線同士が独立なら問題ないが，接合した場合はその収縮度合に差がある状態が基準となり，これが同一温度に冷却される為内部に大きな歪応力が残ってしまう。さらにはこれを積層するので積み厚方向にも歪応力が発生し，完成した構造物の面が歪んでしまうことにもなる。この点が同じ樹脂構造体を作る射出成型法と異なる点で，硬化開始時点での樹脂温度をほぼ一定にできる射出成型と最も大きく異なる点であり，安定した造形には温度差が無くなるような造形経路を生成するツールが必要になっている。

＊ Takashi Touma 武藤工業㈱ 3Dプリンタ事業部 東京開発部 部長

第2章　各種積層造形技術と今後の展望

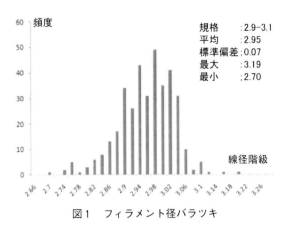

図1　フィラメント径バラツキ

2.2.2　フィラメントの形状バラツキ

　フィラメントの断面は基本的に円形であるが，真円度や径にバラツキが大きいモノがある。筆者が確認したモノでバラツキの大きかったモノを図1に示した。平均は規格内であるがバラツキが大きいことが分かる。フィラメントの外形形状は樹脂吐出のキーとなる特性なので，このようなバラツキを前提に造形ヘッドのフィラメント挿入部の径やフィラメント送り機構，押し圧力の調整などを十分に検証することが重要である。

2.3　造形ヘッド

　造形ヘッドは図2のように吐出ブロックとヒーター，スリーブから構成される。吐出ヘッドの機能はフィラメントを溶かす機能，溶けた樹脂を溜めるシリンダー（樹脂溜め），吐出を行うノズル機能に分解される。ヒーターは樹脂を溶かす為のエネルギーを発生するモノで，カートリッジヒーターを使用することが多い。スリーブは吐出ヘッドにフィラメントを送り込む為のガイド機能と吐出ブロックからの熱を遮断する機能を持っている。以下に各ブロックの機能について整理する。

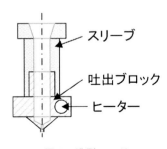

図2　造形ヘッド

2.3.1 吐出ブロック

　吐出ブロックの機能はフィラメントを溶融させる機能，溶けた樹脂を溜める機能，溶融した樹脂を決められた径で押し出す機能に分解される。先ず，フィラメントを溶融する機能であるが，これはヒーターの熱エネルギーを効率よく伝え，フィラメントを溶融させる機能である。では，最初にフィラメントが溶けるメカニズムを考えていく。最初にフィラメントが溶けるのは，フィラメントと吐出ブロックの内壁とが直接触れ，熱エネルギーが伝わり溶融が始まる（図3(a)）。続いて，フィラメントが溶融し始め，溶融樹脂の中に固相のフィラメントが押し込まれ，溶けている樹脂から熱エネルギーを受けフィラメントは溶かされていく（図3(b)）。この状態が定常状態であり，ヒーターが発生した熱エネルギーは壁面から溶融樹脂を介してフィラメントに伝わり，フィラメントが溶けていくということになる。ここで重要な点は，「溶融はエネルギーの授受であり，温度で決まるモノではない」という点である。一般的に樹脂が溶融する時，観測できる量は温度であるが，樹脂温度と相状態は必ずしも一致しない。図4は一定エネルギーを与え続けた時の樹脂の温度を定性的に示した図であるが，溶融し始めた樹脂の温度はほぼ一定であるが，樹脂の温度で相状態を規定することはできないということである。したがって，溶融は温度で考えるのでなく，エネルギーの流れで考えることが重要である。

　この系を制御系として観た場合，ヒーターが発したエネルギーは吐出ブロックを伝い，吐出ブロック内壁の温度を上昇させ，内部に溜まっている樹脂を媒介にフィラメントに熱を伝え溶かすという流れになる。エネルギーの流れと温度の状態について整理すると図5のようになる。この系は応答が非常に遅いので，吐出速度に応じた樹脂の溶融量をバランス安定させる為には，温度で考えるのでなく熱エネルギーの流れとして制御を考えていくことが重要になる。

　吐出機能については，安定した流れで吐出させることが望ましい。断面を考えると吐出ブロック内径に対し吐出口の径は十分に小さく，ここでの圧力抵抗は大きい。溶融樹脂は粘弾性体である為，吐出時の剪断方向の抵抗は大きく，フィラメント径から吐出径に変化する部分の変化率も重要なファクターである。連続的に変化させることが望ましく，極端に変化させると流れを乱し

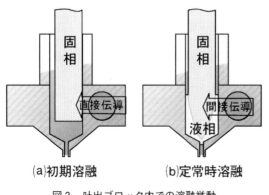

図3　吐出ブロック内での溶融挙動

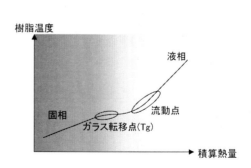

図4　熱量と樹脂の相状態

第2章 各種積層造形技術と今後の展望

樹脂が澱んで長時間高温に晒されることもあり，最悪のケースでは樹脂が焼き付き目詰まりを引き起こすことにもなる。実際の加工ではバイト先端角の問題で自由曲面にすることは困難だが，出力抵抗を小さくする形状については加工方法も含めて確立することが必要である。

2.3.2 ヒーター

樹脂を溶融するヒーターは通常，カートリッジヒーターを使用している。カートリッジヒーターの使い勝手は非常に良いが，吐出ブロックとの嵌合が緩いと熱の伝導性が悪化するので注意が必要である。熱伝導を改善するにはフィル材などを充填することで改善でき，高耐熱の充填剤をヒーターの嵌め合い部に充填することで熱伝導が安定する。ヒーターの熱制御は吐出ブロックの温度を検出してヒーターの駆動電流を制御することが一般的であるが，図5の温度勾配でも分かるように，吐出ブロック内の温度勾配は小さいが遅れ要素である為，応答性を改善するにはヒーターから内壁の厚みを薄くするなどの遅れ時間を改善する方策を取ることが必要になる。但し，熱伝導性の良いアルミ材などでは200℃を超える温度だと耐力が劣化し始めるので，ギリギリの厚みを狙う際は材料の温度特性についても充分な注意が必要である。また，ヒーター単体の発熱量を大きくしていく場合，エネルギー密度には上限があるので外形が大きくなってしまい，外形サイズと発熱量のバランスも考慮する必要がある。図2に示すヒーターはヘッドに1本取り付けた例であるが，この系だと吐出ブロック内での温度勾配ができてしまう為，熱を効率よく伝導する構造を採用することもポイントになる。また，カートリッジヒーターは軸に対して等方的に発熱するので，内壁とは反対側の発熱量をフィラメントの溶融に寄与させる熱伝導の経路についても充分に考慮するべきである。

2.3.3 スリーブ

造形ヘッドは最終的にXY平面を駆動するユニットに取り付ける必要がある。取り付け部は基本的に金属である為，ヒーターからの熱の流れをどこか阻止しないと熱が逃げ，効率を悪化させてしまう。また，フィラメントの入口の温度が高くなりフィラメントの軟化点を超えてしまうと，フィラメントが変形し，ピストンとしての機能が十分に発揮できず，最悪の場合，入口部で詰まってしまうということにもなってしまう。この為，吐出ブロックを保持するスリーブは熱伝導の

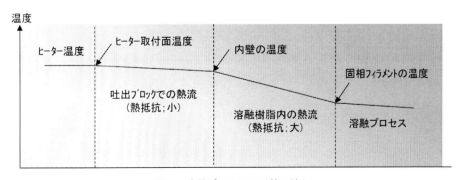

図5　溶融プロセスでの熱の流れ

悪い材料を使用することが重要になる。但し，樹脂材も金属に比べれば熱伝導性は悪いが完全に熱を遮断することはできないので，放熱とのバランスの問題になる。例えば造形ヘッドが230℃で造形を行っている状況を考えると，全体が高温になる為，熱の伝わりを妨げても平衡状態では高温になってしまう為，断熱だけではなく冷却も非常に重要である。これらを整理するとスリーブへの要求事項は図6のようになる。

図6の要求は平衡状態でのモノで，この条件を満たす現実解を見つけることが重要である。手段としてはスリーブ材質，スリーブ長，スリーブの冷却フィン，冷却ファンの流量などをバランスさせる必要があり，実験で求めることが近道であり，検証という意味でも重要である。

2.3.4 吐出ヘッドのアッセンブリ

ここまで個別のブロックについてのポイントをまとめてきたが，全体の組立に関して整理する。吐出ヘッドに期待することは，吐出される樹脂が吐出口から真っ直ぐ出てくることである。この為，造形ヘッドの中心軸は真っ直ぐ通っていることが重要である。これが狂うと吐出された樹脂が時々によって色々な方向を向いてしまい，造形が不安定になり，狙った単層造形が困難になってしまう。また，吐出ブロックとスリーブの軸がずれているとフィラメントのスムーズな送り込みを阻害する要因になる。さらに中心軸が通っていても，フィラメントの通過する経路が軸に対して対称でないとフィラメントが押し込む力が均等にならず，内部圧力に偏差が生じ，流れが不均一になり不安定な吐出になってしまう。図7は加工や組み立てで発生した不具合をまとめたモノである。

図7のノズル部では中心軸に対してノズルの軸心がずれ，傾いているケースである。ノズルが軸心から外れ，傾いているので吐出圧力が均等にかからず吐出の直進性が不安定になる。特に粘

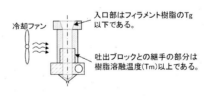

図6　スリーブに対する要求温度

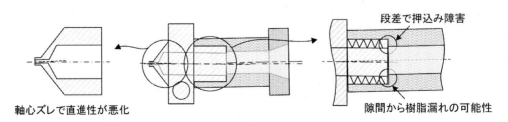

図7　造形ヘッドAssyの組立誤差

第2章　各種積層造形技術と今後の展望

性が高いと，吐出径はノズル径より太くなることが多いので吐出方向がより不安定になってしまう。また，スリーブ嵌合部ではネジで締結している為，ネジのガタ分やネジ形成の鉛直度により位置ズレや角度ズレを引き起こすことが多く，スリーブと吐出ブロックの合わせ目に段差や隙間ができてしまうことがある。このような不整合はフィラメントの引っ掛かりや溶融樹脂の漏れなどの不具合を引き起こす原因になる。このように個別のユニットの精度を上げても組合せでトラブルが発生することも多く，個別ユニットだけを考えるのではなく，アッセンブリを考慮した作り込みが必要である。

2.4　送り込み機構（エクストルーダー）

エクストルーダーはフィラメントが巻いてあるリールからの引き出す機能と，吐出ヘッドから樹脂を吐出させるための圧力を発生する機能の2つを受け持っており，一般的に図8(a)のような構成をとることが多い。

2.4.1　フィラメント側の負荷

フィラメントはリールに巻いてあり，これを引き出しているのがエクストルーダーである。フィラメントのパスは色々な形態をとるが，最近はエクストルーダーから距離をとって離れたところに配置するようになっている。この為，経路を規定するフィラメントガイドを通すことが多くなってきた。図8(a)はフィラメントの引出経路を図示したものであるが，フィラメントガイドは繰り出し時の摩擦抵抗が大きく，ロスになっていることが多い。この為，フィラメントガイドはフィラメントの摺動抵抗を抑えた素材を用いることがポイントである。摺動時の摩擦抵抗の要因としては，リールに捲かれた時の巻癖が考えられ，フィラメントガイドがストレートであっても側圧がかかり，摺動抵抗は大きくなる。また，フィラメントの外形は滑面ではない為，常に擦れている部分はフィラメントガイドが削られ変形してしまう。したがって，経時を考慮し，擦れる面が分散されるように形状考慮することも必要である。また，図8では周方向にフィラメントを引き出しているが，リールの軸方向に引き出すと，引き出したフィラメントに撚れが発生するので不安定になる要因が増えてしまうことになる。

エクストルーダーはフィラメントを引き出しながらリールも駆動している。リールを軸で受けている場合は回転させる力になる。しかし市販のリールの穴径はバラバラなので，細い受け軸で対応するが，引出の力と軸の摩擦で重心移動が繰り返されリールが揺動するので，負荷が一定にならないことも問題である。また，ローラー台で受ける方法については穴径が異なっても問題が無い構造であるが，巻が少なくなって軽くなると架台から脱落することもあるのでベストな方法とは言い難い。

2.4.2　ヘッド側の負荷

エクストルーダーのもう一つの負荷がヘッド側の負荷である。こちら側の負荷は大きいのではなく，制御性が要求されている。通常造形の場合，ヘッドの移動速度と吐出速度はリンクするのでヘッドの移動速度が遅い場合（例えば小さい距離を往復するなど）はエクストルーダーの送り

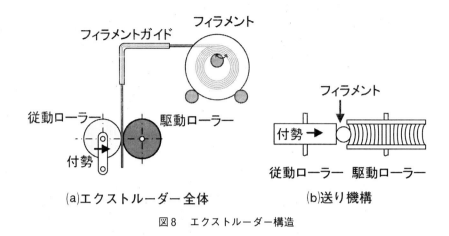

図8　エクストルーダー構造

速度は遅くなり，長い直線部を造形する時にはヘッドの移動速度が速くなるのでこれに応じてエクストルーダーの送り速度も速くなる。さらにこれらは連続で行われるので速度変化に追従することが求められる。

2.4.3　送り機構

エクストルーダーの送り機構は固定の駆動ローラーにバネで付勢した従動ローラーを押圧してフィラメントを送る構造をとることが多い（図8(b)）。この構造では滑らないように駆動ローラー側に歯を付けている。製品によく使用される駆動ローラーは中凹形状で送り歯付きというものが多い。エクストルーダーは正逆両回転するので，送り歯も両回転型のモノが必要になる。この機構部で重要なポイントは駆動ローラーと従動ローラーの軸の平行度である。両軸が相対的に平行が出ていない場合，フィラメントは斜めに送られるが造形ヘッドの入口で位置が規制される為，回転する力が発生してフィラメントを捩ってしまうことになる。フィラメントがエクストルーダーで捩られるとリール側も捩られ，この捩じれが限界まで溜まると送り歯の凹部分があっても外に逃げるようになり送り歯から外れることもあるので，送り歯形状とローラー同士の平行度は十分注意が必要である。

2.5　造形テーブル

3Dの樹脂造形では溶融した樹脂を積層して造形物を構成する。積層厚を仮に0.4mmで実現しようとすると，最初の層を造形する時，テーブルとヘッドのクリアランスは当然0.4mmとなる。この為，テーブルが反っていたり，ヘッドの動作平面に対して平行でない場合には最悪，ヘッドがテーブルにぶつかりノズル先端に傷を入れたりテーブルを削るといった問題になってしまう。この為，平面性を重要視してガラス材でテーブルを構成する製品も多く登場している。また，溶けた樹脂は当然Tgを超え熱膨張係数の大きい領域にいる。硬化の際，常温まで樹脂を冷却してしまうとその温度差によって吐出時の長さに対し大きく収縮してしまうが，これは物理現象なので

第2章　各種積層造形技術と今後の展望

回避することができない。この為，吐出時の樹脂温度と硬化後の温度の差分をできるだけ縮小することが重要になる。樹脂溶融型プリンターの場合，多くは造形テーブルを加熱して樹脂の硬化収縮量を抑える方法をとっている。以下にテーブル加温時の問題点を整理していく。

2.5.1　テーブル剛性と昇温速度

テーブルは基本質量に対して表面積が非常に大きくなっていることが特徴であり，放熱し易くなっている。したがってテーブルの昇温は非常に効率が悪い。また，テーブル剛性を上げようとすれば体積を増やすか，剛性の高い材料を使用する必要になるが，ステンレス材などの熱伝導性は悪い。例えば熱伝導度が良いアルミ材を使うと温度の上がり方は速いが，剛性が不足するので厚みを増やすことが必要になり，剛性の高いステンレス材を使用すると，熱伝導性が悪く昇温に時間がかかってしまうと不利な点がある。

2.5.2　平面性と温度

テーブルは平面性が重要であることを項の冒頭で説明したが，これを実現することはかなり難しい。特にテーブルサイズを大きくすればするほど難易度は上がってくる。テーブルを金属材で製作する場合，基本的に板材を加工することになるが，板材は冷間圧延で剛性を高めているケースが多く常温では平面であっても内部に加工歪が残っている為，高温になると内部歪が徐々に表れてきてしまう。例えば一般的なアルミ材（5052材）で300 mm×300 mm×3 mmのテーブルを考える。板材として反りの規定を±0.2 mmと設定すると，四隅を支持した場合には梁の長さは420 mm程度になり，自重だけで中央部は0.2 mm程度中凹になり公差を考えると最悪値は0.4 mmとなり造形物の単層厚み分に相当してしまう。また，四隅の固定をネジなどで締め切った場合，120℃程度まで温度を上げると420 mm方向は0.9 mm程度全長が伸びてしまう。この為，この伸び分を逃がそうとさらに撓んでしまいテーブル高さは0.4 mm以上の差が生じ，最悪の場合ヘッド先端がテーブルに当たってキズを入れてしまうことになる。また，最近はガラス板をテーブルにする製品も増えている。ガラス板の場合は厚みの公差は5 mm程度までは±0.2 mmなのでアルミ板と大差は無いが平坦性という意味では金属材より良好である。しかし熱伝導性が悪い為，同じ出力のヒーターを使用する場合は昇温時間がかかるという不利な点がある。

2.5.3　テーブルの組み込みの注意事項

2.5.2で造形テーブルに使用する材料について考慮しなければならないことを記載したが，平面性などを満足したテーブルを機器内に組み込む際，このバランスを崩さないようにすることも重要である。特にヘッドが単層造形する時に移動する平面に対し，テーブルは平行になるように組み付けなければならないが，組み付けだけで平行は出せないので調整の機構が必要になる。テーブルは3点支持が調整し易いが，造形物の重心が支持領域にない場合は荷重のバランスが変化するのでベストとはいえない。4点の支持だと造形位置には依存しないが調整の追い込みに時間がかかるという問題がある。また，点で支持せず辺を支持する場合，テーブルが支持部材の形状に倣ってしまうので支持部品の精度の追い込みも必要になるといった問題も生じる。さらにテーブルをネジなどでリジッドに固定すると昇温の際，締結部から熱が逃げてテーブル全体での温度

が均一にならなくなるので，テーブルの固定では熱を遮断する方策をとる必要がある。常温では平面が出ているが，昇温時テーブルの温度バランスが均一にならず局所的に温度が異なると，熱膨張の差で歪んで平面が維持できなくなるといったことが発生してしまう。このようにテーブルについては平面性，昇温時の温度均一性などを考慮した固定部材と固定方法を十分に考慮する必要がある。

2.6 ヘッド駆動機構

造形を行うのに必要な機能ブロックについて記載してきたが，最後にヘッドを移動させて造形物を構成する駆動機構について整理する。ヘッドの駆動方法については色々提案されており，①造形テーブルをX軸上で動かし，ヘッドをY軸と高さ方向のZ軸を動かし造形を行うモノ。②テーブルを固定し，XY平面を移動するユニットをZ方向に移動させるモノ。③XY平面を移動するユニットを固定し，テーブルを昇降させるモノなどが代表例として挙げられる。それぞれに得失はあるが，基本的な技術を以下に整理していく。

2.6.1 単層造形機構（XY平面の駆動機構）

3D造形では単層の構造体を積層して造形物を形成していくので，先ず，単層の造形を実現する機構について整理を行う。基本的にXY平面を構成する機構で重要になるのは，直角度，直線性，平行度となる。3Dデータは直交座標で表現されている為，造形時もXY軸は直線で直交していることが前提であり，XY軸は直交するように組み立てられているはずである。しかし造形ヘッドの支持構造によっては，軸は直交していても実際のヘッドの軌跡が直交しないというケースが発生する。図9はヘッドを片持ちにした場合と両持ちの構造を比較した単軸の駆動機構である。

(a)の片持ち構造の場合，駆動ベルトは剛性が無い上，軸との平行が出ていないとヘッドの水平は保てず，位置によってあおり角が変化し軸からヘッドまでの距離が変化する。また，軸方向に対しても軸受けの遊び分で回動する為，直線の軌跡をトレースすることが難しくなる。これの対処としては(b)の両持ち構造をとることで改善されるが，2本のガイド軸の平行の調整など，組立

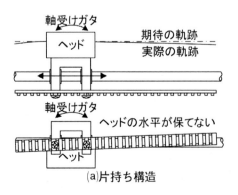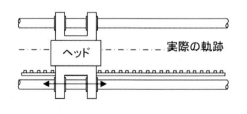

図9　単軸駆動機構

第2章　各種積層造形技術と今後の展望

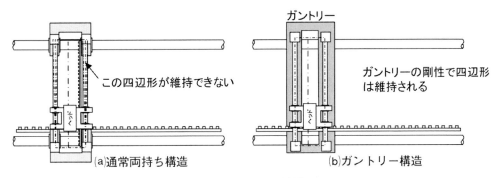

図10　ヘッド駆動機構

工数が増える為コストは上がってしまう。また，両持ちの場合はヘッドが占有するスペースが増える為，直交する軸の可動長を長くする必要が生じてしまうことも考慮する必要がある。

次にこの可動軸全体を動かすもう一本の直交軸を考える。①の構造と②③の構造では異なるが，①の場合，X，Yの駆動は独立になり其々を片持ちの駆動にすることもできるが，角度や水平の調整は最終組み立てで行うことになり大型の場合は不利になる。②，③の場合，ヘッドを駆動する軸を直交する機構の上に載せる為，両持ち構造をとることが多い。この場合ヘッドを直接駆動する軸の固定方法が問題になる。ヘッド駆動系の軸と異なり軸間の距離がヘッドの可動幅になり大きくなる為，軸が不安定になり易い。この為，ヘッド駆動軸を載せる軸駆動はガントリー構造をとる方がベターである。図10はガントリー構造と通常の両持ち構造の比較を描いたモノである。

2.6.2　昇降機構

単層造形の駆動については2.6.1で記載したが，ここではこれを積層する機構についてまとめる。①ではヘッド駆動軸を垂直方向に移動させる構造になる為，片持ちのヘッド駆動機構を通常両持ち構造の昇降機構で構成することができ，小さいサイズには向く方法である。但し，大型になると軸間が拡がり軸自体の直線性を確保することが難しく，またガタなどをキャンセルする為に精度を上げたり，補助部材が必要になり不利になってしまう。②，③の構造はXY平面を昇降させるか，テーブルを昇降させるかの違いであり，共に造形サイズより広い平面を昇降させることが必要になる。ヘッドが駆動するXY平面を昇降させる場合，この平面の剛性が重要になってくる。ヘッドが駆動する面ではヘッドの移動によって重心位置も動くので，これに耐えられる平面剛性を確保することが必須になる。実際の造形で昇降する速度とヘッドの移動速度を比較すると，圧倒的にヘッドの移動速度の方が速く，ヘッドの慣性を考えるとヘッドが動くXY平面を動かす③の方法は不利だと考える。

昇降で重要になるのはヘッドが駆動するXY平面と造形テーブルが常に平行になっていることである。昇降については押し上げる方法と引き上げる方法が考えられる。引き上げ法は軸の上部に引き上げ機構を設ける必要があり，製品の上部が基準面となるので，フレームの剛性をかなり上げないと揺れて基準にならなくなってしまう。押し上げ法は製品の下面を基準にできるので押

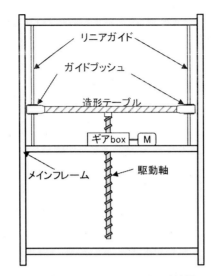

図11　リードスクリュー式昇降機構

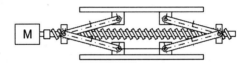

図12　パンタグラフ方式昇降機構

し上げる法が有利であると考えられる。押し上げ方法としては以下の方法が考えられる。

- リードネジ方式の押し上げ

  中央に駆動軸を置いて周囲にガイドを置く方法や3軸で支持し，支持軸を駆動させる方法などが考えられる。但し，造形時の駆動ピッチは積層厚みであることから非常に短い距離を動作させる為，2つ以上のアクチェータを同期運転で動かす場合は制御が難しくなる（図11）。

- パンタグラフ方式では構造中にリンク部品が多くなることから組立精度を確保することが難しくなる。また，昇降高さを角度で制御する為，浅い角度領域と深い角度領域で分解能が異なることが制御上面倒で，アクチェータに対する回転角の指示が複雑になることも問題である（図12）。

2.7　最後に

以上，樹脂溶融型プリンターの技術についてユニット毎に整理してきた。現在はそれほど多くの樹脂材料で造形することはできていないが，今後，エンプラやスーパーエンプラなどで造形ができる技術ができると，用途は格段に広がっていくと考えられる。ここでまとめた内容が次世代技術開発のベースになれば幸いである。

3 インクジェット法

山口修一[*]

3.1 はじめに

　立体物を造形する3Dプリンターには各種の方式があるが，ここではインクジェット技術を用いた方式について解説する。紙やフィルムといった平面に文字や画像を印刷するインクジェットプリンターは，今では多くのオフィスや家庭に設置されている。3Dプリンターに使われているインクジェット技術は，これらの平面印刷に使われている技術と基本的には同じである。高さ方向に積層していくプロセスに大きな相違点があるが，液材を対象物に向かって吐出させるプロセスは全く同一である。

　本節ではインクジェット技術の基本を理解すると共に，この技術を応用した，結合剤噴射法（Binder jetting，インクジェット粉末積層法）と材料噴射法（Material jetting，インクジェット光硬化積層法）の造形原理や現状の3Dプリンターについて解説すると共に今後の展望について述べる。

3.2 インクジェット技術について

　インクジェット技術の要を成すのは，液材を吐出するインクジェットヘッドと呼ばれるアクチュエータ部分である。3Dプリンター関係の書籍では，造形において重要な役割を担うこのヘッドについては一部の書籍[1]に書かれているが，専門書においてはほとんど解説されていないので，ここではインクジェット技術に関係する基本かつ重要な部分について解説する。

3.2.1 吐出方式

　インク液滴を形成するインクジェットヘッドについては，およそ150年前から研究が成されてきており，今日では様々な方式があるが，図1に示すように大きく二つの方式に分類される。

　第一の方式はコンティニュアス方式と呼ばれ，第二の方式はオンデマンド方式と呼ばれる。コンティニュアス方式は，連続的に形成された液滴に選択的に電荷を与え，偏向電極にて液滴を選別して文字を形成する。これに対してオンデマンド方式は，液滴形成が必要なタイミングでのみアクチュエータを駆動させて液滴を形成する方式であり，3Dプリンターに用いられているのは，全てこのオンデマンド方式である。次にこのオンデマンド方式について解説する。

3.2.2 オンデマンド方式

　この方式は，液滴を形成するアクチュエータの種類によってピエゾ方式，サーマルジェット方式（バブルジェット方式），静電方式などが考案されている。

　図2にベンド型のピエゾヘッドを示す。圧力パルスを発生させるための圧力室が液滴を吐出するノズルの数だけ形成されていて，それぞれの圧力室の上面または側壁には，独立駆動可能なピエゾ素子が貼られている。ピエゾ素子は圧電素子とも呼ばれ，強誘電体の一種で，振動や圧力な

---

[*] Shuichi Yamaguchi　㈱マイクロジェット　代表取締役

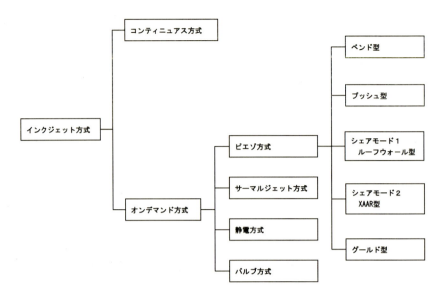

図1　インクジェット吐出方式の分類

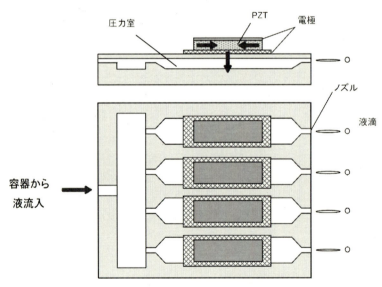

図2　ベンド型インクジェットヘッドの構造

どの力が加わると電圧が発生し，また逆に電圧が加えられると伸縮する素子のことである。ピエゾ素子に電圧が印加されると，ピエゾ素子が機械的に変形し，その変位により圧力室体積が変化するため，圧力室内部に圧力が発生する。この圧力波により，微細穴からなるノズル部から液を吐出させる。図3に液滴形成のプロセスを示す。糸状の液柱が空間に吐出されると，空中で複数

第2章　各種積層造形技術と今後の展望

の液滴に分離し対象物に着滴する。1回の駆動動作で吐出された液柱は複数の液滴に分離するが，液滴のスピードは10m/s前後であり，ノズルと対象物との距離は1mm程度のため，液滴が吐出されてから対象物につくまでの時間は1/1000秒程度である。このため，ヘッドを移動させながら液滴を吐出させても，着滴した際にはほぼ同一箇所に着滴するため，複数の液滴に分離しても通常は問題とならない。しかしノズルと着滴面の距離が離れていると別々の場所に着滴するため，造形の品質に大きく影響する。また，図4に示すように液滴が吐出するノズル部の液だまりや異物の付着により液滴の飛行方向が曲がることがあり，この場合は着滴位置がずれたり，吐出が不安定となって造形の際には大きな問題となる。

　図5にサーマルジェット方式（バブルジェット方式）のインクジェットヘッドを示す。各圧力室内部にはヒーターが設けられている。このヒーターに電流が流れると表面温度が約300℃になり，ヒーター表面では膜沸騰現象が起こり，気泡が発生する。この気泡の膨張により，圧力室内部に圧力波が発生し，これによりノズルから液滴が吐出される。

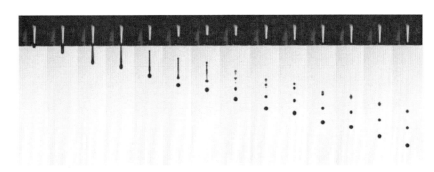

図3　液滴の飛翔過程の分解写真

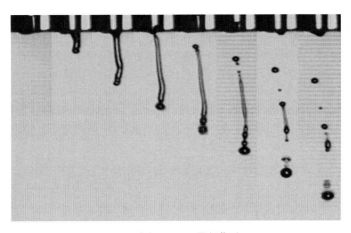

図4　吐出における飛行曲がり

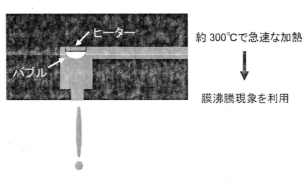

図5　サーマルジェットヘッドの構造

3.2.3　インクジェットヘッド

インクジェットヘッドには前述のようにピエゾ方式とサーマルジェット方式がある。現在3Dプリンターにおいては，結合剤噴射法ではピエゾ方式とサーマルジェット方式が，材料噴射法ではピエゾ方式が採用されている。サーマルジェット方式では水性の液材料のみ吐出可能なため，材料噴射法で紫外線硬化液を吐出する際には原理的に使用することが難しい。結合剤噴射法では結合剤に水性液材を用いる場合，この方式が可能となる。またこの二つの方式には大きな違いがある。ピエゾ方式は製造コストが高いため使い捨てにするのが難しく，サーマルジェット方式のヘッドはMEMS技術により大量に低コストで生産可能なため，使い捨てが可能となる。これは3Dプリンターに搭載する際には重要な差異をもたらす。詳しくは後述する。

現在市販されている3Dプリンターに使われているヘッドは，一部を除きその多くが二次元の平面に印刷するためのプリンター用に開発されたヘッドを用いている。

3.2.4　インクジェット吐出液材料

結合剤噴射法と材料噴射法では，吐出する液材が基本的に異なるが，インクジェット吐出という面から見ると，液材が持つ物性値がある範囲に入っているかどうかで吐出の可否が決まる。ピエゾインクジェットヘッドでは液の粘性が1〜20 mPa·sの低粘度の液材を吐出可能であるが，各社の各ヘッド毎にこの範囲は異なっている。またヘッドにはヒーターが搭載されているものがあり，60〜120℃程度にヘッドを加熱できるため，この加熱した温度において，上記の粘度範囲に入れば吐出可能となる。紫外線硬化材料やワックス材料を造形に用いる場合は，ヒーター付きヘッドが使用されている。また，粘度以外には表面張力が40 mN/m以下の液材が適している。

結合剤噴射法では吐出する液体は，粉体同士を結合させて固めるためのバインダー液材料であり，材料噴射法では造形物そのものを形成するモデル材とオーバーハングを形成するための除去可能なサポート材から成る。材料については別の章にて解説する。

3.3　インクジェット法による各種造形方法

インクジェット技術を用いた造形法には結合剤噴射法（Binder jetting，インクジェット粉末積

第2章　各種積層造形技術と今後の展望

層法）と材料噴射法（Material jetting，インクジェット光硬化積層法）があることを前述したが，ここではこの二つの方式について詳しく解説する。

3.3.1　結合剤噴射法（Binder jetting）

図6に石膏を用いた3Dプリンターの動作原理を示す。平らなテーブルの上に石膏粉末を積み上げ，ローラーで高さが0.1mm程度となるように粉を掻き，薄い石膏粉末の層を形成する。その上からインクジェットヘッドにより着色用インクと粉末の結合用バインダー液を吐出させ，粉末を着色し固める。次にこの造形物の形成されているテーブルを下降させ，この上に石膏の粉を再び積み上げ，指定厚みとなるように粉を掻き，液材を吐出する。これを繰り返しながら立体を造形していく。市販のこの方式の3Dプリンターには現状サーマルジェットヘッドが用いられているが，インクやバインダー液は水性の溶液であり，ピエゾヘッドでも吐出可能である。しかしながら，石膏を用いる3Dプリンターにサーマルインクジェットヘッドが使われているのには理由がある。石膏は粉体であり，これらの粉がインクジェットヘッドのノズル近傍に付着するリスクがある。この付着が進行すると，ノズルから吐出される液滴に飛行曲がりを生じたり，最悪の場合ノズルに詰まり，吐出不良を発生させる原因になる。このため，着脱が容易で，仮に詰まっても新しい液材やインクの入った新しいヘッドにユーザーが簡単に交換できる，このタイプのヘッドが使われており，これにより信頼性も維持できる。

　この方法の特徴は，液を吐出するノズルが多数形成されているため，造形速度が比較的高速なことと着色した造形物を作れることである。またオーバーハング部を形成する際，造形には関与

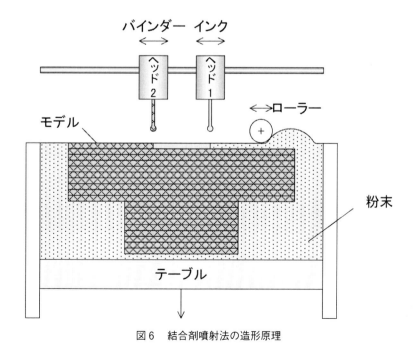

図6　結合剤噴射法の造形原理

産業用3Dプリンターの最新技術・材料・応用事例

写真1　voxeljet VX4000

しない下方部にある粉が支えとなるためサポート材を必要としない。

　なお，石膏で造形したものは強度的には不十分なため，後処理で硬化剤が含浸され強度アップがなされる。また，表面はなめらかではないため，研磨などが必要となる。最近では石膏だけでなく樹脂の粉末を用いて，これに色のついたインクと粉を固めるバインダーを塗布し，その後に加熱プロセスを経て，造形物が完成するような装置も製品化されている。石膏を材料とするプリンターとしては米国の3D Systems社のProJet® 660 Pro[2]や，樹脂粉末を用いたプリンターとしてはProJet® 4500[3]がある。この方式の3Dプリンターは，フィギュアや商品見本，住宅模型，ジオラマなど，着色を活かした用途に用いられる。

　結合剤噴射法では粉末の材料を石膏以外の材料に変えることにより，新しい様々な用途が生まれている。たとえばカルシウム系の粉末を使った人工骨の作製例[4]や鋳物の鋳型作製にもこの手法が使われている。硅砂（ケイシャ）や人工砂などを使った鋳造用砂型作製用3Dプリンターは米国のExOne社やドイツのvoxeljet社から製品化されている。写真1はvoxeljet社で最大の造形エリア，$4000 \times 2000 \times 1000$ mm（L×W×H）を持っているVX4000[5]である。

　インクジェット方式の特徴として，精密な軸上でインクジェットヘッドを移動させれば大きな造形エリアが確保でき，さらにインクジェットヘッドを多数配列すれば高速な造形が可能となるため，造形物の大型化や造形速度の高速化において今後の本命技術と言える。

　日本では産学官の連合組織である技術研究組合次世代3D積層造形技術総合開発機構（Technology Research Association for Future Additive Manufacturing；TRAFAM）[6]が中心となって次世代の産業用3Dプリンターを開発しており，鋳造用砂型を造形する3Dプリンターの試作機が発表されている。

　この他にも樹脂粉，セラミック粉，金属粉，砂糖やスターチなどの食品の粉も同様に造形ができるため，今後用途の拡大が見込める。

　課題としては装置や粉末材料，バインダー液が高価であり，造形後に後処理を必要とする点で

第2章　各種積層造形技術と今後の展望

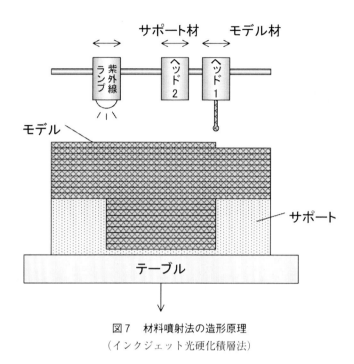

図7　材料噴射法の造形原理
（インクジェット光硬化積層法）

あるが，今後この分野へは多数の企業の参入が予定されているため，徐々にこれらの課題も解決されていくものと予想される。

3.3.2　材料噴射法（Material jetting）

　この方式で吐出する液材には大きく分けて二種類ある。一つは紫外線で硬化する材料であり，もう一つは熱で溶解するワックス材料である。この方式による3Dプリンターは3D Systems社，Stratasys社，㈱キーエンスより販売されている。

　紫外線で硬化する液材料を用いた場合の造形原理を図7で説明する。プリントヘッド1を用いて紫外線硬化材料を塗布し，その直後に紫外線ランプにより材料を硬化させる。この方式で用いるプリントヘッドは，これまで二次元の大判プリンターで使用されていたものが使われている。これを繰り返し，高さ方向に硬化した材料を積み上げていく。この積層過程においては，平坦度を確保するため，塗布面をローラーにより平坦化するなど様々な工夫がなされている。

　ワックス材料を使う場合に紫外線ランプは不要であり，ヘッドの内部で加熱溶融した液材が，ヘッドより吐出され，着滴した瞬間に冷えて固化する。この方式では液滴単位で瞬時に固化するため，造形面に液滴の凹凸が残る場合もあり，そのような場合にはカッターにより，造形上面部を削るように工程された装置もある。また，ワックス材料とUV材料の両方の特性を持った材料も開発されている。

　一回の積層厚みは最も高精細なもので15μm程度であり，1mmの高さを積層するのに30分から1時間程度を要する。従って生産性は高くないが，3Dプリンターの造形エリア内であれば，複

数の造形物をエリア内に複数配置して同時に造形できるため,一度に多数の造形物を作製することが可能となり,1個あたりの造形時間は実質的には短くできる。

なお,本方式ではオーバーハング部の形成や複数部品を組み合わさった状態で同時に造形するために,後処理で除去可能なサポート部を形成する必要がある。サポート部を形成するために,モデル材用のヘッド1とは別にサポート材専用のヘッド2が搭載されている。また複数の材料をモデル材として使う場合には,同様に材料の種類毎にインクジェットヘッドを搭載すればよい。造形の際にはパソコン用カラープリンターと同様に,これらヘッドを同時に移動させながら複数の液を吐出すれば,高速で複数の材料による造形が可能となる。造形を1本または数本の樹脂押し出し用ノズルやレーザー光でベクトル描画する他の方式に比べて,インクジェット方式は多ノズルを有するインクジェットヘッドを多数搭載してのラスター描画が可能であり,高速化と材料の多種類化の面で他の方式に対して優位性がある。

また,複数の材料を複数のインクジェットヘッドより吐出可能なため,一つの断面内や厚み方向に対して,材料の組成や配置を自在に変化させた構造物を構築していくデジタルマテリアル技術としても注目されている。この技術を応用することにより,断面内で材質が変化する傾斜材料が可能となり,従来の樹脂成形技術では作ることができなかった,複雑な構造や機能を持った部品が作製可能となる。将来は3Dプリンターとして立体物を作製することに留まらず,エレクトロニクス分野で三次元構造デバイスを作る技術としても注目を集めるであろう。

この方式の用途は,工業用製品の形状確認の試作が中心である。カラー造形できる装置では手術前の検証モデルやアート作品の出力に使われている。この方式での造形物の寸法精度は0.2〜0.5mm程度であり,精密な部品や数mm以下の小型の部品にはまだ使えない。

3.4 今後の展望

インクジェット式の3Dプリンターにおいて,結合剤噴射法では今後多様な材料が開発され用途を拡大していくものと思われる。中でも今一番関心を集めているのは,米国Hewlett-Packard社が2016年に産業用3Dプリンターを市場投入するというニュースだろう。この3Dプリンターは「Multi Jet Fusion™ technology」を採用している。現在発表されている資料[7]によれば,樹脂粉末とインクジェット技術と熱硬化を組み合わせた技術ということになる。新しい技術の造形プロセスは,熱可塑性の樹脂粉末を平らにならしたところに,サーマルジェット方式のインクジェットヘッドで熱に反応する液材を造形部に対して吐出する。液材には,硬度を重視した造形物の内部を形成するために使われるFusion Agentsと,造形物の表面をなめらかに作るためのDetailing Agentsの2種類がある。Fusion AgentsとDetailing Agentsは熱を受けたときの反応が異なる。造形面上を移動する熱源によって熱を与えると,Fusion Agentsが塗布された部分は溶解してより強固になる。

Multi Jet Fusion™ technologyでは,熱可塑性樹脂を使うことで強固な造形物を,従来比10倍の速度で作れるという。二次元プリンター用のプリントヘッドアレイを用いるため,造形装置の

第 2 章　各種積層造形技術と今後の展望

低価格化も期待できる。現在発表されているのは熱可塑性樹脂粉末だが，将来的には金属粉末やセラミック粉末にも対応する計画があるとのことである。ナイロン12系の材料を使って作られた鎖状の造形物を使って車をクレーンで吊り上げて，その強度をアピールするビデオ映像[8]も公開されている。

　2016年にHP社の新製品が登場するのをきっかけに，3Dプリンターの低価格化，パーソナル化など，2Dプリンターがたどったのと似た進化が始まる可能性が非常に高い。

　また，材料噴射法においても結合剤噴射法と同様に材料の多様化が進むと考えられる。とくに特殊なナノ材料やカーボン材料と組み合わさった高機能材料による造形や多種類の液材料による複合造形が今後注目されよう。さらに，インクジェット式3Dプリンター分野へは多くの企業が参入してくることが見込まれ，装置や液材の価格が高いという課題や造形精度がまだ十分ではないという課題は徐々に解消されていくであろう。

3.5　おわりに

　1990年頃より今日に至るまでの四半世紀の間，3Dプリンター分野におけるインクジェット技術は，ゆっくりではあるが着実に進化を続けてきた。それは，参入企業が限られていたためである。大手プリンターメーカーは，より巨大な市場であるパソコン用のカラープリンター市場でその覇権を争ってきていたため，市場規模の小さかった3Dプリンターの市場へは参入を見送ってきていた。しかし昨今の3Dプリンターへの関心の高まりやPC用プリンター市場の飽和もあって，現在多くのプリンターメーカーが3Dプリンター市場へ参入すべく研究開発に注力している。2016年以降その成果物である新しい3Dプリンターが続々と姿を現すであろう。インクジェット技術に優れる日本企業にとっては，このインクジェット式3Dプリンター分野は，出遅れた3Dプリンター分野でキャッチアップできる可能性が期待できる。その鍵を握るのは材料開発であり，今後3Dプリンターメーカーとケミカル材料分野で強みを持つ日本企業との間でアライアンスや共同研究が進み，日本がインクジェット式3Dプリンター分野で世界をリードしていくことを期待している。

文　　　　献

1) 山口修一，山路達也，インクジェット時代がきた！液晶テレビも骨も作れる驚異の技術，光文社（2012）
2) ProJet® 660 Pro，http://www.3dsystems.com/3d-printers/professional/projet-660pro （accessed 2015.3.24）
3) ProJet® 4500，http://www.3dsystems.com/projet4500 （accessed 2015.3.24）

4) 鄭雄一，2013年度第1回日本画像学会技術研究会，pp.49-64（2013）
5) VX4000，http://www.voxeljet.de/en/systems/vx4000/（accessed 2015.3.24）
6) 技術研究組合次世代3D積層造形技術総合開発機構，http://www.trafam.or.jp/index.html（accessed 2015.3.24）
7) HP 3D printing with Multi Jet Fusion™ technology，http://www8.hp.com/us/en/commercial-printers/floater/3Dprinting.html（accessed 2015.3.24）
8) HP Multi Jet Fusion™ Technology 3D Printed Chain lifts car off the ground-LONG VERSION，https://www.youtube.com/watch?v = QhZAiNkAb_E（accessed 2015.3.24）

4 粉末床溶融結合法

早野誠治*

4.1 粉末床溶融結合（PBF）法

粉末床溶融結合（PBF）法は，ASTMによって以下の7種類に分類されたAM技術の中の一つである。

- 液槽光重合：Vat Photo-polymerization（VP）
  槽の中の光硬化性樹脂をUVレーザーなどで選択的に硬化することで付加する方法
- シート積層造形法：Sheet Lamination（SL）
  紙などのシート材料を切って積層する方法
- 結合剤噴射：Binder Jetting（BJ）
  粉末材料に糊を選択的にインクジェットで塗布することで付加積層する方法
- 材料押出：Material Extrusion（ME）
  材料を押出ノズルから選択的に付加堆積させる方法
- 材料噴射：Material Jetting（MJ）
  材料をインクジェットで選択的に付加堆積させる方法
- **粉末床溶融結合：Powder Bed Fusion（PBF）**
  粉末材料をレーザーや電子ビームで選択的に焼結・溶融させ付加積層する方法
- 指向性エネルギー堆積：Directed Energy Deposition（DED）
  粉末材料をレーザーで溶融させながら選択的に付加堆積させる方法

粉末床溶融結合法は，粉末焼結法やLaser Sintering法とも呼ばれるが，ASTMの定義にしたがい，粉末床溶融結合法ないしはPBF法と呼ぶこととする。

さて，PBF法の原点はテキサス大学である。1986年に研究がスタートしたPBF法は，1987年にテキサス州オースティンに設立されたDTM社でその手法が確立された。その造形プロセスは，まず樹脂粉末の薄い層を形成する。次にレーザーなどの熱源で所望の部分を溶融・焼結する。これを繰り返し，積層することで立体を造形する方法である。この造形法は，Selective Laser Sintering（SLS）と命名された。

図1にPBF法の概要図を示す。

PBF法は，当初材料としてワックスが使用されていたが，1992年頃にナイロン材料の開発が

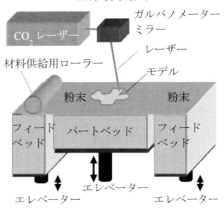

図1　PBF法の概要図

---

* Seiji Hayano　㈱アスペクト　代表取締役

開始され，1998年に実用化された。PBF法の重要な技術課題は，粉末を溶融・焼結し積層しながら造形する際に発生する応力を分散することである。上の層が，溶融状態から再凝固化しかつ冷却されると，収縮しカールするのである。このため，PBF法に適した材料の研究とその開発に時間が掛かったのである。材料の熱伝導率を比較的低く抑え焼結時の加工単位を小さくしたこと，さらに成形時の環境温度を再凝固点よりも上昇させることで，引き攣り現象による歪み発生を抑え，成形精度を向上させた。この結果，PBF装置でも±0.1mmの成形精度を実現し，生産性は高く，ランニングコストも比較的安価であることから，機能評価モデルとして使用されるようになる。

日本国内においては，自動車分野の組み付け評価や機能評価テストで靭性や機械強度に優れたモデルが好評を博するようになった。エンジンの吸気系部品であるインテイク・マニホールドは，PBF装置を最も有効に利用している代表的な応用例の一つである。

一方，航空機メーカーは当該PBF技術に熱い視線を送っていた。大型航空機の生産機数は年間でも100機に満たない数字である。このため，欧米の航空機メーカーでは金型での生産は経済的ではなく，AM装置を用いて直接部品を製造しようとしている。このような小ロット製品群は，ロケット・ミサイルや戦闘機，戦艦・潜水艦・戦車などであり，表には出てこない内部部品であればAM部品を採用する動きが加速化している。

しかし，課題がなかったわけではない。正式な部品として採用するためには，所望の物性値をクリアする必要があるが，難燃性であることも重要な要件である。これらの要件を満たした材料が開発されたことで，最終製品や部品製造の道が開けたと言えよう。さて，最終製品としての物性や要件を満たすという条件でAM技術を製品製造に利用するメリットを表1に示す。

欧州では，1993年頃からEOS社によってPBF装置が研究されていた。同研究は，砂とバインダーの混合材料を用い，鋳型を造形するものであった。その後，EOS社は鋳型造形用PBF装置EOSINT-Sを発売する。

さらに，2000年頃からは独国フラウンホーファー研究所が中心となった金属粉末を直接レーザーで溶融するPBF技術やDED技術の研究が実施され，金属部品（素形材）を直接造形しようとするトレンドが確立する。その結果，2005年以降になってEOS社に加えてConcept Laser社・

表1　AMを製造に利用するメリット

設計・エンジニアリング段階	複雑形状に対応・機能統合が容易・特注材料に対応 初期立ち上げ（反復サイクルの削減）に便利
製造段階	一品製造・カスタマイズされた量産・連続的な製造に適している ニアネット・シェイプまでの時間短縮を実現し，高賃金国での製造を可能とする 組み立てや廃棄物の削減
顧客・取引先段階	要望に応じた製造　⇒　在庫の削減 場所を問わない製造　⇒　物流の削減 利便性の増加　⇒　エネルギー消費の削減 長期間に亘る修理とスペアパーツ供給が実行可能，部品の改善

第2章　各種積層造形技術と今後の展望

Arcam社・SLM Solutions社などから金属PBF装置が軒並み上市された。これら金属PBF装置のマーケットは，医療（人工骨・入歯やクラウン）や航空機・F1用の部品であり，ロボットや宝飾品である。

図2　PBF法の造形サンプル

表2に，粉末床溶融結合（PBF）法の年表を示す。

表2　粉末床溶融結合（PBF）法の年表

1979年	Ross F. HousholderのMolding process特許出願
1985年	早稲田大学　中沢弘：レーザー・レオロジープロセッシング論文発表
1986年	テキサス大学でSelective Laser Sinteringに関する研究開始
1992年	DTM社ベータサイトマシンの販売開始
1995年	EOS社によるEOSINTの販売開始
1999年	独国F&S社によりFS-REALIZER SLMの販売開始 MCP社はF&S社の代理店としてFS-REALIZER SLMを販売
2001年	3D Systems社によるDTM社の吸収合併 Arcam社が電子ビームの金属粉末床溶融結合装置ARCAM EBM S12を発売開始
2002年	Concept Laser社が金属粉末床溶融結合装置M3 Linearを発売開始 松浦機械製作所によりLUMEXの発売開始 仏国Phenix Systems社設立
2004年	ReaLizer社設立
2005年	Aspect社により粉末床溶融結合装置SEMplice®の発表
2008年	MCP社はMTT社に社名変更
2010年	MTT社がMTT（英国）とSLM Solutions（独国）に分裂 独国ReaLizer社が金属粉末床溶融結合装置REALIZERを発売開始
2011年	MTT社はRenishaw社に吸収合併 Aspect社の粉末床溶融結合装置RaFaEl®の発表
2013年	3D Systems社によるPhenix Systems社の吸収合併

4.2 市販されているPBF装置

市販のPBF装置について解説しよう。

4.2.1 米国3D Systems社

3D Systems社のPBF装置は，1986年からスタートしたテキサス大学Beaman教授などのSelective Laser Sintering（SLS）技術を原点としている。1987年にテキサス大学のベンチャー育成プログラムによって設立されたDTM社が，SLS法の確立と製品化を行った。1992年にSinterstation 2000がリリースされ本格的な装置が市場に投入された。1997年にSinterstation 2500がリリースされ，翌年の1998年にSinterstation 2500 plusが発表され，ナイロン材料DuraForm PAが投入されると徐々に人気を博するようになる。

その後，2001年4月に突然発表された3D Systems社とDTM社の合併は，2001年8月になってしばらく米国司法省の承認を得た。この結果，VP法・MJ法・PBF法に跨る3Dプリンターメーカーが誕生した。3D Systems社とDTM社の合併の狙いは，両者の保有する特許の共有化，製造ラインの共有化，販売・営業の統合による合理化，アプリケーションの拡大であったろう。しかし，実態はDTM社を合併後にPBF装置を駆逐し，同社のVP装置SLAシリーズをより売り易くするのが真の狙いであった。実際，50億円近いDTM社買収費用と，また何期にも亘る赤字で倒産寸前という時期でもあったことから，合併後の2001年に120名程度いた旧DTM社員は最終的に1名を残すまで削減された。したがって，PBF装置の開発は全く止まってしまい，ソフトウェアのアップデートも全くない状態となった。

2004年に，PBF装置の5世代目である高精度化装置HiQシリーズが発表された。旧型機での粉面の温度を検知するIRセンサー不良問題を解決するため，一層毎に温度のキャリブレーションを行う改良がなされた。2005年になって，Sinterstation Proが発表され，現在は図3に示されるsPro SLS Centerに名称とデザインが変更された。ワークサイズが550×550×460/750 mmと待ちに待った大型機ではあったが，実造形サイズはX450×Y450 mm程度である。システム販売価格が1億円を超え，とても高価となった。また，同装置では材料自動リサイクルと自動供給の機構が取り付けられたため，本体は小振りだがシステム全体は巨大となった。また，この自動リサイクル・供給機構がトラブルを続けており，数年に亘り安定運用できる状態には至っていなかったが，2008年になって安定稼動できるようになった。自動リサイクル・供給機構は専用容器からの材料供給が必至となり，他の材料への交換は困難となり，第三者の材料を使用できなくなった。

sPro 140/230が問題を抱え過ぎたことから，生産中止となっていたHiQシリーズが2005年後半から再生産され，後にデザインが変更され，名称も

図3　sPro SLS Centerの外観

第2章 各種積層造形技術と今後の展望

sPro60と変更された。現在sPro60は，3D Systems社粉末床溶融結合装置の主力製品として販売されている。

4.2.2 独国EOS社

独国EOS社も1993年からPBF法を研究し，1994年以降にEOSINTシリーズを販売している。EOSINTシリーズは，まず砂を材料とするEOSINT-Sがリリースされ，次に樹脂粉末を材料とするEOSINT-P，最後に金属粉末を材料とするEOSINT-Mがリリースされた。これら3機種はそれぞれの材料に合わせた機構を備えており，材料に特化した装置となっている。

さて，EOSINT-Pは，2000年頃に3D Systems社特許に抵触していると各国で提訴され係争中であったが，米国と日本ではEOS側が勝訴した。その結果，高額な賠償金の支払いで経営の危機に陥った3D Systems社はEOS社との和議に踏み切り，両者での全面的なクロス・ライセンスを締結した。これにより，EOS社は特許紛争を仕掛ける側に立場を変えることとなる。また，最近になって，EOS社はEOSINTシリーズの名称をEOSシリーズに変更した。

金属PBF装置EOS-Mの最大造形サイズは，今まで250×250×185 mmであったが，2013年12月に発表されたEOS M 400では400×400×400 mmと大型化を図った。図4に示されるEOS M 400は，1 kWのレーザーを搭載し，後処理用のステーションを組み合わせ，作業性を高めた装置となった。価格も一段と高くなり，システム全体では2億円を超える。以下の表3にEOS Mで使用可能な材料を示す。

図4　EOS M 400の外観

表3　EOS Mで使用可能な材料

名称	素材	特性・利用用途
MaragingSteel MS1	マルエージング鋼	金型インサートや機能部品
StainlessSteel GP1	ステンレス	延性や耐食性が求められる部品
StainlessSteel PH1	ステンレス	延性や耐食性が求められる部品
CobaltChrome MP1	コバルトクロムモリブデン	機械的性質と高耐熱性の求められる部品
CobaltChrome SP2	コバルトクロムモリブデン	歯科のクラウン，ブリッジなど
Titanium Ti64	チタニウム合金	機械的性質と軽量および生体親和性が求められる部品
NickelAlloy IN718	ニッケル基調合金	高耐熱性が求められる部品
NickelAlloy IN625	ニッケル基調合金	高耐熱性が求められる部品
Aluminium AlSi10 Mg	アルミニウム	試作品や軽量性が求められる部品

4.2.3　日本アスペクト社

アスペクト社は，日本で唯一のPBF装置メーカーである。

当社は，1997年12月から2002年までDTM社のPBF装置の総販売代理店であった。そして，今現在も同装置の保守を提供するとともにサービスビューローとしても活動を続けている。その後，アスペクト社は2003年にAM技術の中でも重要な技術の一つであるPBF技術の開発を開始し，2006年末から自社PBF装置SEMplice 550の出荷を開始した。その後，2008〜2010年に中型サイズや小型サイズの装置が開発され，シリーズ化された。

RaFaElは，SEMpliceの第二世代装置として開発された装置である。RaFaEl 300の外観を図5に示す。

RaFaElシリーズの最大の特徴は，SEMpliceシリーズの約2倍の生産性を実現したことである。しかも，従来よりもビーム径を約15〜20％絞り込むことにより，高精細加工性をも改善した。

RaFaElの生産性向上のための改良は，次の通りである。

①高出力レーザーとデジタル・ガルバノメーターミラーの採用

RaFaElでは，以下のようにSEMpliceに比べ高出力レーザーと高速度のデジタル・ガルバノメーターミラーが採用されている。これにより，レーザーパワーは約2倍の100W，レーザー走査の最高速度は1.5倍の15m/secとなった。

図5　RaFaEl® 300の外観

②レーザー走査露光方式の改良

RaFaElのレーザー走査露光の特徴は，塗り潰し露光に当社が開発したジグザグ走査方式（特許取得済み）を採用していることにある。レーザー走査露光では，一般的にラスター走査が採用されている。そして，走査ベクトルごとに加速・減速を繰り返しており，走査ベクトル数を削減することは，造形時間の短縮，つまり生産性の向上に直結している。従来のラスター走査方式では，隣り合う線の走査露光を実施するためにジャンプ走査により移動しなければならなかった。そのため，図6のように露光走査⇒ジャンプ走査⇒露光走査⇒ジャンプ走査を繰り返しながら塗り潰し露光が実施されていた。そこで，RaFaElでは従来のラスター走査方式ではなく，ジグザグにレーザーを走査して塗り潰し露光

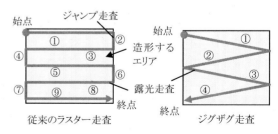

図6　ジグザグ走査露光

第2章　各種積層造形技術と今後の展望

を行う方式を開発し，特許も取得した。それにより，無駄なジャンプ走査を排除でき，走査ベクトル数を約半減させ，走査露光時間を20～30％短縮することができた。もちろん，折り返し部分では過剰露光が発生しないようにレーザー出力制御による露光制御を行っている。

RaFaElの高精度化に関しては，光学系の設計に改良を加えることにより，加工工具であるレーザービーム径を従来よりも約15～20％絞り抜き，微細加工性を高めた。

また，RaFaElではCO_2レーザーより格段にビーム径を小さく絞り抜くことのできる1075 nm波長のファイバーレーザーを搭載することも可能である。しかし，ファイバーレーザーは粉末焼結積層造形装置で最も一般的に用いられる材料であるナイロンを透過してしまい，粉末材料を直接溶かすことができない。そこで当社では，ファイバーレーザーによる粉末材料の焼結評価実験を行い，ファイバーレーザーであっても焼結できる粉末材料を見出すことで，この問題を克服した。これにより，レーザーの透過深度も制御できるようになり，より微細な造形物の作製が可能となった。RaFaEl 300に50 Wファイバーレーザー（ビーム径：Φ0.17 mm）を搭載して造形した結果，図7に示す0.2 mm厚の薄壁を実現した。この0.2 mm厚の薄壁は，粉末床溶融結合技術で造形された世界最小肉厚である。

2010年からスタートしたNEDOのレーザー開発プロジェクトで開発されるファイバーレーザーのアプリケーションの一つとしてチタン金属を用いた人工骨製造装置が組み込まれた。アスペクト社は，金属PBF装置ワークサイズ150×150×150 mmの小型機とワークサイズ300×300×250 mmの中型機を開発し，チタン（Ti-6Al-4V）粉末の焼結研究を産業技術総合研究所と担当した。図8にRaFaEl-V150（実験機）の外観を示す。

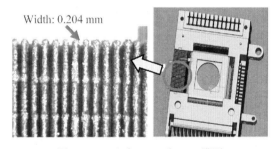

図7　ファイバーレーザーでの造形

RaFaEl-Vシリーズは，製品化が進んでおり，2015年の夏には市販される。市販装置はRaFaEl-V300であり，ワークサイズは300×300×250 mmで，真空環境下でプロセスできるだけでなく，窒素やアルゴンなどの不活性ガス環境にも対応可能な装置である。レーザーはファイバーレーザー500 Wが搭載される。表4にRaFaElシリーズで使用可能材料を示す。

図8　RaFaEl-V150の外観

表4 RaFaEl-Vシリーズで使用可能な材料

用途	製品	材料種類	特徴
機能評価	ASPEX-PA	ナイロン12	良好な面粗度
	ASPEX-PA2	ナイロン12	靭性に優れた材料
	ASPEX-PA3	ナイロン6	靭性と機械強度に優れた材料
	ASPEX-GB	ナイロン12＋ガラスビーズ	機械特性と面粗度
	ASPEX-GB2	ナイロン12＋ガラスビーズ	機械特性に優れた材料
	ASPEX-GB3	ナイロン6＋ガラスビーズ	機械強度に特に優れた材料
	ASPEX-CF	ナイロン12＋カーボンファイバー	機械特性に優れた材料
	ASPEX-AL	ナイロン12＋アルミファイバー	機械特性に優れた材料
	ASPEX-FPA	ナイロン11	PPライクの材料
	ASPEX-PA6	ナイロン6	靭性に優れた材料
	Asphia-PP	ポリプロピレン（ランダムPP）	柔軟性と靭性に優れた材料
	ASPEX-TPE	合成ゴム	硬度60のエラストマー
	ASPEX-EL	合成ゴム	硬度90のエラストマー
	ASPEX-IC	ポリスチレン（PS）	消失性
消失模型	ポリスチレン(PS)	消失性	
鋳型		シリカ砂	
金属部品		チタン（Ti-6Al-4V）	RaFaEl-V用
		アルミニウム（AlSi10Mg）	RaFaEl-V用

4.2.4 独国Concept Laser社

2000年に設立されたConcept Laser社の親会社Hofmann社は，金型メーカーでEOS社のユーザーであり，粉末床溶融結合技術の開発が遅々として進まないのに業を煮やし，自力で装置開発を実施した。その装置がM3であり，金属粉末を直接焼結しながら造形する技術（Laser CUSING）を製品化したものである。

M3では，Laser CUSINGプロセス用として最適に開発された粉末金属を使用している。粉末材料は，100％再利用でき，新しい材料の混入などの必要はない。2012年に図9に示すX line 1000Rがリリースされた。とんでもない大型機であり，人が装置のプラットフォームに立っていることでその大きさが解るだろう。当該装置は，装置サイズが4415×3070×3900～4500 mmであり，造形サイズが630×400×500 mmと巨大な装置である。すでにダイムラーで稼働中である。その装置価格は€1.6Mで

図9 X line 1000Rの外観

第2章　各種積層造形技術と今後の展望

2億円を超える。欧州では粉末床溶融結合装置は大型化の方向に進んでいる。カタログにいろいろな材料が造形可能とあるが，アルミしか造形したことがないとのことである。ただし，欧州の金属材料メーカーから直接購入できることから，材料もEOS社とほぼ同等の材料が使用できると考えてよいだろう。

4.2.5　スウェーデンArcam社

スウェーデンのArcam社は1997年2月に設立され，1997年に特許取得したElectron Beam Melting（EBM）技術の開発をChalmers技術大学との共同で実施した。最初の装置は，2002年に販売開始された。同技術は粉末床

図10　Q20の外観

溶融結合技術の一つであるが，電子ビームを使用して焼結する点が異なる。同装置はEBM S12と呼ばれ，約1億円で販売され，250×250×200 mmのワークサイズである。2013年に図10に示すQ20をリリースした。ワークサイズをΦ350×380 mmに大型化した装置であり，同装置を50台程度購入し，航空機部品を製造すると発表した欧州企業もあり，完全に実用化の段階に入った。同社が販売する材料は2つあり，1つはチタン合金でありTi6Al4V（Grade 5）と純チタンのPure Ti（Grade 2）である。もう1つが，H13鋼の金属粉末とArcam Low Alloy Steelと呼ばれる金属粉末である。本装置で焼結したものは，ほぼ100％密度の金属部品となる。しかし，表面粗度は粗く，造形後に機械加工や研磨が必要である。

なお，同社ではCobalt-Chrome alloys/Super Alloys（Inconel 718, 625 & 620）/Stainless Steel/Titanium Aluminide/Beryllium・AlBeMetなどの材料開発を行っている。

4.2.6　Mining and Chemical Products Limited（MCP）社

Mining and Chemical Products Limited（MCP）社は，ヨーロッパでのBismuthの精錬と販売のために1929年にロンドンで設立された。1970年代になって，「Rapid Prototyping―試作と短納期金型の生産を速く，安価なプロセス―」を志向し，エンジニアリング業に進出した。このRapid Prototyping概念の志向から，MCP社はF&S社の代理店としてFS-REALIZER SLMを販売する。

その後，MCP社は独自にMCP Realizerを開発した。Realizerの造形プロセスをSelective Laser Melting（SLM）技術と呼ぶ。Selective Laser Melting（SLM）技術はフラウンホーファー研究所の研究により発展した技術であり，フラウンホーファー研究所はSelective Laser Melting（SLM）技術を特許出願している。

MCP Realizerでは，例えばステンレス1.4404のような通常使用される金属粉末を，層形状に沿って走査される赤外線レーザー光線によって部分的に溶融し，積層厚み30 μmで造形する。このため，金属粉末からでも，100％密度の金属部品を製造でき，100 μm以下の薄い直立した壁のような微細な形状でも造形できる。造形された部品や金型は，表面処理を施す前の段階で，表面荒さがおよそ10～30 μm Rzを示す。MCP Realizerの概要図を図11に示す。

用途として，プレス金型・ダイカスト金型・射出成形金型とインサート・金属と金属酸化物の超軽量構造・医療インプラントの部品が挙げられている。

同社と同装置の特徴は，特殊金属に対する知識と経験があり，材料開発にその知識を活かせることだろう。事例として，1 cm^{3}毎に450以上の穴と経路を持つ，複雑で寸法精度の要求が厳しい形状とMCP Realizerの外観を図12に示す。

しかし，最近MCP社はMTTに社名を変更し，MTT社とSLM Solutions社に

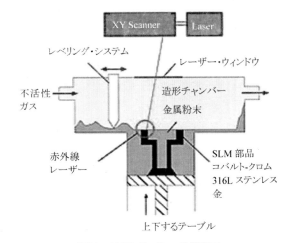

図11　MCP Realizerの概要図

図12　ステンレス鋼とコバルトクロム合金での超軽量構造MCP Realizerの外観

分裂する。その後，MTT社はRenishaw社に吸収された。Renishaw社の金属用粉末床溶融結合装置AM125/250はMCP Realizerに基づいて開発された。装置を稼働すると，一旦チャンバー内を真空引きする。その上で窒素やアルゴンに置換し，循環させる方式を採用する装置である。一方，英国内で唯一のハイエンドAM装置メーカーであることから政府や大学の支援を受けている。図13にAM250の外観を示す。また，装置の仕様は次の通りである。

- 装置サイズ：2200×1070×2290 mm
- 重量：1250 kg
- 造形サイズ：250×250×325 mm
- 積層ピッチ：20〜200 μm

図13　AM250の外観

第2章　各種積層造形技術と今後の展望

- レーザー：200 W or 400 W
- ビーム径：100～500 μm
- 最大走査速度：7 m/sec

　分裂したもう一方のSLM Solutions社は，フラウンホーファー研究所との共同研究に基づきさらに金属粉末床溶融結合技術を発展させた。

図14　SLM500 HLの外観

　図14に示す大型機SLM500 HLではDouble Beam Technologyと称し，2台のスキャナを搭載して，手前と奥方向の2エリアを同時に造形している。外周用の400 Wレーザー（ガウシアンビーム）と塗り潰し用の1 kWレーザー（ハットトップビーム）を重畳させ露光している。SLM500 HLでは真空引きは行わず不活性ガスをそのまま充填することで，粉末床溶融結合プロセスを実施している。

　装置の仕様は次の通りである。
- 装置サイズ：3000×2000×1100 mm
- 重量：2 t
- 造形サイズ：500×280×325 mm
- 積層ピッチ：20～200 μm
- レーザー：2 × 400 W（Outline）/2 × 1 kW（Fill）2.8 kW Max
- ビーム径：100 μm（Outline）/700 μm（Fill）
- 最大走査速度：15 m/sec
- ヒーター：9 kW（200℃まで加熱可能）

図15　SLM300の外観

　1999年に独国F&S社によりFS-REALIZER SLMが販売開始されたが，この流れを組むのがReaLizer社である。同社は競合他社がすべて大型化装置を開発する中で唯一小型装置に注力し，宝飾用やクラウンをターゲットにした装置開発を行っている。同社はSLM50とSLM100をリリースしているが，同社の最大の装置が図15のSLM300である。装置の仕様は次の通り。
- 装置サイズ：1800×1000×2200 mm
- 重量：800 kg
- 造形サイズ：300×300×300 mm
- 積層ピッチ：20～50 μm
- レーザー：1 kW Fiber

4.2.7　Phenix Systems社

　現在フランスで唯一のハイエンドAM装置メーカーであるPhenix Systems社は，1996年にセラミックスの研究機関であるENSCIで研究開発された装置の製品化を行うために設立された。同社

は，金属粉末とセラミックス粉末を造形できる装置と制御ソフトウェアの開発を手掛けている。最初の製品はPhenix 900であったが，PM250・PM100・PM100 Dentalの3機種をリリースした。2013年の夏にPhenix Systems社は3D Systems社に株式の81％を買収され，3D Systems社の傘下に入った。その結果，装置はProXシリーズとなった。

同社によると，粉末材料の平均粒径は6～9μmであり，これよりも大きな粒子径だと微細形状の良好な造形や滑らかな表面粗度に影響する。図16にPM100 Dentalの外観と造形サンプルを示す。

図16 PM100 Dentalと造形サンプル

4.2.8 3D Micromac社

3D Micromac社では，タングステンをベースとした金属の微小粉末とYAGレーザーのビーム径を絞り微細金属部品を造形するMicroSINTERINGの技術開発を行っていた。現在EOS社と合弁会社を設立し，装置販売を計画している。チャンバー雰囲気を真空にして，金属粉末を直接焼結しながら造形する。図17に概要図と稼働中の写真を示す。概要図にある通り2種類の金属粉末を使用して焼結できる特殊な装置である。

現在，図18に示すように積層ピッチが10μmで20μmの立ち壁が造形できている。3D Micromac

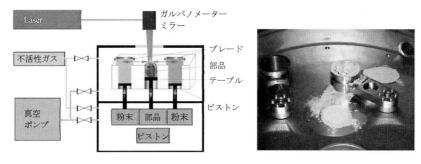

図17 MicroSINTERINGの概要図と積層中の画像

第 2 章　各種積層造形技術と今後の展望

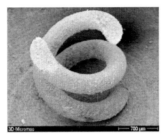

図18　MicroSINTERINGの造形品サンプル

社によると，微細加工の限界値としては，溝幅が15μm，枝構造30μmが示されている。そのときの積層厚みは1μmである。また，造形物の面粗度としては，Ra＝1.5μmである。本研究は，微細形状は光造形法の独壇場という固定概念を打ち崩し，微細金属部品を造形法で作製する可能性を示した。

4.2.9　独国Sintermask社

独国Sintermask社では，2004年に粉末材料を使用する新しいラピッド・プロトタイピング装置Pollux 32をリリースした。3D Systems社やEOS社のPBF装置は，ガルバノメーターミラーによるレーザーの走査露光により粉末を熔融するもので，これは時間の掛かるプロセスであると解説している。

Pollux 32ではマスク露光による各層の一括熔融方式を採用し，0.1mm層厚を焼結・熔融する所要時間は約10秒であり，部品の形状に依存しないと解説されている。しかし，販売台数が伸び悩んだ結果，現在は撤退した。しかし，プロセスの概要が面白いので紹介しておこう。まず，図19に造形プロセスを示す。

図19(A)では，トナー画像を印刷されたガラスプレートが，造形粉末でコーティングされた造形シリンダ上の所定の位置に移動している。粉末の積層工程は図19(B)に示されている。図19(C)に示されるようにガラスプレートが所定の位置に収まると，図19((D)，(E))に示されるように赤外線が放射され，その層の画像が露光される。図19(F)では，ガラスプレートからトナーが除去され，そして次層の準備を行う。Pollux 32は，競合他社と比較して約4倍速い装置であり，装置販売価格も$100,000を予定していた。同社は，高速造形の利点を活かした，金型なしの直接生産できる装置の開発を目指していた。1層に10秒であれば，装置は1時間毎に1 inch（25.4mm）のZ軸高さを造形できる能力を持っていることとなる。しかし，赤外線にはレーザーのコヒーレント性はなく，造形品の微細性や精度に関しては言及されていない。ここに問題が潜んでいたのだろう。

Pollux 32は，前述のPBF装置とCubital社のSolid Ground Curing（SGC）の双方を合体したような方式が採用され，SMS (Selective Mask Sintering) と称する。造形粉末材料は，PBF装置と全く同じように処理される。しかし，各層はSGCとほとんど同じようなプロセスで描画される。各スライスのネガティブ画像が，ガラスプレート上にトナーを堆積させ，静電印刷される。つま

産業用3Dプリンターの最新技術・材料・応用事例

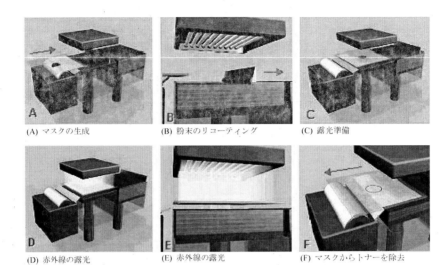

(A) マスクの生成　　(B) 粉末のリコーティング　　(C) 露光準備

(D) 赤外線の露光　　(E) 赤外線の露光　　(F) マスクからトナーを除去

図19　Pollux 32装置のプロセス

図20　Pollux 32装置とその内部
（左側の露光マスク（白）と右側の造形中の部品）

り，画像形成方法はコピー機と同じ方法である。そして，ガラスプレート上のトナー画像は，露光マスクとして機能する。

Pollux 32装置のワークサイズは，300×210×500 mmである。図20にPollux 32装置とその内部を示す。

4.2.10　米国Desktop Factory社

米国Desktop Factory社は，廉価版PBF装置を開発している。装置名称は，3D Printerである。図21に装置の外観を示す。

光源としてハロゲンランプを使用することで製造コス

図21　3D Printerの外観

第2章　各種積層造形技術と今後の展望

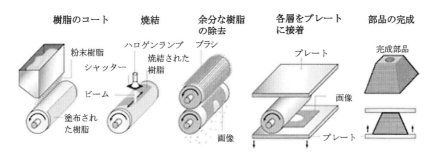

図22　3D Printerの造形プロセス

トを極力低減し，$5,000を切る価格での販売を考えている。将来は$1,000程度の価格まで下げることで各家庭にも普及させたいと考えている。

3D Printerは，デスクトップに設置できるサイズであり，ワークサイズは125×125×125 mmと小さい。しかし，エンジニアリング・プラスチックが使用できるという魅力は残している。同社3D Printerの造形プロセスを図22に示す。

4.2.11　米国Hewlett-Packard（HP）社

米国HP社が，2014年10月29日にAM市場への参入を表明し，2016年に製品を市場投入するとのことである。同社の装置は，結合剤と粉体を使う方式の廉価版PBF装置であり，今までにはない特殊な造形プロセスである。図23にそのプロセスを示す。

同社の装置名称は，Multi-Jet Modeling（MLM）である。図24に装置の外観と造形サンプルを示す。

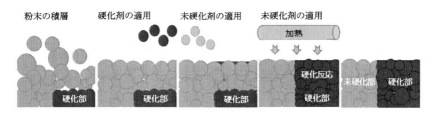

図23　HP社 Multi Jet Fusion technologyのプロセス

図24　HP社装置の外観と造形サンプル

特徴は，次の通りと発表されている。
- フルカラーでのプリントが可能
- 高速プリントであり，従来のPBF装置や材料押出装置よりも最大で10倍も速い
- 解像度は20ミクロン
- 従来のPBF装置よりも高精度・高強度・表面粗度も良い

文　　献

1) Terry Wohlers, Wohlers Report 2013
2) Terry Wohlers, Wohlers Report 2014
3) 丸谷洋二, 早野誠治, 解説3Dプリンター, オプトロニクス社 (2014)

第3章　造形材料開発の最新動向

1　材料から見た3Dプリンター

萩原恒夫[*]

1.1　はじめに

　30有余年前の光造形法の発明を端にして3次元積層造形装置（Additive Manufacturing = AM装置）が種々開発され実用化されてきた。今日ではそれらが総称して3Dプリンターと呼ばれるようになるとともに，メディアが第3の産業革命をも起こす可能性をも秘めていると，過熱気味に報道したことにより，衆目の知るところとなっている。本稿では3Dプリンターの材料の現状を整理するとともにその将来について展望する。

1.2　3Dプリンター

1.2.1　3Dプリンターとは

　3Dプリンターとは，液状の光硬化性樹脂，熱可塑性樹脂，プラスチック粉末，金属粉末，石膏粉末，砂などを用い，レーザービーム，電子ビーム，溶融押出し，インクジェットなどを用い，3次元CADデータをもとに1層ずつ積み重ねることにより，成形用の型や切削工具などを用いずに立体形状を精度良く作製する装置である。これらは現在，方式により表1のように細分化されている[1]。

表1　積層造形法

積層技術	英名	別名	材料	手段
液槽光重合法	Vat Photo Polymerization	光造形法，SLA	感光性樹脂	LASER，ランプ
粉末床溶融結合法	Powder Bed Fusion	粉末焼結法，SLS，SLM，EBM	PA粉末，金属粉	LASER，電子線
材料押出し法	Material Extrusion	溶融樹脂積層法，FDM，FFF	ABS，PCなど	熱
結合剤噴射法	Binder Jetting	インクジェット法，Z-Printer法	石膏粉，水系バインダー	インクジェット
材料噴射法	Material Jetting	PolyJet法，MJM法など	感光性樹脂など	インクジェット
シート積層法	Sheet Lamination	シート積層法，LOM法	紙，プラスチックシート	LASER，カッターナイフ
指向エネルギー堆積法	Directed Energy Deposition	LENS法など	金属粉末	LASER

---

[*]　Tsuneo Hagiwara　東京工業大学　大学院理工学研究科　産官学連携研究員

ごく最近では，3次元積層造形と切削を組み合わせたハイブリッドタイプがDMG／森精機やヤマザキマザックなどから出現した。この方式は金属粉を供給しながらレーザーで溶融させて積層し，その後5軸で切削するというもので，切削に強みを有する日本の工作機械メーカによくマッチしている。この装置は金属部品や成形型の修正や変更に有用と思われ，今後，大きな発展が期待される。

1.2.2　3Dプリンターとその材料

各3Dプリンターについてその材料を整理したのが表2である。石膏の粉末や砂材料のような無機物，鉄，アルミニウム，チタンなどの金属粉末から液状感光性樹脂，熱可塑性樹脂に至るまでその材料は多種・多様に亘っているが，我々の日常生活で利用する材料を十分にカバーするには至っていない。これらの材料はユーザのニーズに応じて使い分けられているが，装置に限定されたものであり，どんな材料でも使えるわけではなく，3Dプリンターが製品の製造方法に革命をもたらすためには，材料から見るとまだ不十分である。各方式ごとに，材料からの視点で見ると

表2　各3Dプリンターについてその材料

方式	装置メーカー	材料		主用途
		カテゴリー	具体例	
液槽光重合／LASER	3D Systems	光硬化性樹脂	エポキシ／アクリレートハイブリッド	試作分野
	CMET	光硬化性樹脂	エポキシ／アクリレートハイブリッド	試作分野
	DWS	光硬化性樹脂	アクリレート系	宝飾，歯科
	Formlabs	光硬化性樹脂	アクリレート系	ホビー
液槽光重合／DLP	EnvisionTEC	光硬化性樹脂	アクリレート系	宝飾，歯科
	ASIGA	光硬化性樹脂	アクリレート系	宝飾，歯科
材料噴射／Ink-Jet	3D Systems	光硬化性樹脂	アクリレート系／ワックス	宝飾，歯科
	Objet (Stratasys)	光硬化性樹脂	アクリレート系	形状確認・歯科
結合材噴射／Ink-Jet	3D Systems (Z)	石膏，ポリマー粉	石膏／水，有機バインダー	デザイン・フィギュア
	ExOne	砂	砂＋バインダー樹脂（フラン樹脂など）	砂型鋳造
	voxeljet	砂，PMMA粉	砂／PMMA＋バインダー樹脂	砂型鋳造，消失模型
粉末床溶融／LASER	EOS	ナイロン，金属粉	PA12, SUS, Ti, Al, Co-Cr	試作，生産，歯科
	3D Systems	ナイロン，金属粉	PA12, SUS, Ti, Al, Co-Cr	試作，生産
	アスペクト	ナイロン，PP	PA12, PP	試作
粉末床溶融／EB	ARCAM	金属粉	Ti（合金）	医療（インプラント）
材料押出し（FDM）	Stratasys	熱可塑性樹脂	ABS, PC, PEI, PPSFなど	試作，形状確認
	3D Systems	熱可塑性樹脂	ABS, PLA	形状確認，ホビー
	RepRapほか	熱可塑性樹脂	ABS, PLA	ホビー

第3章 造形材料開発の最新動向

次のようになる。

1.2.3 材料押出し法（溶融樹脂積層法；FDM）

通常，歴史的に最も古い光造形法から解説されることが多いが，今話題となっているパーソナル3Dプリンターの代表的なものとなっている樹脂押出し法（溶融樹脂押出し法；FDM法）から述べる。FDM法は米国Stratasys社を設立したScott Crumpにより，1988年頃に発明された。細い線状の熱可塑性樹脂をヘッド内部のヒーターで熱して溶融させ，極細のノズルから吐出させながらプロッタ方式で1層ずつデータに沿って積層させて3次元モデルを造形する。工業用途を主眼に入れてStratasys社が提供しているその材料は表3に示すようにABS樹脂をはじめ，ポリカーボネート（PC）樹脂，PC/ABSアロイ，ポリフェニルスルホン（PPSF/PPSU）樹脂，ポリエーテルイミド樹脂など，熱可塑性のエンジニアリングプラスチックからスーパーエンジニアリングプラスチックに亘る広範囲な材料が利用されている[2]。最近では結晶性樹脂と見なされているナイロン12（PA12）も使用できるようになってきているが，基本的には非晶性の熱可塑性樹脂である。

Stratasys社では試作や最終製品を意識した上位機種であるFORTUSシリーズでは広範な材料が利用できるが，普及機種であるDimensionシリーズやu-PrintではABS系樹脂に限定されている。この場合，オーバーハング部でのサポート材としては苛性ソーダ水溶液に可溶なカルボキシル基（-COOH）含有共重合樹脂を用いているが，苛性ソーダ水溶液を加熱しかつ超音波照射下での作業となるため必ずしもその操作性に優れるとは言い難い。簡便に利用するためには，より安全性の高いサポート材，例えば単純な温水やアルコールなどに溶けるような材料の開発が必要である。このようなサポート材の開発が進めば，後で述べるFDM機からなるパーソナル3Dプリンターでも，工業用途に使える高精度な造形物が得られるようになり，ものづくりの常識が変わると期待できる。

1.2.4 パーソナル3Dプリンター（FDM方式）

Terry Wohlersの分類では，$5,000以下のものをパーソナル3Dプリンターとし，それより高

表3　材料溶融押出し材料

銘柄	適用
ABS-M30	汎用ABS材料
ABS-M30i	生体適合性材料（ISO-10993）
ABSi	半透明
PC-ABS	高衝撃強度
PC	高引張り強度
PC-ISO	生体適合性材料（ISO-10993）
ULTEM 9085	耐熱，難燃（米連邦航空局・米連邦食品安全認証）
PPSF-PPSU	耐熱，耐化学薬品

額なものを工業用と位置づけている[1]。本稿でもその分類に従うこととする。

イギリスのBath大学を中心にオープンソースのRepRapプロジェクトがStratasys社の基本特許消滅を視野に2005年にスタートし，大きく発展した。2009年に基本特許が切れたことを契機に次々とベンチャー企業が立ち上がり，中でもBits from Bytes社（BfB社）とMakerBot社が大きな成功を収めた。その結果有望性を買われ，前者は3D Systems社に後者はStratasys社に高額で買収された。日本では低価格機である3D Systems社のCubeが2013年からヤマダ電機などの一般家電量販店でも取り扱われるようになり，3Dプリンターの大衆化が進み，我々一般個人でも身近にパーソナル3Dプリンターに触れることができるようになってきた。

3Dプリンターへの大きな注目の中，装置は海外はもとより国内でも大小の企業が手がけ始めたことよりさらに大きな発展と成長が期待されている。しかし，その材料は主にポリ乳酸（PLA）線材であり，反りが小さく，造形は比較的簡単であるが，この材料自体水分に弱いことから，精度や物性の点で問題となることが多く，工業的な用途には不向きである。一部ではABS線材の利用が可能になっているが，造形室温度制御なしに反りの少ない高精度な造形物を得ることは容易ではない。しかしながら，まもなく，造形チャンバーを制御するStratasys社の特許が切れることから，FORTUSシリーズで使われているような各種高性能な熱可塑性材料も利用可能になると推定される。また，そのための材料開発を樹脂メーカに期待したい。さらに，上記したように安全でかつ有効なサポート材の開発も強く求められている。

1.2.5 液槽光重合法（光造形）用液状光硬化性樹脂

名古屋市工業研究所に勤務していた小玉秀男により1980年に発明された光造形法（後に液槽光重合法）は，米国の3D Systems社を設立したC. Hullにより1987年に実用化され，3Dプリンターの原点となった。ここでは液槽光重合法ではなく，従来の光造形法という言葉を使うことにする。大型の光造形装置は355 nmの波長を有する半導体励起の固体レーザーによる紫外光レーザーを光源としており，その液状光硬化性樹脂は高精度でかつ低反りを実現するために多官能アクリレートと（脂環式）ジエポキシ化合物を主成分とする，ラジカル重合性樹脂とカチオン重合性樹脂のハイブリッド構成となっている。最近では著者が最初に採用したようにこのハイブリッド構成にオキセタンアルコール化合物を追加し，エポキシ化合物の反応速度の改善とともに粘度低減により造形速度を向上させたものが主流となっている。また，著者らにより提案されたように，エポキシ基の反応を開始する光カチオン重合開始剤の非アンチモン化を図ったことで，非劇物扱いとなり，安全性と取扱い性を向上させている。表4にシーメット社の最近の代表的光造形用樹脂を示す。

小型の光造形装置は，紫外線ランプ，可視光ランプや405 nmのLEDを用いたDLP方式と405 nmのLEDレーザーを用いたものとの2タイプに分けられる。これらはほとんど，透明の窓の下から光を照射する吊り上げ方式であり，光硬化性樹脂材料はウレタンアクリレートなどを含むアクリル系樹脂に限定されている。本来アクリル系だけの光硬化性樹脂は硬化時の体積収縮率が大きく，大型の造形物を得るのが不得意であるが，小さい造形物に限定することで低エネルギーで硬化す

第3章 造形材料開発の最新動向

表4 シーメット社の代表的な光造形用樹脂

	TSR-821	TSR-829	TSR-883	TSR-884	TSR-884(熱処理)
	靭性・ABS	高透明	高剛性・ABS	透明・耐熱	
粘度 (mPa·s) (25℃)	380	210	520	600	
比重 (25℃)	1.12	1.07	1.12	1.10	
引張り強度 (MPa)	49	44	60	51	50
伸度 (%)	13〜15	8	5〜8	3.1	4.4
引張り弾性率 (MPa)	1,800	1,670	2,730	2,370	2,090
曲げ強度 (MPa)	70	68	98	87	79
曲げ弾性率 (MPa)	2,225	1,840	2,710	2,260	2,080
衝撃強度 (J/m, ノッチ付)	48〜49	34	37	30	25
熱変形温度 (℃)/高荷重	49〜52	49	54	53	100
開始剤	アンチモン化合物		非アンチモン化合物		

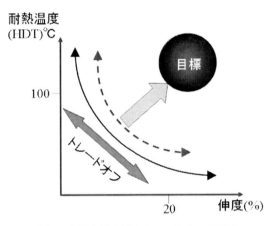

図1 靭性と耐熱性のトレードオフの関係

ることと，材料が豊富なことから広く利用されている。

光造形用樹脂は光造形装置が実用化されて以来，電化製品などの筐体に多く使われているABS樹脂と同等の性能を目標に開発されてきた。ABS樹脂は熱変形温度が80℃以上を示すため，80℃以上の熱変形温度と十分な靭性を有すれば，実部品への応用が可能と考えられる。しかし，長期にわたる精力的な開発にもかかわらず，いまだその物性には到達していない。そのため靭性と耐熱性のトレードオフの関係の壁（図1）を打ち破るブレークスルーが強く求められている。耐熱性と靭性を併せ持った材料の開発にブレークスルーがあれば，試作用途のみならず，最終製品用途への道が開かれ，新しい切り口で再び3Dプリンターの頂点に位置されるかも知れない。

光造形法では，高精度と高透明の立体造形物が得られることから，その利点をうまく利用する

ことが現状では得策と考えられる。例えば，高精度が求められる(a)宝飾用消失模型，(b)補聴器のシェル応用，(c)歯科応用などが最適と思われる。これら光造形用の光硬化性樹脂材料についての詳細な説明は著者の最近の総説[3~5]を参考にして欲しい。

1.2.6 廉価版光造形機

2012年にFormlabs社から廉価版レーザータイプ光造形機Form1が30数万円という価格で発表され大きく様子を変えた。その後，2014年になるとDWS社からDWS-XFABなる低価格機が出現している。また，下面照射のDLP機はその構造が単純なことから，10社以上から低価格機が発表されている。とくに最近ではASIGA社，KEVVOX社などをはじめ，国内のローランドDG社や米国AutoDesk社などが次々と参入し競争が激化している。低価格3DプリンターはFDM機から高精度が期待できる低価格の液槽光重合（Vat Photo Polymerization）機へと関心が移りつつある。

1.2.7 粉末床溶融結合法（粉末焼結；SLS, SLM）用材料

(1) 熱可塑性樹脂粉末

プラスチック粉末を炭酸ガスレーザービームの熱モードによる粉末床溶融結合法（Powder Bed Fusion；PBF）は，アルケマ社のナイロン11粉末を用いて1980年台後半テキサス大学のグループからスタートし，DTM社が設立された。DTM社は後に3D Systems社に併合された。ほとんど同時期にドイツのEOS社もこの方法の装置の販売を開始した。この材料は今日では大半がドイツのエボニック社のナイロン12（PA12）となっている。このPA12にはカーボンファイバー，ガラスビーズ，アルミ粉末などを混合して性能強化したものも利用されている（表5）[6]。この粉末床溶融結合法の樹脂粉末は基本的に結晶性の熱可塑性樹脂が用いられており，PA12が好んで用いられる理由としては，粉末が溶融して再度結晶化するまでの温度の範囲（process window）が広く歪みの小さな造形が可能であることに起因する。最近ではこのprocess windowを広げた材料の開発はもちろん，積極的にprocess windowの狭い材料を使いこなす造形方法の開発も進んでいる[7]。

一方，EOS社ではスーパーエンジニアリングプラスチックに位置し，外科手術でのインプラントとして期待されるPEEKの利用を進めている。

表5 粉末床溶融結合法の樹脂粉末

銘柄	成分	特徴
Almide	アルミ入りPA12	高剛性，メタリック調
Carbomide	カーボンファイバー入りPA12	高強度，高剛性，軽量
PA2200	PA12	汎用材料
PA3200 GF	ガラス入りPA12	高剛性，高耐衝撃性，高耐熱性
EOS PEEK HF3	ポリエーテルエーテルケトン（PEEK）	高耐熱性，高耐摩耗性，耐薬品性
PrimaCast 101	ポリスチレン	消失モデル

第3章　造形材料開発の最新動向

表6　EOS社の主な金属粉末材料

銘柄	成分	特徴
AlSi10 Mg	アルミニウム合金	機械特性，軽量
Cobalt-Chrome MP1	コバルト－クロム－モリブデン主体の合金	機械特性，軽量，耐食性，耐熱性
Cobalt-Chrome SP2	コバルト－クロム－モリブデン主体の合金	生体適合性，歯科用
DirectMetal 20	ブロンズ主体の合金	微細形状モデル
Stainless Steel GP1	ステンレス鋼 17-4/1.4542/SUS630	機械特性
Stainless Steel PH1	ステンレス鋼 15-5/1.4540	45HRCの硬度
Titanium Ti64	Ti6Al4V 軽合金	軽量，生体適合性，生体結合性

(2) 金属粉末

熱可塑性樹脂粉末の代わりに鉄やステンレスなどの金属粉末を用いて積層造形する方法は3D Systems社およびEOS社により実用化されてきた。また，ドイツではFraunhoferを核として，金属粉にレーザーを照射し焼結または溶融させて積層する研究開発が盛んに行われており，Concept Laser社，SLM社などの数社がそれぞれの装置を上市している。金属（合金）粉末としては最近ではほとんどのものが利用可能になっている。表6にEOS社の金属粉末材料について示す[6]。

スウェーデンのARCAM社は2002年に電子ビームを用いた装置を上市し，最近ではその生産性とその精度からレーザー焼結法よりもむしろ人気が高い。特にインプラント用のチタン合金（Ti6Al4Vなど）やコバルト・クロム粉末の造形を得意としており，医療用途で多くの顧客を獲得している。

2014年にDTM社出願の米国での粉末床溶融積層造形の重要特許が切れたことで，先に述べたようにFDM方式のパーソナル3Dプリンターが生まれたように，この方式でも多数の新規参入が期待されている。経済産業省の大型プロジェクトTRAFAM[8]もこの特許切れに呼応したものと思われる。

レーザー方式のみならず電子ビーム方式の造形装置開発も経済産業省の大型プロジェクトで取り組まれており，その成果に期待したい。

1.2.8　結合剤噴射法（インクジェット法）

(1) Z-Printer方式

1989年にマサチューセッツ工科大学（MIT）のサックスらにより，インクジェットノズルから出た結合材により粉末を固化させて積層することで立体形状を作製する方法が発明された。このライセンスを受けて設立されたZ-Corporation（後に3D Systems社に吸収）は，インクジェット法による積層造形装置（Z-Printer）を1996年に発表した。デンプン粉末を用いた最初の装置はその造形速度で，これまで発展してきた液槽光重合法や粉末床溶融積層法に大きな衝撃と驚きを与えた。造形物の精度についてはあまり議論をすることはできなかったが，造形時間を1/10～1/20に短縮することが可能となり，3次元積層造形に対する考え方を一変させた。この装置は，その

後デンプン粉末の欠点を克服するために石膏粉末に変更するとともに家庭用2Dインクジェット印刷用カラーインクを用いてフルカラー化がなされた。造形速度と意匠性が優れていることから，形状確認やデザイン確認の用途で多く利用されている。しかし，石膏粉末が材料であるためその表面性と物性では多くの妥協を強いられてきた。そのような中，3D Systems社は2013年暮れのドイツ・フランクフルトでの展示会（Euromold）でその積層材料をプラスチック粉末とする装置（ProJet4500）を発表し大きな期待を集めた。この装置によるプラスチック材料の種類はさらに拡大するものと推定され今後の展開に注目したい。

FDM法と同様にMITの基本特許も切れたことにより，ビジネスチャンスをうかがう他社から新しい材料を利用できる同様な装置が上市されるものと推定され，目が離せない。

(2) 砂型鋳造用インクジェットシステム

自然砂や人工砂にフェノール系やフラン系のバインダー樹脂をインクジェットヘッドから吐出して鋳物用の砂型を作製する装置が最近大きな話題を集めている。この方式には，MITのインクジェット方式のライセンスを受けたProMetal社のシステムを原点とするExOne社の砂型プリンターと，前記Z社のサブライセンスを受けたvoxeljet社のものがある。中でもExOne社の砂型造形システムは，最近国内でも多くのところで導入が進んでいる。このシステムは砂型造形により木型や樹脂型を不要とし，試作品の鋳造はもとより，量産化も視野に入れることができ，鋳造金属製品の設計の幅を広げ，次世代のものづくりとして期待されている。従来法に比較して複雑な造形が可能なので，中子の点数を大幅に減らすことができる。材料はZ-Printerと同様に種類が限られているが，砂型鋳造機では極めて大型の装置の設計が容易であり，生産機を意識した装置として今後さらなる発展が予想される。

2013年5月に経済産業省の「超精密3次元造形システム技術開発プロジェクト」が国内の12者でスタートした。このプロジェクトは5年間で，ExOneに代表される砂型用3Dプリンターの数倍の造形速度と，中小企業でも購入できるような2000万円程度のシステムを目指し開発を進めている[8]。2015年1月の3D Printing 2015ではフラン系バインダーを用いたとする緑色をした砂型積層物の展示があった。

1.2.9 材料噴射法

イスラエルのObjet Geometry社（2012年12月，Stratasys社に合流）からは光硬化性樹脂をインクジェットヘッドより吐出させた後，UVランプで硬化させるシステムが1998年に発表された。この技術は元々日本のブラザー工業により提案されたものであったが，Objet社により製品化された。現在では比較的安価な100〜200万円価格帯機から大型でかつ多種の材料が利用できる数千万円のものまで製品化されている。元々，インクジェットヘッドの物理的制約から厚い樹脂層の積層が不得意なため，その欠点をうまく利用して15〜16ミクロンの厚みで積層することにより，立体造形物を比較的高精細に造形することができる。

材料はアクリレート系の光硬化性樹脂で，剛性の高いものからゴムライクな軟らかいものまで十数種類が販売されている。上位機種であるCONNEXシリーズでは硬—軟2系統の樹脂など2

第3章　造形材料開発の最新動向

種類の物性の異なる材料を同時に使用して積層が可能なことより，今までのAM機ではなし得なかった造形物を簡単に得ることができる。例えば，透明な樹脂と不透明な樹脂を組み合わせることにより，透明な造形物中に不透明な部分を表現することも可能である。その例として，妊娠中の胎児の状況を再現した造形物が日本から発表され多くの話題を集めた。このように極めて多彩な表現を可能としている。2014年の2月に入ってStratasys社はこの方式のカラー造形機Objet 500 CONNEX3を発表した。上記3D Systemsのカラー機ProJet4500やこのObjet 500 CONNEX3，さらに，FDM機でもカラー化が進んでおり造形物はフルカラー化の時代に突入した。

　インクジェットノズルより，加熱溶融したワックス材を高分子バインダーとともに液滴として連続的に吐出し堆積固化させながら積層し，厚み制御を平坦化ローラで行うことで，ロストワックス鋳造用モデルを作製するSolidscape社のものがあり，造形速度の点からは不利であるが非常に微細な造形物を得意とするため宝飾や歯科のワックスモデルを作製するのに利用されている。最近では造形サイズの少し大きい精密鋳造の分野にも積極的に活動を広げている。また，3D Systems社も比較的よく似た機構ではあるが，目的の造形物にUV硬化材料を利用し，サポート材にワックスを利用する装置や，造形物，サポート材の双方にワックス材を用いる宝飾用の装置を上市している。

1.2.10　シート積層法

　紙に代表されるシート状材料を，レーザー（LOM機）またはカッター（キラ機）で切り出し，糊を付けながら積層するシート積層法が当初からあったが，材料が紙を中心とするため吸湿性などで精度が十分でなかったことと，オーバーハングの取り扱いが得意でなかったために嫌われ両

図2　アーク溶接機を用いる武藤工業の積層造形機
(3D Printing 2015)

者とも撤退した。しかし，2012年秋から紙を積層してフルカラー造形物を作製できる比較的安価なMcor IRISプリンターが上市された。このシステムも本質的にはオーバーハングが得意ではないが，例えば立体地図など用途を限って使うことで効果を発揮するため，通常の積層造形機とは異なった用途を目指して積極的に販売活動を展開している。

1.2.11 指向エネルギー堆積法（Directed Energy Deposition）

Fe, Niに代表される金属粉末などを吹き付けながら炭酸ガスレーザーやファイバーレーザーなどのエネルギー線で直接溶融させて形状を作製する方法がOPTOMEC社から提案され，改良が続けられている。また，ドイツではFraunhoferを中心に盛んに研究開発が進められている。この方法では，金属粉末の組成を変化させることにより，傾斜材料の作製も可能であり，別の方向からも期待が大きい。

日本では同様な狙いで，笠原らのグループによりアーク溶接機にヒントを得た積層造形機が提案され，武藤工業が実用機の開発を行い，2015年1月の3D Printing 2015で試作機を発表した（図2）。この方法では高価なレーザーが不要であるとともに市販のアーク溶接用の線材が利用可能のため，装置と稼働の双方からの低価格化が期待できる。

これらはいずれも肉盛り溶接と同様ではあるが多彩な加工が可能であり，大きな可能性を持っている。

1.3 ハイブリッド型積層造形装置

松下電工（現パナソニック）と松浦機械により，金属粉末床溶融積層と切削のハイブリッドタイプが主に成形用金型製作を目的に開発され「LUMEX」という愛称で，地域の工業試験所などを中心に導入が行われてきた。金属粉末をレーザーで溶融積層しながら数層に一回積層端面などを切削して成形型としての機能を確保する造形方法である。あまり大きな成形金型の作製には不向きであるが，比較的小さい，例えば200 mm程度の金型の作製には短期間で対応できることと最近の3Dプリンターブームとともに期待が高まっている。2014年10月のJIMTOF 2014でOPM社を傘下に入れたSodick社から松浦機械のLUMEXと同様のハイブリッド機が発表され注目を集めた。

Euromold 2013ではDMG／森精機から指向エネルギー堆積方式に切削を組み合わせたハイブリッドタイプの積層造形機「SAUER」が展示され連日大きな話題を集めた。その後，JIMTOF 2014で，前記SAUER機とともにヤマザキマザックからも同様なハイブリッド機が展示され，注目を集めた[9]。比較的短時間に切削精度の造形物が得られるとのことであり，これらの方式は金属部品や成形型の修正や変更に有用と思われ，今後このようなハイブリッドタイプの開発が盛んになるものと推定される。

1.4 材料から見た3Dプリンターの今後の行方

いま大きな話題となっているパーソナル3Dプリンターを利用することにより，将来「誰もが

第3章　造形材料開発の最新動向

容易に各種部品，部材を任意の材料で製造可能になる」とメディアでたびたび放映されているが，3Dプリンターで使える材料は限定的であり，その材料は，汎用熱可塑性樹脂や一部エンジニアリング樹脂に限られている。一方，我々の生活の中で広く使われているプラスチック製品やその部品と同等または近い性能の造形物が作製可能になるのは簡単ではない。積層造形は造形形状にほとんど制限はないが，造形方向により物性を発揮できなかったり，少なからず積層段差の問題が残る。特に緩斜面での段差は目立ちやすい。また日々利用している工業製品並みの精度を確保することは極めて厳しい。「誰もが容易に各種部品，部材を任意の材料で製造できる」ようになる日が訪れることは，遠い将来のことと思われるが，安価な3Dプリンターの登場で，モノづくりに対する意識の変化は確実に起こっている。

また，3Dプリンターを出力に使うには，まず3次元データが必要であることから，3D CADや3Dスキャナが自由にかつ意識せずに使える環境を整える必要がある。コンピューター上の3次元CADで最終製品レベルのデータを作成することは個人の範囲ではなかなか容易ではない。今後は簡便でかつ高度な無償3次元CADが普及してくると推定されるが，それでも習得にはある程度の努力が必要と推定される。経済産業省では2020年に3Dプリンター関連で20兆円を超える予想を展開しているが，そのためには材料開発を含め，データ作成ツールの開発も装置の低価格化とともに必要である。

AM法が発明されてからすでに30年以上が経過し，モノづくりの世界では広く試作を中心に普及している。そのため，この技術で，モノづくりのあり方，特に産業としてのモノづくりに変化はほとんど起こらないと考える。しかし，デザイン検証・機能検証が極めて身近になり，今までの試作という生産に近いところから，商品立案・デザイン・設計という上流に広く使われるようになっていくとともに，個人の活動を中心とした生活付随物や表現・デザイン・ファッション・芸術などの分野で3Dプリンターは広く展開されていくものと推定している。

文　献

1) T. Wohlers, Wohlers Report 2014, Wohlers Associates, Fort Collins, Colorado, USA
2) 真弓剛, 素形材, **53**(3), 25-30（2012）
3) 萩原恒夫, 素形材, **53**(10), 51-57（2012）
4) 萩原恒夫, 光技術コンタクト, **52**(8), 30-38（2014）
5) 萩原恒夫, ペテロテック, No.2（2015）
6) 前田寿彦, 素形材, **53**(2), 53-59（2012）
7) 新野俊樹, 第5回AMシンポジウム講演資料, 2015年1月21日付け, 東京大学生産技術研究所
8) 技術研究組合次世代3D積層造形技術総合開発機構：TRAFAM, http://www.trafam.or.jp

9) オプトロニクス,No.1, 109-110 (2015)
 各社3D Printerメーカーなどのカタログ
  ㋐ シーメット社,http://www.cmet.co.jp
  ㋑ 米国3D Systems社,http://www.3dsystems.com
  ㋒ 米国Stratasys社および丸紅情報システムズ社,http://www.stratasys.com,
    https://www.marubeni-sys.com/,
    http://jp.objet.com/Portals/15/docs/PDF/Brochure/Objet_System_Matrix_JP_sml.pdf
  ㋓ ドイツEOS社およびNTTデータエンジニアリングシステムズ社,
    http://www.eos.info,http://www.nttd-es.co.jp
  ㋔ ExOne社,http://www.exone.com
  ㋕ イタリアDWS社およびドイツEnvisionTEC社,http://www.dwssystems.com,
    http://www.envisiontec.com
  ㋖ スウェーデンARCAM社
  ㋗ ヤマザキマザック,https://www.mazak.jp/jimtof2014_1/
    DMG／森精機,http://www.dmgmori.com/blob/336988/9fa37a242d86a2ebdc000d914189e14d/j142jp-pdf-data.pdf

2 粉末床溶融結合（PBF）造形向けポリアミド材料

宮保　淳*

2.1　3Dプリンター技術としての粉末床溶融結合（PBF）造形

　1980年に日本人，小玉秀雄氏によって発明された3Dプリンターは1987年にアメリカの3D Systems社によって光造形装置で商用化されたのが始まりであるが，現在は立体（3D）に対象物を造形することが可能なデバイスを総称する用語として用いられている。3Dプリンターを使用する目的としてRP（Rapid Prototyping）やRM（Rapid Manufacturing）という分類が用いられているが，現在ではどの技術においてもRPから連続的にRMを指向することが多い。

　このような技術と市場の急速な発展を背景として，Additive Manufacturing（AM）という言葉が用いられるようになった。AMは既存の工法では作れなかった高付加価値な形状や機能を持った最終製品をなるべく早く，安く付加的（Additive）に作る新しい加工法として提唱された言葉である。既存の技術は2009年1月のASTM国際標準化会議で統一化され，以下の7種類に分類されている。

　　　液槽光重合　　　　　　　　Vat Photo-polymerization
　　　シート積層造形　　　　　　Sheet Lamination
　　　結合剤噴射　　　　　　　　Binder Jetting
　　　材料押出　　　　　　　　　Material Extrusion
　　　材料噴射　　　　　　　　　Material Jetting
　　　粉末床溶融結合　　　　　　**Powder Bed Fusion（PBF）**
　　　指向エネルギー堆積　　　　Directed Energy Deposition

　粉末床溶融結合（PBF）技術には樹脂のみならず金属やセラミックスも用いられるが，本稿では樹脂粉末を用いたPBFの中で最も歴史が長く普及が進んでいる材料であるポリアミドについて述べる。

2.2　樹脂粉末を用いるPBFの概要

　PBFは，1986年にテキサス大学で研究プロジェクトが開始され，1997年に経時変化の少ないポリアミド材料を採用して実用化に至った比較的新しい技術を起源としており，前述のASTMによる名称統一まではレーザー粉末焼結（Selective Laser Sintering, SLS）と呼ばれていた。図1にその概要を示したが，実際のステップは以下のようになる。

　　　ステップ1　　樹脂粉末を約100μm厚でプラットフォームに薄く敷く
　　　ステップ2　　3次元CADのデータにしたがって形状沿いにレーザーを照射して樹脂粉末を
　　　　　　　　　選択的に溶融し結着させる
　　　ステップ3　　プラットフォームを樹脂粉末層の厚さ分（約100μm）だけ下げる

＊　Atsushi Miyabo　アルケマ㈱　京都テクニカルセンター　所長

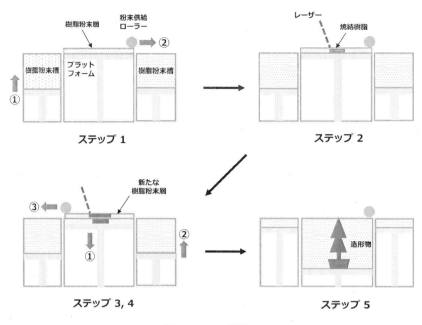

図1　PBFの原理

図2　レーザー照射後のポリアミド粉末の状態

　　　ステップ4　　3次元CADのデータにしたがって1〜3の操作を繰り返す
　　　ステップ5　　造形完了後，粉末槽の中から造形物を取り出す

レーザーには主としてCO_2レーザー（波長10.6mm，出力数十W）が用いられ，レーザー照射後の内部応力を防ぐために造型機内の環境温度は材料の再結晶化温度（Tc）以上に設定される。ビームスポットサイズは通常400〜500μmで，造形可能な縦壁の厚さは約0.6mm以上，積層厚さは最低約80μm，寸法精度の目安は200mm直方体の場合，±0.15mm程度である。図2に実際に造型機の中で樹脂粉末にレーザーを照射した後の状態を示した。

　樹脂を溶融させて積層させるAM技術としてはASTM分類中の材料押出技術の一技術である溶融積層造形法（Fused Deposition Molding，以下FDM）がある。現在一般家庭向けの普及品も市

第3章 造形材料開発の最新動向

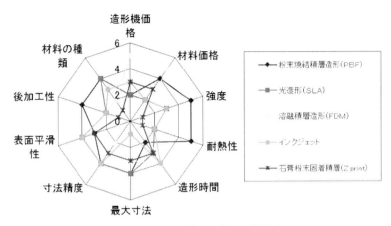

図3　PBFのAM技術の中での位置づけ

場展開されているが，高機能性の造形物を得るには精度や物性の面で制限が多い。液槽光重合は3Dプリンターの元祖である技術であり，液体を用いるために充填率が100％で造形物も大型化して物性も向上を遂げているが，造形物を支える支持物が必要であり，フィラーでの強化や材料の改質などには対応しにくい。

このように，樹脂を原料として用いるAM技術には一長一短があるが，PBFは樹脂を用いるAM技術の中でも材料の選択肢が最も多い業務用のハイエンド技術といえる。図3に各種AM技術との相対的比較を示す。PBFの造型機はコスト的にやや高価であるが材料は比較的安価であるため，使用頻度の向上によりランニングコストは低くなると考えられる。なお，PBFはレーザー出力を数百Wに上げることにより，ステンレス鋼やチタン合金などの金属を積層させたり，樹脂をバインダーとして用いることによりセラミックスの造形物を得ることも可能である。

2.3　PBF材料としてのポリアミド

PBFに限らずAM技術はソフトである材料とハードである造型機のマッチングが造形物の仕上がりに決定的な差をもたらす。樹脂粉末を用いるPBFでは材料に以下の特性が求められる。

特性1：樹脂粉末の粒径分布が高度に制御されており，かつ静電気などの影響を受けずにプラットフォームに容易に敷くことができること

特性2：樹脂の結晶化が造型機のチャンバーや部品に対して短期的，長期的に負担にならない程度のマイルドな温度で起こること

特性3：造形物の機械的物性，寸法精度や表面が実用上の使用に耐え得る品質であること

特性4：着色グレード，フィラー強化グレード，高靭性グレード，難燃グレードなど，樹脂そのものの改質が容易であること

特性1は安定した品質管理に対して必須の条件である。PBFに用いられる樹脂粉末の粒径分布が制御されていないとロット間のブレが生じ，造形物の表面精度や物性に悪影響を及ぼす。また，

基本的に絶縁物である樹脂は帯電しやすいために樹脂粉末層を形成した際に粉末がプラットフォーム以外の場所に大量に付着してしまっては製造以前の問題となる。

特性2は造形物のソリと造型機の耐久性に関連して重要である。PBFの場合，レーザー照射後の内部応力を防ぐために造型機内の環境温度は材料の再結晶化温度（Tc）以上に設定されるのが普通であるが，もしこの温度が高すぎる場合，チャンバー本体や内部の部品などが熱によって短期的，長期的にダメージを受けてしまう可能性がある。

特性3と4は製品そのものに関連する特性である。AMの市場発展性はどれだけ実用として使える造形物が得られるかにかかっている。この点から造形物の機械的強度や外観は非常に重要であるうえ，用途を広げるうえで各種の特性付与や意匠性も極めて重要となる。しかしながら，現実的にはこれらの特性を全て満たす樹脂は多くない。

1980年代にPBFの研究がスタートして程なく，これらの条件を満たす材料として選択されたのがポリアミドである。分子内に繰り返し単位としてアミド結合（-CONH-）を持つ高分子をポリアミドと呼ぶ。ポリアミドは1928年デュポン社に入社したカローザス（W. Carothers）の精力的な研究の結果見出され，1938年に"蜘蛛の糸よりも細く鋼鉄より強い糸"であるポリアミド66繊維が市場に投入されたことを契機に爆発的に普及した材料である。ポリアミドは結晶性ポリマーであることから耐薬品性に優れ，アミド結合間の水素結合により強靭で高い機械的物性を示すことから，金属代替可能なポリマーとして1950年代後半からエンジニアリングプラスチックの代表格として大きく発展してきた。

2.4 PBFに最適な長鎖脂肪族ポリアミド

1980年代にPBFの研究がスタートして最終的に選択されたのはポリアミド66や類似のポリアミド6ではなく，長鎖脂肪族を主鎖に持つポリアミド11やポリアミド12である。表1に代表的なポ

表1 ポリアミド（PA）とポリプロピレン（PP）の代表的物性

項目	試験方法 ASTM	単位	ポリアミド11	ポリアミド12	ポリアミド66	ポリアミド6	ポリプロピレン
化学構造			$-((CH_2)_{10}NHCO)_n-$	$-((CH_2)_{11}NHCO)_n-$	$-((CH_2)_6NHCO(CH_2)_4CONH)_n-$	$-((CH_2)_5NHCO)_n-$	$-(CH_2-CH(CH_3))_n-$
融点	DSC	℃	187	176	265	225	167〜170
ガラス転移点		℃	37	50	50	48	-10
比重			1.04	1.02	1.14	1.14	0.9
吸水率（24 h）	D570	%	0.23	0.21	1.3	1.8	<0.03
引張強度	D638	MPa	54	49	80	75	30〜40
引張伸度	D638	MPa	330	350	60	200	550〜700
曲げ強度	D790	MPa	68	73	118	110	36〜40
曲げ弾性率	D790	GPa	0.98	1.1	2.9	2.8	1.3
衝撃強度*	D256	J/m	39	40〜60	40	50	1.5〜4.0
結晶化温度（Tc）	-20℃/min	℃	156	150	210	166	110

*ノッチ付アイゾット衝撃強度

第3章　造形材料開発の最新動向

リアミド（PA）およびポリプロピレン（PP）の物性を示す。そもそもポリアミドはアミド基を持つ半結晶性の極性ポリマーで，機械的特性，耐衝撃性，耐化学薬品性に優れるエンジニアリングプラスチックであるため，前記の特性3および4の観点からはどのポリアミドもPBFには適しているといえる。

　ポリアミドはアミド基に水が配位するため吸水性が高い。適度な吸水性は樹脂粉末表面への帯電を低減させるという点で特性1に有利に働くが，逆に吸水率が高すぎると保管中に粉末が凝集したり，レーザー照射時に樹脂中の水分が造形物の表面に悪影響を及ぼすといったリスクが伴う。

　一方，半結晶性ポリマーからソリのない造形品を得る場合には，造形品の内部応力を抑えて積層途中での収縮を回避する必要がある。そのために樹脂の結晶化が造形のサイクルより十分早いことと，溶融した樹脂が降温時に結晶化を起こす温度である再結晶化温度（Tc）以上に造形品を保っておくことが必要である。造型機の熱によるダメージを抑えるにはTcは低い方が望ましく，造形のプロセスウインドウの観点からはTcと融点（Tm）の差は大きい方が望ましい。ポリアミドの結晶化は早く，DSCで測定される結晶化のピークは非常にシャープであるが，ポリアミド66やポリアミド6はTm，Tcがともに高く吸水性も高いため，ポリアミド11やポリアミド12が特性1および特性2の点からは有利となる。

　材料に求められる上記の要求を総合的に判断すると，エンジニアリングプラスチックとしての高い特性と高機能化グレード開発の容易さを保ちつつ，結晶化温度と吸水率のバランスという点で製造プロセス上の制約が少ない材料としてポリアミド11やポリアミド12がPBF向け樹脂粉末材料として採用された理由が理解されよう。また，ポリアミド11やポリアミド12の物性がポリプロピレンのそれに近いことも特筆すべきである。現在ポリアミド11やポリアミド12を用いたPBFによるプロトタイプでは自動車部品の試作用途が最も多いのもこの理由による。

2.5　ポリアミド11とポリアミド12の違い

　前述のように，PBFの樹脂材料としてはポリアミド11やポリアミド12のような長鎖脂肪族ポリアミドが適しているが，炭素数がわずか1つしか違わないポリアミド11とポリアミド12の間でも物性の差がある。汎用ポリアミドであるポリアミド6，ポリアミド66と比較して，ポリアミド11やポリアミド12はメチレン鎖が長い（単位ユニットあたりのアミド基濃度が低い）ため，融点，比重，吸水率が低く，柔軟性を持つ。比重，吸水性は結晶性ポリアミドの中で最も低い部類に属するため，耐衝撃性や耐薬品性などを必要とし，かつ吸水による種々の影響（膨潤，寸法変化，機械物性変化など）を避ける必要がある用途に対して有力な材料となっている。現在，自動車用途向けの各種チューブ類（燃料チューブなど）にポリアミド11やポリアミド12が多用されているのは，これらの特性が評価されているためである。

　ポリアミド11とポリアミド12に決定的な物性の違いをもたらしているのはその結晶構造の違いである。ポリアミド11は奇数ポリアミドであるため三斜晶（α triclinic）と呼ばれる結晶構造をとり，ポリアミド12は偶数ポリアミドであるため単斜晶（γ monoclinic）と呼ばれる結晶構造をと

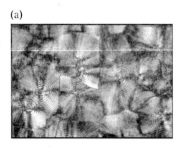

図4　ポリアミド11とポリアミド12の結晶形態の違い

ポリアミド11とポリアミド12の球晶構造
(a)ポリアミド11：三斜晶（α triclinic）規則的な環状の球晶構造，
(b)ポリアミド12：単斜晶（γ monoclinic）やや粗大な球晶構造

表2　ポリアミド11とポリアミド12の特性比較

項目	試験方法	単位	ポリアミド11	ポリアミド12	備考
原料			ヒマシ油	石油	モノマーの出発原料
モノマー			11-アミノウンデカン酸	ラウリルラクタム	
結晶構造			三斜晶	単斜晶	
球晶構造			規則的で環状	やや粗大	
低温衝撃性	ISO179	kJ/m^2	10	5	ノッチ付シャルピー衝撃，-30℃
荷重たわみ温度	ISO75	℃	138	110	低荷重
耐熱老化性（常用）	アルケマ法	℃	125	100	
耐熱老化性（ピーク）	アルケマ法	℃	150	125	
耐屈曲疲労性	アルケマ法	回	3700	560	破断までの回数
耐磨耗性	アルケマ法	mg	18	20	重量ロス

る。前者の三斜晶がよりコンパクトな結晶単位であるのに対して，後者の単斜晶では水素結合のために主鎖がねじれる構造を持つ。この違いが球晶構造に大きく影響し，ポリアミド11は規則的な環状の球晶構造をとるのに対し，ポリアミド12はやや粗大な球晶構造をとる（図4）。このようなポリアミド11にひずみを与えた場合，ポリアミド12とは違い降伏点に達する前後から三斜晶から擬似六方晶という形態に変化するため，ネッキングを起こすまでエネルギーを吸収することができる。

このような結晶構造とひずみを与えた際の挙動の違いにより，低温衝撃性，耐熱性，耐熱老化性，ガスおよび燃料バリア性，耐屈曲疲労性，耐磨耗特性，耐化学薬品性などにおいて，ポリアミド11に明確な優位性が現れる。実際，現在押出成形の主力用途である燃料チューブでは，ポリアミド11は耐劣化燃料性（サワーガソリン性）および-40℃での低温衝撃性が優れているため，過酷な条件が要求される高機能用途ではポリアミド11が採用されることが多い。表2にポリアミド11と12の樹脂としての特性比較を示した。

なお，ポリアミド11とポリアミド12は出発原料が大きく異なる。ポリアミド11がヒマシ油を原

第3章 造形材料開発の最新動向

料とする歴史の古い植物原料由来の樹脂であるのに対し[1]，ポリアミド12は石油を原料とする化石原料由来の樹脂である。ポリアミド11はこの点から環境負荷の少ないポリアミドの中心的な存在としても注目されている[2,3]。

2.6 アルケマ社のPBF向けポリアミド材料

アルケマ社ではポリアミド11とポリアミド12の持つポリマーとしての特性を十分活かしつつ，PBFでの作業性，加工性にも優れた以下のグレードの市場展開を行っている。

　　Orgasol® （オルガソル） Invent Smooth （OIS）：高リサイクル，良表面外観グレード
　　Rilsan® （リルサン） Invent Natural （RIN）：高衝撃，高耐熱グレード

OIS（ポリアミド12），RIN（ポリアミド11）ともに分子レベルでの構造制御を施すことによりPBFに最適の特性を発現している。

2.6.1 Orgasol® （オルガソル） Invent Smooth （OIS）

OISはPBF用に開発されたポリアミド12粉末である。粉末のリサイクル率が極めて高く，また造形品表面が滑らか（スムーズ）に仕上がることを特徴としている。PBFは原理的に樹脂粉末の中に造形物ができ上がるが，一般的に造形物が造形チャンバーの中に占める割合は15～25％である。逆に言えば残りの樹脂粉末は造形されずに高温で長時間暴露されることになり，もしポリアミドの固相重合による分子量の増大が著しいと溶融粘度が高くなるため，残った樹脂粉末をリサイクルした際に積層方向の樹脂の溶着を妨げてしまう。

OISはこのような現象から来る樹脂粉末の廃棄を最小限に抑え，リサイクル性を著しく向上させたグレードである。ポリアミド12には分子レベルでの改良が加えられているためバージンパウダー：ケーキパウダーの比率は20以下：80以上での運用が可能となった。図5にOISおよび他社ポリアミド12の加熱に伴う溶融粘度変化の比較を示した。また図6にはリサイクルを繰り返して

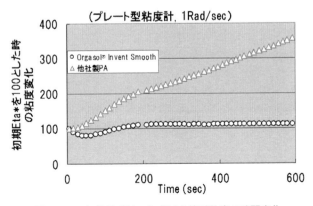

図5　OISと他社ポリアミド12の溶融粘度の時間変化
（溶融粘度増大＝分子量増大）

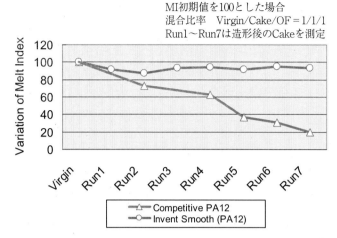

図6 OISと他社ポリアミド12のリサイクル回数に伴うメルトインデックスの変化
（メルトインデックス減少＝分子量増大）

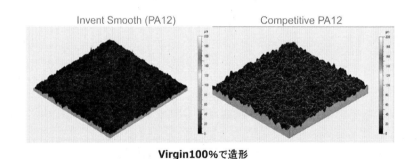

図7 OISと他社ポリアミド12の表面状態比較

造形した際の樹脂の溶融粘度の比較を示した。

一方，従来のPBF造形品と比較してOISを用いた造形品の表面は凹凸が少なく手触り感が滑らかである。造形品の気密性も優れているため，造形後のエポキシ樹脂などの含浸処理が不要となり，表面仕上げ作業時間を大幅に短縮できるようになった。自動車エンジン部品のインテークマニホールドなど，気密性を要求する部品の造形に適している。図7にOISと他社ポリアミド12造形品の表面状態の比較を示した。

2.6.2　Rilsan® (リルサン) Invent Natural (RIN)

RINはPBF用に開発されたポリアミド11粉末である。引張破断伸度や耐衝撃性に優れており，ヒンジ形状のように靭性を必要とする部品に適した材料である。図8にOISとRINのPBF造形品の応力－ひずみ曲線の比較を，表3に造形品の代表的物性を他社ポリアミド12とともに示した。

第3章 造形材料開発の最新動向

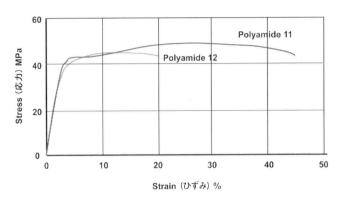

図8　OISとRINの造形品の応力—ひずみ曲線の比較

表3　OISとRINの造形品の代表的物性

項目	規格	単位	Orgasol® Invent Smooth	Rilsan® Invent Natural	他社PA①	他社PA②
ポリマー			PA12	PA11	PA12	PA12
平均粒径	ISO13319	μm	42	46	−	−
タップ密度	ISO1068-1975	g/cm³	0.55	0.62	−	−
荷重たわみ温度	ISO75(1.8 MPa)	℃	100	56	79	80
引張弾性率	ISO527	MPa	1550	1500	1590	1700
引張強度	ISO527	MPa	46	48	43	45
破断伸度	ISO527	%	16	47	14	20
曲げ弾性率	ISO173	MPa	1350	1310	1390	1240
ショアD　硬度	ISO768		76	77	−	−
シャルピー衝撃強度（ノッチ付）	ISO179	kJ/m²	4.8	7.3	−	−

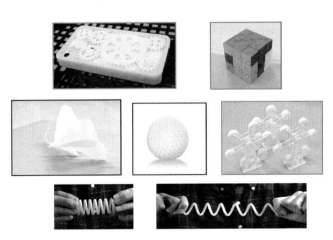

図9　OISとRINを用いた造形品の例

RINの融点は186℃で，OISおよび他社ポリアミド12の融点の180℃に比べて若干高い。実際の製品において耐熱性の目安となる熱変形温度（HDT）はRINが優れており，溶融する直前の温度まで剛性を保つことができる。ガラスビーズとの複合化により，自動車のエンジン周りの部品などで，より高い耐熱性を発揮することが期待されている。OISとRINの弾性率はほぼ同等であるが，本稿2.5項でも述べたように，ポリアミド11の降伏点前後の結晶状態の変化によるエネルギー吸収により，RINの破断伸度はOISの2倍以上の値を有する。ヒンジ形状を持つ造形物で繰り返しの折り曲げに耐えることができ，薄肉やピン形状でも破損しにくい。したがって，RINはより実用部品への展開が期待される材料である。

図9にOISとRINを用いた造形品の例を示した。ポリアミド11とポリアミド12の優れた靭性や機械的強度を活かした造形品が市場に展開されている。

2.7 おわりに

3Dプリンターが一般家庭でも用いられるようになったことによりPBFを含むAM技術に対する認識が高まり，様々な用途展開が行われているのは喜ばしいことである。しかしながら，シンプルな造型機を用いて個人が造形物を作製することと，高価な造型機を用いてそのまま実使用に使える高機能造形物を低コストで製造販売することには大きな技術的ギャップがある。PBF技術が真の意味で第二の産業革命の一翼を担うためには，以下の課題の解決が必要であろう。

　①物性　　　　　内部構造（ボイドや欠陥）による機械的物性の低下
　②寸法精度　　　原則的に加工精度が積層の厚みを超えることができない
　③材料選択肢　　ポリマー種類や各種フィラーの使用が限定されている
　④品質　　　　　ロット間，造型機間の各種品質のバラツキの低減
　⑤造型機　　　　スーパーエンプラにも対応可能な高性能造型機が未開発

アルケマ社ではポリアミド11およびポリアミド12以外にも芳香族ポリアミドやスーパーエンプラなどPBFに適用可能な材料も開発中であり，材料面（ソフト面）での改良を積極的に展開することによってこれらの問題の解決に寄与していきたいと考えているが，ハード側（造型機側）との緊密な連携が不可欠である。業界全体としての取り組みにより，PBFを含むAM技術が真の意味で第二の産業革命を起こすことを期待している。

文　　献

1) 宮保淳, プラスチックスエージ, **57**(4), 120 (2011)
2) 宮保淳, バイオプラスチック技術の最新動向, p.75, シーエムシー出版 (2014)
3) 宮保淳, 高分子, **61**(4), 201 (2012)

3 インクジェット粉末積層法における各種材料

山口修一*

3.1 はじめに

インクジェット方式の3Dプリンターには二方式あり、結合剤噴射法（Binder jetting）と材料噴射法（Material jetting）があることは先の章で述べた。この二方式の発展の歴史は、材料開発の歴史でもある。ここでは、この二方式における材料について解説し、今後の動向について述べる。なお、造形材料と一口に言っても、結合剤噴射法では粉体とバインダー、材料噴射法ではモデル材とサポート材があるため、ここではそれらについて個々にみていく。

3.2 結合剤噴射法における材料

結合剤噴射法の材料は、大きく分けてモデル部をなす粉体と、粉体同士を結合させて固めるためのバインダー液材料がある。

まず粉体材料であるが、最も普及しているこの方式の3Dプリンターは、石膏を使用するタイプである。一般に使われている石膏の電子顕微鏡写真を写真1に示す。粒子の形状は、樹脂や金属の造形用粒子とは異なり様々な異形状となる。粉砕により製造されるため球形とはならない。粒径は20〜100μm程度に分布しており、平均粒径は40μm程度である。石膏に要求される特性としては発色性、保存性、安全性、強度、平滑性、質感などである。

粉末造形用粒子においては、粒子の径がそろっているほど良い場合と、むしろ隙間なく高密度に充填できるように、径が異なる方が良い場合がある。レーザーにより粒子を溶融させるタイプ

写真1　石膏の電子顕微鏡写真

---

*　Shuichi Yamaguchi　㈱マイクロジェット　代表取締役

は前者であり，インクジェットのように粒子同士を結合させる場合は後者になる。

粒子の表面には，水性のバインダーと反応する材料がコーティングされており，これとバインダーが反応して粉体同士が結合する。製品化の初期段階では，石膏ではなくスターチが使われていたようであるが，強度や靱性が十分ではなく歪みも生じ易かったため，その後石膏になった経緯がある。石膏は吸水性があるので，保存方法には注意する必要がある。また粉体の取り扱いについては，粉塵爆発を考慮する必要がある。造形エリア内だけでなく，回収したダクト内についても注意する必要があり，事前に防爆試験を行って粉体の防爆性を把握すると共に，必要に応じ防爆仕様の構造にする必要がある。

石膏以外の材料として，鋳型用砂型を作製する場合には，硅砂（ケイシャ）や人工砂または，これらの混合物が用いられる。これらの砂とトルエンスルホン酸などを主成分とする硬化剤とを混練した鋳物砂を用い，インクジェットヘッドよりバインダー（粘結剤）のフラン樹脂，たとえばフルフリルアルコールなどを塗布することにより，鋳物砂を結合して砂型を作製していく。硬化剤塗布後に硬化反応が進み，自然と硬化が進むため，自硬性鋳型とも呼ばれる。装置の例としては米国のExOne社[1]やドイツのvoxeljet社[2]の装置がある。バインダーとしては，この他にフェノール樹脂や水ガラスを使ったタイプもある。表1にvoxeljet社より資料提供いただいた材料に関するデータを掲載する。Quartz Sandとは硅砂のことである。粒径は90〜250 μmであり，バインダーはフラン樹脂である。粒径が小さいものは型表面の平坦性が良く，粒径が大きなものは鋳型への注湯時に鋳型や溶湯などから出るガスが抜け易い。

また，この他にもこの技術を応用すれば，セラミック粉や金属粉などを用いての造形も可能である。ただし，造形物の強度はないため，造形物を炉に入れて焼結したり熔浸したりして，強度を高める必要がある。

表1 鋳型用材料（voxeljet社）

Material data sheet for furan direct binding (FDB) sand molds

MOLDING MATERIALS

Molding material	Quartz sand				Kerphalit
Name	FDB 2/90 SI	FDB 1/140 SI	FDB 1/190 SI	FDB 1/250 SI	FDB 1/200 KF
Average grain size (μm)	90	140	190	250	200
Application	Molds and cores with maximum requirements for surfaces	Molds and cores with demanding requirements for surfaces	Cores with high gas permeability	Cores; very high gas permeability	High thermal resistance against veining; resistant to penetration
Total loss due to heating (weight %)	2.5	1.6–1.9	1.5–1.8	1.5–1.8	1.6–1.9
Layer thickness (μm)	200/250	300	300/400/500	300	300
Achievable bending strength (N/cm²)	210–230	220–350	280–380	280–380	220–320
Gas permeability (l/h)	22	65/75	140	250	250
Binder	Furan resin				

第3章 造形材料開発の最新動向

この方式のポイントは，材料の粉体化と硬化剤や結合剤であるバインダー液材料の開発にある。現在では硬化剤を必要とせず，粘結剤のみで造形できる材料も開発されてきている。

これ以外では，米国の3D Systems社のProJet® 4500[3]が熱硬化型の樹脂粉末を用い，そこにインクジェットでアクリル酸イソボルニルやalkoxylated aliphatic diacrylateを主成分とする着色剤を含む液材を塗布することにより仮造形し，その後加熱することにより100万色での造形物作製を可能としている。また，第2章でも触れたが，米国のHewlett-Packard社も熱可塑性粉末材料とインクジェット技術を組み合わせた製品を，2016年度に投入すると発表[4]しており，形状見本となる部品に留まらず，強度的にも実用部品として使えるものが作れるようになるであろう。

これ以外にも，砂糖や塩，スターチといった食品用粉末も材料として検討されている。また，大きな市場が見込めるコンシューマー用3Dプリンターは，現在のところ材料押出法（FDM）が主流であるが，品質，スピード，カラー化において大きな課題があるため，早晩粉末を使った結合剤噴射法の低価格モデルが開発され代替されるであろう。

3.3 材料噴射法における材料

材料噴射法は文字通り，材料をインクジェットヘッドから吐出する方法である。この方式は1990年代前半に，マサチューセッツ工科大学で研究が開始された方式であるが，当時はワックス材料での実用化が検討されていた。現在実用化されている本方式の材料としては，大きく分けて光硬化樹脂とワックスの二つのタイプがある。前者は試作部品の外形形状確認用，後者は宝飾品のロストワックス型やマスターモデルなどに使われている。

光硬化樹脂は，一般にはモノマー，オリゴマー，光重合開始剤，その他添加物（色材，フィラー，安定剤など）からなる。本方式では硬化させる光の光源としてメタルハライドランプやキセノンランプが使われている。UVLEDが使われていないのは，波長領域が狭く，材料の選択肢が狭まり，液材の開発難易度が上がるためと考えられる。インクジェットヘッドから吐出可能な液の粘度は，ヘッドに搭載されているヒーターを使って液を加熱する場合においても，常温で100 mPa·s以下の低粘度を実現する必要がある。そのため，低粘度液体であるモノマーは粘度調整用に使われる。オリゴマーには，ウレタンアクリレート系，エポキシ系，エポキシアクリレート系などがあるが，今日主流となっているのはラジカル重合のウレタンアクリレート系である。ラジカル重合は重合速度が速いが重合収縮歪みが大きく，カチオン重合はこの逆になる。ウレタンアクリレート系は機械的強度や熱的特性がエポキシ系よりも優れている。

ワックスタイプの材料には蝋として天然蝋と合成蝋があり，ワックスに性状が似た有機物中間体からなる材料もある。ワックスタイプの特徴は，常温下で固体またはペースト状であり，50～120℃の加熱で液体になることである。インクジェットヘッドで吐出する際には，材料をインクジェットヘッドに搭載されているヒーターにより加熱溶解して液化している。

上記二つのタイプの材料で造形したものは大きく性質が異なり，光硬化タイプは強度がワックスタイプに比べて強いが，精度はワックスタイプが優れる。筆者らは造形精度に及ぼす要因とし

て,インクジェットヘッドより液材料が着滴してから固化するまでの液の濡れ広がり方が,造形精度に影響を及ぼすのではとの仮説を立て実験を行ったので,下記に説明する。

産業プリンター用UV硬化インクとワックスインクで,どの程度着滴後の濡れ広がりに差異があるか,着滴を真上と真横から同時に高速度カメラで撮影可能な,マイクロジェット社の着滴解析装置DropMeasure-1000(写真2)を用いて実験を試みた[5]ので,そのデータを写真3及び4および図1に示す。写真3はUVインクの着滴の様子を真横と真上から高速度カメラで撮影した写真である。上段が真横から下段が真上から撮影した画像である。写真4はワックスインクの着滴の様子である。図1は着滴径の経時変化のグラフである。着滴面は無処理のスライドガラス面であり,液滴サイズは共に50 plである。なお,一般に材料噴射法に使われているインクジェットヘッドは,パソコン用プリンターに使われているインクジェットヘッドに比べて液滴体積が大きく,平均的には50〜70 pl／滴程度である。産業用プリンターヘッドの中でも液滴体積が大きいものが使用されている。液滴が小さすぎると造形に時間がかかるため,大きめの液滴体積のヘッドが用いられている。

このデータによると,通常の紫外線硬化インクでは100 msec程度まで液は濡れ広がり続け,着滴径が160 μm程度となるのに対して,ワックスインクでは1 msecまでに硬化し,径は70 μm程度で変化していない。紫外線硬化インクでは,液が着滴してから紫外線が照射されて硬化するまでの時間は,ヘッドと紫外線ランプの位置関係により,最短でも通常数百msec程度となる。その為,着滴した液は硬化するまでの間に濡れ広がり続けるため,100 μmレベルの高精度な形状を造形することは難しいといえる。これらより,ワックスタイプのモデル材料は微細な構造物や精度の良い構造物を作る目的に適しているといえる。

一方この光硬化積層方式においては,オーバーハング部の形状を造形するために,そのオーバ

写真2　着滴解析装置DropMeasure-1000

第3章　造形材料開発の最新動向

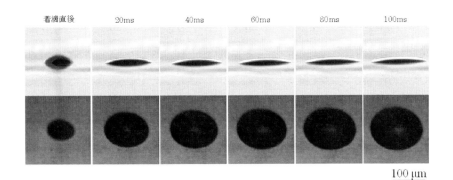

写真3　UVインクの着滴

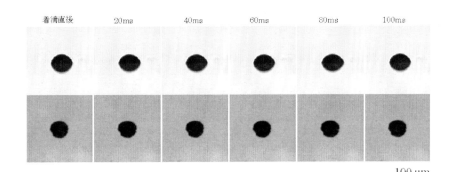

写真4　ワックスインクの着滴

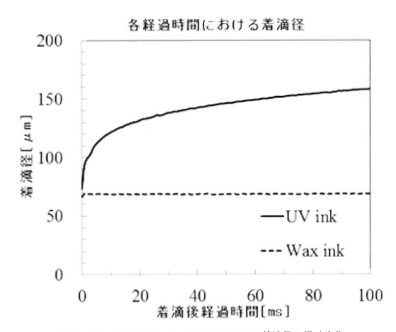

図1　UVインクとワックスインクにおける着滴径の経時変化

ーハング部の下方にサポート部を形成してモデルのオーバーハング部を支える必要がある。主にアクリル系の樹脂やそれにグリコール系材料を添加したものおよびワックスがサポート材として使われている。また，サポート材の材質によりサポート部を除去する方法も異なる。サポート材は造形後に除去するが，その除去方法により作業効率が左右される。ここにも3Dプリンターメーカー各社の差異が見られる。サポート材除去方法としては水の噴射圧によってサポート材を除去する方法，熱によって溶解させて除去する方法，水に浸漬することによって溶解させて除去する方法などが採用されている。サポート材の材料としては水圧除去するタイプはアクリルモノマーとウレタンアクリレートオリゴマーの混合物，熱で溶解させるタイプはワックス，水で溶解させるタイプはアクリル系モノマーとグリコールとの混合物などからなる成分を有する。サポート材にも一長一短があるため，造形物の形状や複雑さ，大きさにより最適なサポート材を使用する装置を選択する必要がある。3Dプリンターの購入に際しては，造形物の品質や機能を左右するモデル材を吟味することはもちろんであるが，作業効率を左右するサポート材を吟味することも重要である。

3.4　今後の動向

結合剤噴射法と材料噴射法における今後の材料の展望について述べる。結合剤噴射法の材料における大きな課題は，材料の多用途展開と低ランニングコストの実現であろう。この方式の特徴はなんといっても樹脂，砂，セラミック，金属，食品など多種類の粉末が扱えるため，今後用途の拡大が見込める。既にセラミック粉や砂糖での製品も試作品が発表されている[6]。また今後FDM方式に代わって家庭用に普及する本命技術は，本方式といわれている。その理由は，材料押出法に比べ品質と造形スピードに優れ，フルカラー化も可能であり，光硬化による方法に比べても安全で装置が安価にできるためである。パソコン用インクジェットプリンターが身近な商品になり，多くの家庭に設置されているので，このチャネルに低価格のフルカラー造形ができる安価な商品が投入されれば，大きな市場を形成する可能性がある。しかしながら写真印刷や年賀状印刷といったパソコン用プリンターにおけるキラーアプリケーションのようなものが出てこなければ，市場は限られてしまうであろう。また，現在の石膏を使った技術では扱いが難しく，後処理なども必要なため，これに代わる安全で使い易い粉末を開発する必要もある。また，粉末やバインダー液は現状高価なため，パソコン用のプリンターにおいてサードパーティーインクが普及したのと同様に純正品以外の粉末や材料が市場に出てくる可能性もあるが，産業用3Dプリンター分野においては状況が少し異なる。この分野においては稼働率が高く，造形時間が長時間にわたるため，3Dプリンターは保守契約を結ぶことが多い。契約上純正インクを用いることが修理やメンテナンスの条件になっている場合がある。また，インク容器にはチップやセンサーが搭載されており，純正品を使う設定になっている。しかしながら二次元の産業用プリンター分野では後発メーカーが低ランニングコストを武器に市場を拡大したように，同様の流れが起こるものと思われる。市場の拡大には材料費のコストダウンが必要であり，参入メーカーが増えれば，徐々に低ランニン

第3章　造形材料開発の最新動向

グコストが実現していくものと思われる。

　もう一方の材料噴射法においても材料の多用途展開が市場拡大の鍵を握っているものと思われる。カラー化における色濃度の改善やカラー再現範囲の拡大，そして強度や柔軟性，透明度といった機能性の向上が求められている。また現状の材料は経年劣化で黄変したり，透明度が劣化するため，長期保存性に優れた材料の開発も求められている。ナノ材料などが添加されたコンポジット材料も今後研究開発が進むであろう。

3.5　おわりに

　産業用途の3Dプリンター分野で今後大きな発展が期待できる技術は，インクジェットを応用した技術とレーザーを応用した技術であると考える。その根拠は材料の使用範囲が樹脂や金属と広く，様々な市場のニーズを満たす製品が造形できることによる。中でもインクジェット技術では，日本は世界トップレベルの技術を有している。また材料技術においても日本の持つ技術力が高いことは，液晶ディスプレイ分野の例を見れば明らかである。この二つの技術が結びつくことにより，これから成長が見込める市場で日本メーカーの存在感を示すことが可能である。その鍵を握っているのは市場ニーズを満たす材料の開発であると考える。しかし，インクジェット用の材料開発を行う際は，市販の3Dプリンターを購入しても実験や試作は難しい。その理由は，インクジェット技術はすり合わせの技術であり，液材に合わせてインクジェットヘッドの駆動条件をはじめとして，様々なパラメーターをチューニングする必要があるが，このチューニングができないからである。

　筆者らはこの問題を解決すべく液材開発専用の評価装置を開発したので，最後にそれを紹介する。写真5がインクジェット式3Dプリンター材料＆プロセス開発用実験装置MateriART-3D[7]で

写真5　インクジェット式3Dプリンター用材料＆プロセス開発用実験装置　MateriART-3D

ある。

　結合剤噴射法と材料噴射法に対応したモデルがある。インクジェットヘッドは2個搭載されているため，モデル材やサポート材を使用しての評価が可能である。また，インクジェット液材開発には必須の液滴観察機能が搭載されており，ヘッド駆動条件や造形パラメーターも任意に設定可能である。この装置が今後の液材開発の一助となって，3Dプリンターの用途がさらに拡大することを期待している。

文　　　献

1) ExOne，http://www.exone.com（accessed 2015.3.24）
2) voxeljet，http://www.voxeljet.de（accessed 2015.3.24）
3) ProJet® 4500，http://www.3dsystems.com/projet4500（accessed 2015.3.24）
4) HP 3D printing with Multi Jet Fusion™ technology，http://www8.hp.com/us/en/commercial-printers/floater/3Dprinting.html（accessed 2015.3.24）
5) 山口修一，日本画像学会誌, **53**(2)，119-127（2014）
6) ChefJet™，http://www.3dsystems.com/es/chefjet（accessed 2015.3.24）
7) MateriART-3D, http://www.microjet.co.jp/Products-P/P18-MateriART/index.html（accessed 2015.3.24）

4 3Dプリンター造形用材料：ポリ乳酸と高耐熱ポリアミド

川瀬至道[*1]，迫部唯行[*2]，上田一恵[*3]

　ポリ乳酸は，Material Extrusion方式の3Dプリンターに適した特性を持つ材料であるが，さらにシャープな造形結果を得るためには，フィラメントの製造工程において，樹脂の純度，結晶度合，真円度などを適切に制御する必要がある。一方，バイオマスを原料とした高耐熱ポリアミド「XecoT」は，Additive Manufacturingが求める，実際に使用できる造形物を作るための材料の一つとして有望である。

4.1　はじめに

　溶融した材料をノズルから押し出しながら積層する方式（Material Extrusion*）の3Dプリンターは，アメリカのストラタシス社が1989年に基本特許（US5121329）を出願し，Additive Manufacturing（AM）に耐え得る高性能な装置を中心に開発・販売してきた。一方，この特許が2009年に権利を失うと，イギリスのRepRapプロジェクトを中心に，同じ技術を用いたコンシューマー向けの安価なプリンターが数多く発売され，その流れは現在も加速しつつある。しかし，ハイエンドのプリンターもコンシューマー向けのプリンターも，溶融した材料をノズルから押し出して積層していくという点では共通の技術を用いており，また，材料をフィラメント状にして使用する点も同じである。

　4.2項と4.3項では，コンシューマー向けのMaterial ExtrusionにおいてABS（アクリロニトリル・ブタジエン・スチレン）と並んで一般的に用いられているポリ乳酸（Polylactic acid；PLA）をとりあげ，樹脂の概要とそのフィラメントの性能を左右するポイントについて述べる。その物性故に，製品の製造といった観点でPLAがAMの材料に使用される例は稀であるが，高性能なPLAフィラメントに求められる要件の多くは，AMで用いられる他の樹脂にも応用できる。また

---

* 1　Shido Kawase　ユニチカ㈱　技術開発本部　技術開発企画室
　　　　　　　　　　テラマック推進グループ　グループ長
* 2　Tadayuki Sakobe　ユニチカ㈱　産業繊維事業部　繊維資材生産開発部　部長
* 3　Kazue Ueda　ユニチカ㈱　樹脂事業部　市場開発室　室長

* Material Extrusion（マテリアルエクストルージョン）とPowder Bed Fusion（パウダーベッドフュージョン）AMに関連する用語は種々乱立しているが，2012年にASTM INTERNATIONALのF42委員会にて，7種の用語が一般名として採択された[1]。Material Extrusionは，ノズルから材料を押し出して造形するAMの一方法と定義される。同じ概念の言葉として，Fused Deposition Modeling（FDM：ストラタシスの商標／熱溶融積層法）や，Plastic Jet Printing（PJP：3Dシステムズの商標），Fused Filament Fabrication（FFF：RepRapプロジェクト提案）などがある。また，Powder Bed Fusionは，一面に広げた粉末材料に部分的に熱をかけて溶かしながら造形するAMの一方法と定義される。Selective Laser Sintering（SLS：選択的レーザー焼結法）はその代表例である。本稿では，ASTMの提案にしたがってこれらの用語を用いる。

4.4項では,実際に部品あるいは製品として使用できるAM用の材料が求められている現状への一つの回答として,高耐熱PAを紹介し,その性能とPowder Bed Fusion*用材料の開発について概説する。

4.2 PLA
4.2.1 PLAの特徴

　PLAは,α-オキシ酸である乳酸が重縮合された生分解性を持つ熱可塑性樹脂である。現在一般的に流通しているPLAは,植物から得られた糖質を微生物発酵によって乳酸に変換した後,環状二量体であるラクチドとし,これを開環重合することによって製造される（図1）。乳酸は不斉炭素原子を一つ持つキラルな分子であり,4.3項で述べるように,PLA分子中に存在するエナンチオマーの割合がフィラメントの性能に大きく影響する。

　ポリマー中の乳酸間の結合はエステル結合であり,したがってPLAはポリエステルに分類されるが,むしろ,植物（バイオマス）から作られる「バイオマスプラ」であることと微生物によって水と二酸化炭素に分解される生分解性樹脂「グリーンプラ」であること双方の特徴を持つ「バイオプラスチック」として認識されている。これらの呼称は,日本バイオプラスチック協会（JBPA）においてそれぞれISOに準じた識別表示制度として運用されている。詳細はJBPAのホームページ（http://www.jbpaweb.net/）を参照されたい。

　生分解性を持つ樹脂に対する一般的な反応として,使用中に分解されてしまうのではないか,という懸念が挙げられるが,PLAについては,それは誤解である。PLAの分解機構は,初期の加水分解とそれに続く生分解の,2段階・2様式で進行する。律速段階である加水分解は,60℃以上の高温,80％以上の高湿度,pH8以上のアルカリ性などによって加速される。加水分解が進行して数平均分子量が10,000程度まで減少すると,微生物による生分解の良好な基質となり得,最終的に水と二酸化炭素まで分解されるのである。一方,人間が生きていける通常の環境では加水分解の進行が極めて遅いため,PLAは非生分解性の樹脂と同等に安定であると言える。

　このようにPLAは,バイオプラスチックでありかつ汎用樹脂として扱える可能性を持った素材だが,全く同じように加工できるわけではないことも事実である。例えば,結晶化速度が遅いため成形サイクルが長いこと,硬いため後加工が難しいこと,また,ガラス転移温度が58℃と低い

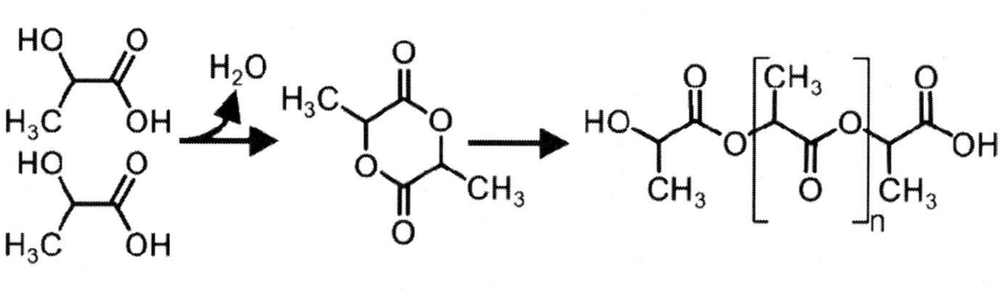

図1　乳酸,ラクチド,PLAの化学式

第3章 造形材料開発の最新動向

表1 Material Extrusionで用いられる樹脂の物性（代表値）

試験項目	曲げ弾性率	シャルピー	荷重たわみ温度	融点	軟化点	成形収縮率
試験条件	23℃	ノッチ付／23℃	1.8 MPa			
単位	MPa	kJ/m²	℃	℃	℃	%
PLA	4300	1.6	56	150〜170	−	0.3〜1.1
ABS	2400	15	81	−	100〜125	0.4〜0.8
PC	2300	88	131	−	150	0.5〜0.7
PA11	1140	20	42	185	−	0.2〜1.5

ため使用可能温度領域が狭いことなどの理由から、一般的な熱可塑性樹脂と比べて扱いにくい素材と捉えられている。表1に示すように、Material Extrusionの材料として用いられている樹脂4種（PLA、ABS、ポリカーボネート／PC、ポリアミド11／PA11）の物性を比較すると、PLAの硬くて脆い特性が際立つ。

一方で、既存の樹脂とは異なる化学構造を持っているということは、良し悪しは別として、ユニークな性能を持っているということでもある。代表的な特性として、透明である・硬い・脆い・重い・デッドホールド性がある・ガス透過性が高い（ガスバリアが低い）・透湿性が高い（水蒸気バリアが低い）・耐紫外線性がある・燃焼カロリーが低い（紙と同程度）・綺麗に燃える（燃焼残渣がない・燃焼時の異臭がしない）、などが挙げられる。

ユニチカは、PLAの長所を活かし、かつ、弱点とされる特性を種々の改質加工技術で補って製造した一連の製品群を、「テラマック」という商標で販売している。4.3項で述べるPLAフィラメントは、2014年11月にテラマックの新製品として発売された。

4.2.2 PLAの用途

PLAは、耐熱性を指標にするといわゆる汎用樹脂に位置づけられ、他の汎用樹脂と同様に様々な用途での使用実績がある。しかし、その生産規模は世界で年間20万トン程度にすぎず、増加傾向と言われるものの、3億トン近く製造されている石化由来の樹脂には遠く及ばない。

PLAが世の中に紹介された1980年代、その生分解性やバイオマス由来という特徴は新鮮であり、また地球の環境問題が注目を集め始めた時代背景から、これらの特徴自体が機能であるかのような印象を与えた。しかし、前項で述べたように、耐熱性・耐久性・加工性などにおいて既存の汎用樹脂と比べて必ずしも優れているわけではないため、生分解性やバイオマス由来というだけでは市場に受け入れられないことを示す例が散見された。

一方で、PLAには固有の特性が種々見出される。最近これらの特性を理由とした採用事例がいくつか見られるようになった。例えば、シェールガス掘削用には硬いことと加水分解する特性が求められて短繊維が、ティーバッグ用には光沢のある透明性が高級感を出すとしてモノフィラメントが、また、地盤から水を抜くためのドレーン材には分解性が工程の簡略化に寄与するとして不織布とシートが、それぞれPLAならではの機能性で選択されている。このような用途では、環境に優しいという側面は選択の理由にはならないが、採用を後押しする魅力的な「おまけ」とし

て有効に働いている。Material Extrusion方式の3DプリンターにPLAが主要な材料として使用されている理由も，ひとえに綺麗にプリントできるからという実用的なものであり，決して環境に優しい樹脂だからではない。

4.2.3　Material Extrusion用材料としてのPLA

　ABSは，表面処理やプラスチック用塗料での塗装などの加工が容易な樹脂であり，プラモデルの素材としても使われる。Material Extrusion方式の3Dプリンターの材料として一般的に使われている理由も，造形後に磨いたり色を塗ったりする要望があることを考えると理解しやすい。一方，PLAは，バイオプラスチックとしては最も普及している樹脂の一つであるが，汎用樹脂としての使用量はごくわずかである。そのPLAがABSと並んで3Dプリンター用フィラメントの主要材料の地位を得ている現状は，意外に思われる。しかし，その理由は極めて合理的であり，プリント途中でワーピングやカーリングが起こりにくく，造形物が綺麗に仕上がることに尽きる。また，溶融時にプラスチック特有の匂いを出さないことも，結果的にこの用途でのPLAの普及を後押しした。さらに，プリント中に放出される微粒子の量がABSの約1/10であり，作業者の安全衛生面でも優れるとの報告がなされている[2]。

　以下に，PLAとABSの主な特徴を列挙する。

<u>PLAの特徴</u>
- 熱収縮が少なく，プリント中に反りが発生しにくい。
- 熱による変形が少なく，比較的大きい物も作りやすい。
- 溶融時の不快な匂いが少ない。
- 粘りが少なく強固である。
- 強固であるため，サンドペーパーややすりなどでの表面仕上げには不向きである。
- 高温高湿条件で加水分解性を示す（生分解性材料である）。
- トウモロコシ，ビート，イモ類，サトウキビなどのバイオマスから製造されている。

<u>ABSの特徴</u>
- 熱による収縮性があるので，プリント中に反りが発生しやすい。
- PLAよりも粘りがある（柔軟性がある）。
- 構造部品としての強度に優れている。
- サンドペーパーややすりなどの表面処理が比較的容易にできる。
- プラスチック用の塗料やアクリル系塗料での塗装が可能である。
- 溶融時にプラスチック特有の不快な匂いが出る。

　これらを見ると，前述の通り成形品としての実用性はABSに分があるが，Material Extrusionでプリントするという点においてはPLAが適していることがわかる。しかし，造形結果の良し悪しは樹脂の特性のみで決まるわけではなく，PLAを用いても期待通りの結果が得られない例は，枚挙にいとまがない。

　次項では，フィラメントの性能もまた造形結果に大きく寄与することを解説する。

第3章　造形材料開発の最新動向

4.3　Material Extrusion用フィラメント
4.3.1　Material Extrusion方式の3Dプリンターと造形材料について

　Material Extrusion方式の3Dプリンターにはコンシューマー向けの機種が多く見られるが，この方式を発明したストラタシスからはAMに耐えうるハイエンドの装置も販売されている。また，多色プリントを実現する方法として，ヘッドを色の数に応じて複数装着する以外に，一つのヘッドに複数のノズルを与える方法，ヘッドで樹脂と色素を混合する方法などが発表されている。樹脂の種類についても，ABSやPLAに加えて，PCやPA，PEI（ポリエーテルイミド）あるいはエラストマーなど，様々な物性の素材が既に市場で入手できる。このように，プリンターの高性能化と造形材料の多様化は各社で進められてきたが，一方で，樹脂をフィラメントにする工程の改良は，あまり注目されてこなかった。しかし，Material Extrusionに適しているとされるPLAにおいても，フィラメントの性能によってプリント結果に大きな差異が生じるのである。次項以降で，高性能なフィラメントに求められる要件を解説する。

4.3.2　PLAのエナンチオマー

　乳酸は図2に示す通り不斉炭素原子を有しているため，L体とD体のエナンチオマーがあり，一般的にはL体100％のポリマーをPLLA（Poly-L-Lactic acid），D体100％のポリマーをPDLA（Poly-D-Lactic acid）と表す。

　PLAのモノマーである乳酸は，トウモロコシなどのバイオマスから微生物発酵によって製造される。一般的に自然界の生物が作る乳酸はL体であるが，その後の精製工程でD体が数％発生してしまう。このD体をL体から分離する方法は工業的に確立されており，一方で，融点や重合時間あるいは重合度を調整するために，意図的にD体を混合する技術が用いられる。その効果の一例として，混合されるD体量が多くなると樹脂の融点が低くなることが知られている（図3）。

　D体含有量が低いPLAを用いて製造した当社製のPLAフィラメントと，一般に入手できる他社製のPLAフィラメントのDSCチャートを図4で比較する。当社製（図4(2)）に対して，他社製のフィラメントではより低い温度に融点のピークが表れている（図4(1)）こと

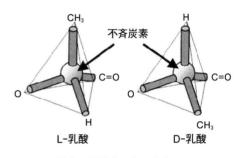

図2　乳酸のエナンチオマー
（L-乳酸およびD-乳酸）

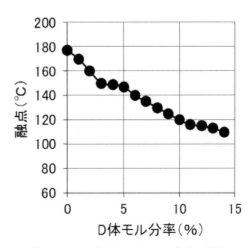

図3　PLAの融点とD体のモル分率の関係

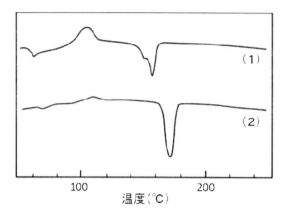

図4　PLAフィラメントのDSCチャート（昇温）
(1)は他社製，(2)は当社製のフィラメント

から，D体含有量が高いと推察できる。また，D体の含有量が増加するとポリマーの結晶状態に乱れが生じるため，高温・高湿度の雰囲気に曝された場合にはPLLAやPDLAと比べて加水分解速度が速くなると共に若干透明性が劣る傾向を示す。

4.3.3　フィラメントの作製方法と真円性および結晶化

　市販されているフィラメントの多くは，ノズルから溶融された樹脂を押し出し，冷却後に巻き取る方法がとられている[3]。しかし，より精密なフィラメントを製造する方法として，ノズルから溶融押出後に延伸する方法がある。それぞれの方法で作製したフィラメントの真円性（長径／短径）と複屈折率測定結果を表2に示す。

　真円性の値は1が真円を表すが，溶融押出後に延伸工程を通したフィラメントの測定値の方が1に近く，すなわち断面が真円に近いことを示している。さらに，平均糸径のばらつきがより小さく，均一性に優れていることもわかる。Material Extrusion方式のフィラメント送出し機構の多くはモーターギア方式であり，正確に送り出すために真円性が求められる。真円性が不良であるとフィラメントの送出しスピードが定まらず，エクストルーダ内の樹脂溶融挙動に不具合が生じ，結果的に不安定なプリント結果をもたらす可能性が高くなる。

　一方，複屈折率は，フィラメント延伸配向による配向結晶状態を示し，数値が大きいほど結晶化していることを示すが，延伸工程を経たフィラメントの測定値が高く，より結晶化が進んでいることがわかる。また，図4(2)は比較的D体含有量が低いポリマーを溶融押出後に延伸したフィラメントのDSCチャートであるが，延伸していないフィラメント（図4(1)）と比べて，融点ピークがシャープであることがわかる。つまり，延伸工程を施すことにより結晶化が進むため，所定の温度域で溶解が一気に進むのである。この特性も，フィラメントが正確に送り出されるために有利に働く。

第3章　造形材料開発の最新動向

表2　PLAフィラメントの真円性と複屈折率

	平均糸径（mm）	真円性	複屈折率
未延伸フィラメント	1.75±3.5%	1.034	0.3×10^{-3}
延伸フィラメント	1.75±2.0%	1.024	22.5×10^{-3}

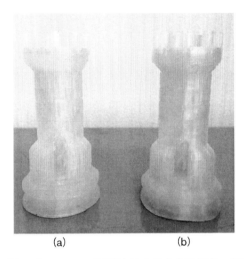

図5　D体含有率が低いポリマーでの造形物(a)とD体含有率が高いポリマーでの造形物(b)

4.3.4　今後の可能性と留意点

比較的D体の低い乳酸からなるPLAを用い溶融押出後に延伸して作製したフィラメントとD体含有率が高いフィラメントをそれぞれ用いて，市販ベースのMaterial Extrusion型3Dプリンターで造形試験を行うと，前者の方が透明感のある綺麗な造形物が得られる（図5）。ただし，現在市販されているMaterial Extrusion型3Dプリンターには，フィラメントの押出機構，溶融押出を行うエクストルーダおよびノズル設計に基準がなく，様々なものが混在している。したがって，綺麗な仕上がりの造形物を得るためには，個々の機種に応じて，適正なD体濃度や溶融粘度を持ったPLAを選択し，かつ，延伸度を含めて製造方法を最適化することが必要である。

デザイン性を重視する場合や一般消費者が使用するにあたっては，作業者の健康に対する影響が少なく，またカラーバリエーションが整った素材の方が良好であるため，その分野でのPLAフィラメントは今後も活用されていくと思われる。世界の3Dプリンター市場は年率12～15％増の成長が見込まれ，それに応じて造形用樹脂の市場規模も拡大し，2017年には3,000億円に達すると予想されている[4]。造形材料としてのPLAフィラメント市場は，Material Extrusion型3Dプリンターの今後の普及動向に依存するところが多いものの，上記の理由から一定のシェアを保持していくであろう。一方で，3Dプリンターを用いて工業的に扱われる造形物を作る場合，耐熱性や精密性に優れたエンジニアリングプラスチックが望まれるが，本項で述べたフィラメント製造にお

ける留意点は，PLAに留まらずあらゆる樹脂にも同様に応用できる。

4.4 材料の展開

当社が，環境配慮型樹脂として展開してきたPLAをMaterial Extrusion用のフィラメントとして開発・上市したことは，前述の通りである。一方，産業利用において3Dプリンターに求められるニーズの一つに，実際に使用される樹脂と同じ素材でプリントしたいというものがある。産業用に用いられるエンジニアリングプラスチックは多種多様であり強度・硬さ・耐熱性などの性質が大きく異なるため，AMで使用する樹脂が産業利用する際の素材と異なれば硬さや質感などが異なり，本当の出来上がりを具現していることにはならない。しかし，製品と同じ樹脂でAMできれば，造形物はそのまま製品となり，或いは，試作品としてプリントする場合にもその造形物で初期性能評価が可能となるため，素材選定が大幅に効率化できる。以上のような理由から，種々のエンジニアリングプラスチックがAMの素材として実用化されることへの期待が高まっており，既に，PA11やPA12（ポリアミド12）といった長鎖脂肪族ポリアミドがPowder Bed Fusionの材料として市販されている。

ポリアミドは，分子鎖に含まれるアミド基が，分子内，分子間で水素結合し，高い耐熱性や靱性を有する優れたエンジニアリングプラスチックであるが，近年では，より耐熱性を高めたポリアミドも多用されるようになってきた。当社の樹脂事業は，特徴あるエンジニアリングプラスチックを中心に展開しており，特に広くラインナップしているポリアミド系樹脂の一つには，芳香族ポリアミド「XecoT」（ゼコット）がある。XecoTは，表3に示すような物性を持つホモポリマーのスーパーエンジニアリングプラスチックであり，融点が315℃と高くまた200℃前後での連続使用が可能な高耐熱性を特徴とする。図6は，150℃で荷重をかけ続けた時のひずみを，異なる種類の芳香族ポリアミド間で比較した結果であるが，XecoTの高い安定性が示されている。さら

表3 XecoT標準グレードの一般物性（代表値）

試験項目	試験方法	単位	XN500 非強化	XG510 A30 30％ガラス強化
機械特性				
引張強度	ISO 527-1,2	MPa	84	181
引張伸度	ISO 527-1,2	％	7	5
曲げ強度	ISO 178	MPa	110	264
曲げ弾性率	ISO 178	MPa	2500	8900
シャルピー衝撃強度（ノッチあり）	ISO 179-1eA	kJ/m^2	5	10
熱的特性				
融点	ISO 11357	℃	315	315
荷重たわみ温度（1.8 MPa）	ISO 75	℃	123	304
その他				
吸水率（23℃×50％RH平衡）	ISO 62	wt％	0.9	0.6
比重	ISO 1183	－	1.14	1.36

第3章　造形材料開発の最新動向

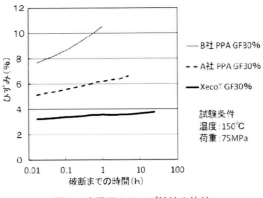

図6　高温下クリープ特性の比較

に，結晶化速度が非常に速く射出成形時の成形サイクルを短くできるため生産性が良いこと，また，耐薬品性・耐摩耗性・ガソリンバリア性に優れていることなども，他の素材に対する優位性の一部である。これらの特性を活かして，自動車のエンジン回りの部品，例えば，ラジエータータンクやサーモスタット，インタークーラータンク，燃料用配管などへの使用検討が進んでいる。また，XecoTは原料の50%強がバイオマス（トウゴマから抽出されたひまし油）由来である。高性能な樹脂が実はバイオプラスチックであるという構図は，4.2項で述べたPLAがその機能で選ばれる場合と共通しており，市場への親和性も高いと推察できる。

　このように，造形物を産業利用することが可能なAMの材料として魅力的な特性を持つXecoTは，やや扁平な楕円球状体の粉末として製造することができ，この点でPowder Bed Fusionの材料としての応用にも適している。現在，早期の上市を目指した開発が進められている。今後は，3Dプリンター用材料により多種類のエンジニアリングプラスチックが求められると予想され，XecoTに加えて種々の射出成形用樹脂を，Powder Bed FusionやMaterial Extrusionの材料として商品開発していく方向性が見えてくる。

文　　　献

1) Subcommittee F42.91, ASTM Standard F2792-12 a : Standard Terminology for Additive Manufacturing, ASTM INTERNATIONAL（2012）
2) B. Stephens *et al.*, *Atmospheric Environment*, **79**, 332（2013）
3) 特表2005-523391（WO2003/089702）
4) 2013車載光学関連市場の現状と将来展望，富士経済（2013）

5 LPW社における積層造形装置用低コスト・高品質粉末の開発動向

木寺正晃*

5.1 はじめに

アメリカのオバマ大統領が金属の3Dプリンターの重要性を訴え，国家事業として推進するべくNAMII（National Additive Manufacturing Innovation Institute）という研究所を開設したのは記憶に新しい。ドイツなどのヨーロッパ諸国でも既に2010年頃には国家プロジェクトとして金属の3Dプリンター関連の事業のサポートを開始していた。しかしながら日本で3Dプリンターが広く知られるようになったきっかけは，2012年にアメリカでクリス・アンダーソンが発表しベストセラーとなった『MAKERS』と，2013年2月に行われたオバマ大統領の一般教書演説のなかで，「3Dプリンターを活用してアメリカに製造業を呼び戻す」と述べたことをメディアが大きく取り上げたことである。

こういった国々の動きに触発されてか我が国でもようやく昨年，経済産業省主導の下，国産の金属向け3Dプリンターを開発するべく動き始めた。また，日本でこれらの技術は樹脂を含めて3Dプリンターと呼ばれることが多いが，海外の文献などではAM（Additive Manufacturing：アディティブ・マニュファクチュアリング），積層造形技術と呼称するのが一般的である。しかしながら世界で既に1100台程度が販売されているのに対し，日本国内では50台前後というのが実情であると考えられる。また，金属の積層造形そのものに関する技術が脚光を浴びているが，その材料について深く述べているものはまだまだ少ないと言っていいだろう。

また，あらゆる形状が簡単に誰でも作製でき，物作りの歴史が根本から変わってしまうというような話を聞くこともあったが，果たして本当にそうなのであろうか。今回は，金属の積層造形に関する歴史と共に，2007年に設立されて以来，金属の積層造形技術である，SLM（Selective Laser Melting：セレクティブ・レーザ・メルティング）とEBM（Electron Beam Melting：エレクトロン・ビーム・メルティング），そしてLMD（Laser Metal Deposition：レーザ・メタル・デポジション）またはDMD（Direct Metal Deposition：ダイレクト・メタル・デポジション）用の金属粉末においてヨーロッパにおいてトップクラスのシェアを誇るLPWテクノロジー社とその粉末について述べると共に，そのマーケットや将来の展望について述べる。

5.2 金属の積層造形システムの歴史と日本の現状

金属の3D積層造形装置が脚光を浴びるようになり，国内外から多くの情報が入ってきている。しかしながらメディアで多く取り上げられる樹脂の3Dプリンターのイメージが強いためか，装置そのものとそのプロセスが非常にセンシティブであることはあまり知られていないように思われる。金属の3D積層造形技術は，前後工程を含めたプロセスそのものが実は溶接施工と密接な関係があり，設計から冶金に至る高度な専門知識が要求されるプロセスなのである。

---

* Masaaki Kidera 愛知産業㈱ 先進機能部 先進システム課 主任

第3章　造形材料開発の最新動向

　まず金属の積層造形技術としては従来のアーク溶接に見られる溶接ワイヤの代わりに金属粉末を送り，レーザにてその粉末を溶かして数百ミクロンから1〜2mmずつ層を積み重ね造形を行うレーザクラッディングと呼ばれる技術（図1）と，あらかじめ金属粉末を敷きつめ，その上からレーザを照射することでレーザが照射された部分のみが数十ミクロンという厚みで肉盛され，粉を敷いてレーザを照射するという作業を数千層繰り返すパウダーベッド方式，いわゆる積層造形（図2）と呼ばれる方式がある。

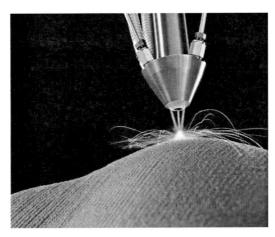

図1　レーザクラッディング

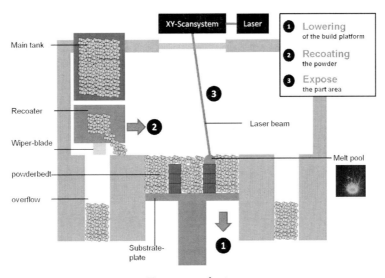

図2　SLMプロセス

これらの中でもパウダーベッドを基本とした技術は初期の段階ではラピッド・プロトタイピング，次にラピッド・マニュファクチュアリング，そして現在のアディティブ・マニュファクチュアリングと名前を変えて発展してきた。

　そもそもの技術はドイツのエッセンにあるクルップ社にて1994年頃から"The root SLM process"というタイトルで開発が行われ，時を同じくして1995年頃からドイツのF＆S社，TRUMPF社，Tissen社そしてFraunhofer（ILT）が主体となって様々な特許を取得してきた背景がある。また現在においても金属の積層造形関連設備においてのメーカーの多くがドイツの企業である。

　ここにきて国産の金属用積層造形機の開発などが叫ばれるようになったのも，オバマ大統領の発言があったことも大きいが，この頃に取得された特許のうち期限が切れ始め自由に使えるようになってきたことも大きな要因の一つである。

　また，日本国内において技術研究組合次世代3D積層造形技術総合開発機構（TRAFAM）というものが発足し，そのホームページには「日本のものづくり産業がグローバル市場において持続的かつ発展的な競争力を維持するために，少量多品種で高付加価値の製品・部品の製造に適した次世代型産業用3Dプリンター技術開発と超精密三次元造形システム技術開発を行うことを目的として設立され，次世代型産業用3Dプリンター技術開発では，三次元積層造形技術や金属などの粉体材料の多様化・高機能複合化などの技術開発とともに，世界最高水準の造形速度，造形精度を有する金属用3Dプリンターを完成させ，平成28年の中間評価を経て，平成31年末までに装置の販売を開始します。また，超精密三次元造形システム技術開発では，鋳型用砂材料を高速で積層造形する三次元砂型積層造形装置を開発し平成30年度よりの販売を目指す。」とある。

　TRAFAMのプロジェクトには先に述べたLMD・EBM・SLMの各装置と粉末材料の開発が含まれる。既に先行する諸外国メーカーがあるなか，国家プロジェクトとして進める金属の積層造形機の開発に日本が参加したことは嬉しくもある。もちろんその困難さは想像に固くないが，国産機の開発は一刻も早く実現して欲しいと考える。

5.3　英国LPWテクノロジー社について

　我々が2013年10月に日本代理店契約を締結した英国のLPWテクノロジー社（以下LPW社とする）は2007年にDr. Phil Carroll氏によって設立された比較的若い会社であるが，SLM，EBM，LMD用の材料を供給することを目的としており，これらの技術の為の材料開発に大きく貢献をしてきた会社である。従来の金属粉末の供給会社と違うところは，ジョブショップ，工業，アカデミックの各分野において必要とされる，その徹底した品質管理から新合金の共同開発はもちろん，施工プロセスに至るまで幅広いサポートが可能なことである。

　LPW社に大きな転機が訪れたのは2010年に初めて航空宇宙向け材料開発においてイタリアのAVIO社と長期OEM契約を結んだことに端を発する。LMDに端を発し，結果として彼らは航空機向けタービンブレードをEBMで作製する為のチタンアルミナイドという金属間化合物の粉末の開発に成功したのである（図3）。そして2013年には航空宇宙向けの規格AS9120を，2014年に入

第3章　造形材料開発の最新動向

図3　チタンアルミ製タービンブレード
写真提供（伊）AVIO AERO社

図4　カーバイドブレード
写真提供（米）STANLEY社

ってからはAS9100およびISO13458を取得し，アメリカにも支店を開設するなどそのマーケットに大きな存在感を示し始めた。その他にも先に述べたLMDプロセスにより，カッターナイフの刃先にタングステンカーバイドを肉盛りすることでその寿命を5倍までに引き上げた製品の開発に協力した。この商品はカーバイドブレード（図4）という名称でSTANLEY社より販売されている。その価格は通常の替刃の倍以上するものであったが，現地の内装業者によると従来のカッターナイフでは壁紙やカーペットなどを切るとすぐに切れ味が落ち，頻繁に刃を折りながら施工し

ていたが、カーバイドブレードはいつまでも切れ味が落ちず、作業がストレスなく進められるとのことであった。STANLEY社では日産10万本というペースで生産が行われている。LPW社は専用材料とプロセスパラメータの開発に協力したのである。ユーザの使用目的に応じた形で常にコスト・品質・安定性を達成する為に企業努力を続け、そして確実に結果を出して業績を伸ばしてきたのである。

では何故彼らだけがここまで大きな脚光を浴びているのであろうか。それは着眼点にある。AMという技術に対し彼らがまず考えたことは、AMの技術は熱源であるレーザや電子ビームに目がいきがちであるが、おおもとは溶接であるという点である。現在ではレーザ溶接もかなり一般的になりつつあるが、従来のアーク溶接が冶金的な学問から入ることに対して、レーザは光学の分野の話であることからその双方に通じる人材も当時は現在に比べ非常に少なかった。例えばSLMの技術で25 mm×25 mm×25 mmの立方体を作ろうとした場合、大凡ではあるがその溶接長は8000 mにも及ぶという。この8000 mという溶接施工を行うということを考えると、装置そのものだけでなく、その材料も非常に重要なファクターであるということは容易に想像ができる。

その観点から見たときに材料そのものについて金属の積層造形用の専用粉末が無かったことに目を付けたのである。今でこそ国内外の各社が金属の積層造形用に専用材料の提供を始めているが、彼らが事業に参入し始めた2007年前後は、開発用を含めて溶射や粉体プラズマなどのその他の技術の為の粉末の製造工程からOEM供給を受けていたのである。金属の積層造形において要求される既存の材料はもちろん、ユーザと共に新規材料や施工法の開発も行えるメーカーであるLPW社は、金属の積層造形用粉末において世界の最先端を走っている企業であると言える。

5.4 金属の積層造形のマーケット

欧米における金属の積層造形の主要マーケットは、航空宇宙、F1などのレーシング関連、医療、試作関連、金型関連の5つがメインである。というのも金属の積層造形機は未だに高価な設備であり、その生産性は現在のところ高くないので必然的に単価の高い製品に適用する必要があるからである。実際に適用されている例としては、航空宇宙では航空機のエンジンのタービンブレードやロケットのターボポンプとそのインペラ、F1関連ではマニホールド部分、医療では歯科関連や人工関節のインプラントの製作や試作品の開発に利用されている。

ここで話題になるのは、材料と機械がそろっていれば人件費の安価な外国において簡単により安価な製品が開発されてしまうのではないかという懸念である。しかしながら金属の積層造形という技術は3D造形を前提とした設計技術、造形のためのデータ処理、レーザ溶接、熱処理といった各分野における熟練の知識を持ったオペレータが必要となる。先に述べたような最先端の製品を製作する為には、先に述べた要素のうちどれかが欠けても同等品の製作は困難であり、材料・施工法は共に秘密保持契約や特許取得によって保護されることも多くある。しかしながら先行開発に成功した企業はその分野において大きなシェアを握ることが可能となってくる。

また、未だに耳にする多くの誤解が、「出来上がった製品がそのまま実部品として使える」とい

第3章　造形材料開発の最新動向

うものである。残念ながら2015年2月現在の技術では造形品をそのまま部品として使用することができる分野は非常に限られており，その完成には表面の切削加工はもちろん，場合によっては熱処理も必要になってくる。また特殊な材料であればある程その加工や処理は高度な技術が要求されることになり，簡単に模倣できるものではなくなってくる。そういった中，欧米では航空宇宙関連がこれらの技術が使用されている最も大きな分野であり，次いでF1関連となってくる。残念ながら日本におけるこれらに関する市場はあまり大きくないが，逆にいえば欧米においても開発の途上である発電関連の高機能部品，様々な分野の金型や試作の分野においては，まだまだ日本がその開発を引っ張っていくことも可能ではないだろうか。そしてその為には材料である金属粉末そのものの開発も必須となってくる。

5.5　高品位粉末とLPW社

　金属の積層造形技術において扱われる材料は多岐にわたり，積層造形用に使用される粉末はより粒度がそろい，サテライト・内部ポロシティ（図5）の少ない粉末が要求される。サテライトとはガスアトマイズ法で粉末を作製する際に母体となる粉末に小さな粉末が衛星のようにくっついているもの，内部ポロシティとは粉体そのものにアトマイズする際の気体が閉じ込められてしまう現象で，どちらも溶接欠陥の原因になりやすいものである。また，扱われる主な材料だけでもニッケル系，コバルト系，Fe系，アルミ系，チタン系，銅系，そしてセラミックス系などその種類は多岐にわたる。

　高品位粉末とは，これらを含む様々な要素をISOやASTMなどの基準に基づく検査項目だけでなく，LPW社が持つノウハウに基づく独自の検査に基づく品質管理を行うことで高いレベルで安定した品質の材料のことである。同社で提供可能な材料はカタログ商品だけでも約40種類あり，これまでのユーザに納めてきた特注品においては400種類以上に及ぶ。これの意味するところは，積層造形技術において先行する欧米諸国では装置メーカー純正の材料はもちろん，他社との差別化を図る為に，未だ装置メーカーにもレシピ（造形パラメータ）が存在しないが鋳造などで使用されていた従来の材料だけでなく，製品に要求される機械的強度を達成するためにオリジナル成

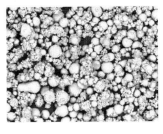
サテライト

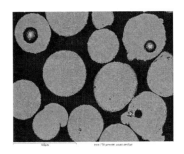
内部ポロシティ

図5　多すぎると問題となるパウダーの欠陥の例

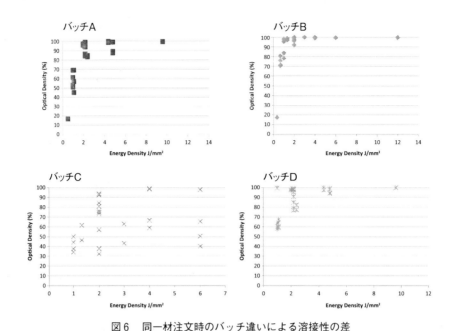

図6　同一材注文時のバッチ違いによる溶接性の差

分の材料開発がユーザ主体で行われているということである。しかしながら，材料だけでそこまで違うのかと思われるかも知れないが，その必要性が分かる資料を紹介する。図6に示すグラフはSUS316を購入した際にそのバッチによってどのような差が出るかを検証したグラフである。縦軸が充填率，横軸がその充填率を達成するのに必要であった熱量（J/mm^2）である。例えば，バッチAの材料は5Jかけた場合に99％の充填率になることもあれば，90％を切ることもある材料ということがわかる。粉末を購入するにあたりユーザ側から指定する要素は成分，粒度分布（モード径，メジアン径，平均径）などが挙げられるが，そういった材料特性は各積層造形の装置によって異なるものであり，基本的に装置メーカーはその粉末材料の特性は明かさない。

結果，仮にそういった材料についてなじみの少ないユーザは必然的に粒度分布と成分でしか指示ができない。すると図のような特性が違う材料で施工を行ったとしても造形そのものがうまくいかないことも起こるのである。

さらにこの材料は使用後回収してリサイクルするが，そのリサイクルされたパウダーの品質管理についても現状では基準がないのである。LPW社はそのリサイクルによる品質の変化を管理するオンラインシステムの提供も行っているのである。しかしながら，ここまでの品質管理を行わなければ製品も良いものができないというのも事実であり，結果として粉末材料が高額になってしまっている。しかしながらLPW社はそのマーケットにおけるシェアを伸ばすことでその供給量も大きく増やし，大幅なコストダウンに成功しつつある。材料を販売するだけでなく，ユーザと共に歩んできたLPW社が持つノウハウというものは，従来の材料メーカーが提供してこなかった，開発・製造・供給・品質管理といった新たな価値を付加するだけでなくLMD，EBM，SLM

第 3 章 造形材料開発の最新動向

という各プロセスに応じた品質と価格を最適な形で提供するに至ったのである。この積層造形の黎明期から様々な形でマーケットに関わってきたからこそ提供できる金属の3Dプリンター専用の金属材料に関するトータルソリューションがそこにはある。

5.6 おわりに

　LPW社におけるその大きな成功事例が先に述べたイタリアのAVIO AERO社のチタンアルミナイド製タービンブレードとSTANLEY社のカーバイドブレードである。材料の供給にとどまらず，その施工条件の開発にも協力したことから，その技術が机上のペーパーワークだけでなく現場においてユーザとその設備を利用してのプロセス開発，適正コストでの材料提供，果ては品質管理まで行っている。

　金属の積層造形技術はこれまでに無い新たな発想でものづくりを行うことが可能な技術であり，既存の技術と融合することでさらなる発展が望めるものである。しかしながらその発展の為には，材料そのものの研究開発も非常に重要であり，材料を制するものがマーケットを制すといっても過言では無いだろう。また，その応用可能なマーケットはユーザの発想でどこまでも大きくひろがるが，実現のためには材料の開発も欠かせないものである。

　我々は技術商社として海外技術の紹介を行うだけでなく，技術提案型企業として豊富な実績を有しており，海外最先端技術や日本には無い高度技術などに精通し，常に海外との密接な技術交流を行いその実力を養ってきた。また，国内における豊富な実績とものづくり企業としての絶大な信頼の下に，各ユーザに満足いただけるように常に努力をしてきた。そのバックグランドには，70年を超える歴史のなかで経験豊かな技術陣と数多くの実例を有した設計陣を持ち，高度な設計力と独自性を活かしたシステム・装置の製造に常に努力を重ねてきたことが挙げられる。その経験をもとに積層造形においても装置・材料・サポートの各方面から最高の金属積層造形提案「アームス（AAMS：Aichi's AM Solutions）」を行い，国内産業の発展に寄与できれば幸甚であると考える。

6 3Dプリンター造形用粉体材料の開発

吉川大士[*]

㈱ノリタケカンパニーリミテドは，3Dプリンターで使用する石膏材料を開発した。本稿においては，弊社での3Dプリンター利活用例，開発に至った経緯，粉体積層型3Dプリンターで使用する粉体材料の要求特性，技術的検討について，石膏材料粉体を中心に説明するとともに，今後の展望，課題について提示する。

6.1 ノリタケにおける3Dプリンターの利活用

はじめに3Dプリンターの活用例として，ノリタケカンパニーにおける事例を紹介する。ノリタケカンパニーでは，石膏粉を積層させるタイプの3Dプリンターを2000年代に導入し，食器事業部において食器の形状確認，デザイン検討用モックアップ作製，各客先における検証用モデルとして活用している。具体的には以下のようになっている。

デザイン検討用モックアップ確認
- スタイリング検証を行い形状の良し悪しを，食器を実際に試作する前に確認している。
- サイズ，容量の確認のため，実際に3D造形物に水などの液体を入れて確認している。

各客先における検証用モデル（ホテル・レストラン・航空機用食器）
- 客先プレゼンテーション用に3D造形したモデルを，実際に手に取って確認していただいている。
- 試作前に，収納，スタッキングの検証を行っている。
- 食材の容量確認のため，時には実際の食材を載せて検証を行う。

図1　ノリタケでの3D造形活用例（食器造形）

---

[*] Daishi Yoshikawa　㈱ノリタケカンパニーリミテド　セラミックス事業部　技術部　商品開発チーム　チームリーダー

第3章　造形材料開発の最新動向

6.2　3Dプリンター用造形粉開発の経緯

3Dプリンター用造形粉の開発は，ノリタケカンパニー港工場で開始した。港工場では，各種石膏製品を製造，販売しており，その中で新商品候補として石膏を利用した3D造形粉の開発に取り組んだ。石膏には大きく分けて二水石膏，半水石膏，無水石膏がある。一般的に鉱山などから採掘されてくるのは二水石膏の状態のものである。これを，粉砕し，加圧状態で160〜170℃焼成することで結晶水を0.5個持つ半水石膏が得られる。この状態からさらに高温（約200℃）で焼成することで無水石膏が得られる。この中で，水と混練し，スラリー状態にして型などを取る粉体が半水石膏である。

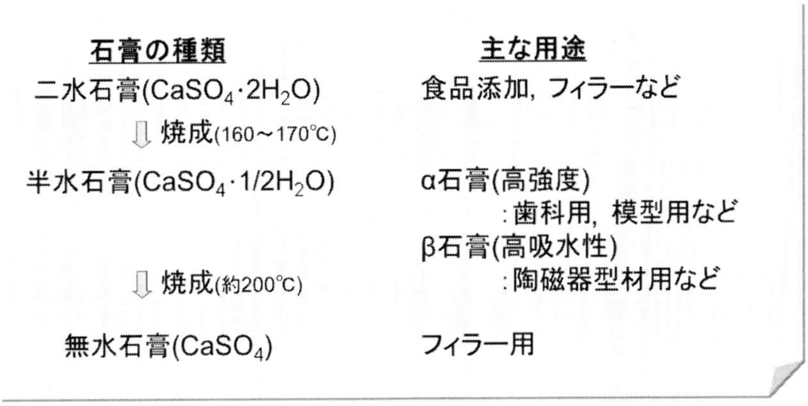

石膏の種類　　　　　　　　　**主な用途**

二水石膏($CaSO_4 \cdot 2H_2O$)　　食品添加，フィラーなど

　　⇩ 焼成(160〜170℃)

半水石膏($CaSO_4 \cdot 1/2H_2O$)　α石膏(高強度)
　　　　　　　　　　　　　　　　：歯科用，模型用など
　　　　　　　　　　　　　　　β石膏(高吸水性)
　　　　　　　　　　　　　　　　：陶磁器型材用など

　　⇩ 焼成(約200℃)

無水石膏($CaSO_4$)　　　　　　フィラー用

図2　石膏の種類と，各種石膏の主な用途

6.3　3Dプリンター用石膏材料の要求特性

石膏をベースにした3Dプリンター用造形材料における要求特性とその内容は以下の通りである。

6.3.1　3D成形のための速い硬化

今回開発した材料は，ローラーにより平面状に敷き詰め，所望の点にバインダと呼ばれる硬化液（通常のプリンターにおけるインク）を塗布することで造形される。この時の1層当たりの造形ピッチは100μm前後であり，造形時間は数秒〜数十秒である。このため，従来の石膏製品より格段に速く硬化する材料でないと造形が困難になる。

6.3.2　造形時変形抑制のための適度な水分保持力

造形体の形状によっては，特定の場所で塗布されるバインダ（石膏硬化に使われる水分）が相対的に多くなってしまう部分が生じる。この時，過剰なバインダによって造形体の変形が起こってしまうため，これを調整するために水分保持力を持つ樹脂を共存させて変形を抑える。

6.3.3 均一な粉敷きのための粉体転がり性

今回の材料は，ローラーにより粉体を平面上に均一に1層分敷き詰める必要があることから，粉の転がり性が必要である。

6.3.4 3Dデータ通りの成形のための粉体粒度

適度な転がり性を持たせつつ，必要な表面精度を持つ粉体にするため，粉体の粒度や形状の適正化も必要である。

6.4 ノリタケ製材料の技術的特徴

ノリタケは，創業以来，約100年食器成形用の石膏を手掛け，今では様々な産業分野に向けて販売している。食器，衛生陶器の型や機械部品の模型成形などに使われる石膏では国内トップシェアである。これまで培ってきた技術データをもとに，3Dプリンター用材料としての要求特性を以下の方法でクリアした。

6.4.1 石膏用硬化促進剤の添加量適正化

従来の粉体材料使用3Dプリンターの造形メカニズムとは違い，石膏の水和反応による硬化を著しく速くすることで，3D造形時でも変形・破損しにくい石膏粉体材料を作製した。これを実現するために，硬化促進剤を通常の石膏製品よりも多く使用している。

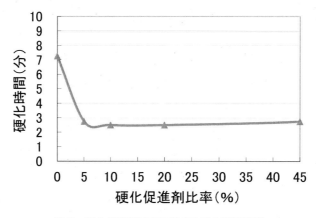

図3　硬化促進剤比率に対する硬化時間推移

図3に硬化促進剤比率に対する硬化時間のグラフを示す。通常の石膏製品では，多くても1％程度である硬化促進剤を，3Dプリンター用とするために5～20％程度添加することで，非常に硬化が速くなる性質を利用している。

6.4.2 樹脂成分・量の適正化

3Dプリンターでの成形において，局所的にバインダ量が多くなる部分が生じても，造形体の変形が起こらないように樹脂量・樹脂種を適正化した。6.4.1で検証した硬化時間を測定しつつ，

第3章　造形材料開発の最新動向

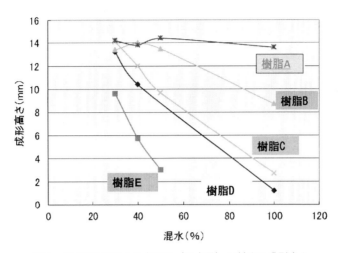

図4　粉100％に加える水の量（混水量）に対する成形高さ

それぞれのサンプルにおいてバインダ量に対する変形の有無を検証した。

図4に，混水量に対する成形高さを表す図を示す。混水量とは，粉100％に対して水を何％外添加したかを示す量であり，例えば混水量100％の時は粉100：水100を示すものである。また，成形高さとは，φ20×15mmの下部にゴム栓をした容器に混練したスラリーを流し込み，下からゴム栓ごと混練物を押し上げた時の混練物の高さを示す。例えば，混練物が押し上げられた際に全く変形しなければ，成形高さは15mmということになる。ここで，石膏材料に加える樹脂種を変化させていった時に，樹脂の吸水性が不十分だと，加える水が多くなり過ぎることから，混練したスラリー粘度が低くなってしまい，成形高さも低くなる。このように樹脂種を検討した結果，水が極端に多い場合でも成形高さを保つ調合を見出した。このことにより，造形中に造形物が変形することを抑制できる造形用粉体材料が見出せた。

6.4.3　粉体材料の転がり性向上と粒度適正化

図5に，使用する石膏材料の粒径に対する，硬化時間と安息角の関係を概念的に示す。ここで，石膏粒径が大きいと，安息角が小さくなり（＝転がりが良くなり），逆に石膏粒径が小さくなると安息角が大きくなる（＝転がりが悪くなる）ことがわかる。これは1つ1つの粒子が重くなることで，少しの力で傾斜を転がりやすくなることを示している。また，石膏粒径が大きいと硬化時間が遅くなり（＝硬化しにくくなり），逆に石膏粒径が小さいと硬化時間が速くなる（＝硬化しやすくなる）ことがわかる。これは，石膏に水が接触して水和反応が進む際に，反応開始が起こる箇所が多いと，硬化が速く進むことを表している。3Dプリンターでの使用において，粉の均一な分散を可能にするため，上記検討の結果，これらトレードオフの物性を示す材料において適正な材料の組み合わせを見出した。この際，6.4.1において速めた硬化時間を保ちつつ，低い安息角に抑えられる（粉の転がりが良い）材料の比表面積範囲を特定することができた。その結果，3D造形に適正な硬化時間と粉体転がり性を両立することができ，造形精度の向上が達成された。

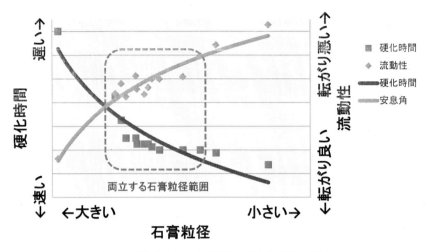

図5　石膏粒径に対する硬化時間と流動性の関係

6.5　造形例

6.4で説明した3D造形用石膏開発粉体を用いて，ノリタケの特徴でもある食器を3D造形した結果を図6に示す。

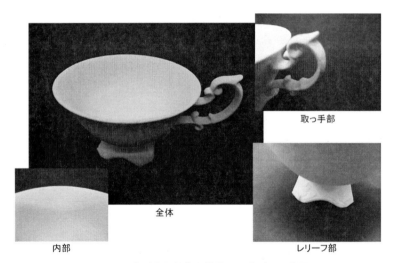

図6　3D造形開発粉体を使用して造形した結果

今回開発した粉体を使用することで，基本形状の造形が行えることを確認できた。取っ手部，レリーフ部などの細かい造形も再現できており，取り出し時に破損することなく取り出せた。これにより，6.4で検証した基本物性と造形性に大きな乖離がないことが確認できた。ただし，石膏の硬化反応のみを使用し，造形面が多孔質になっているせいか，造形体表面から粉が落ちる現

象が見られた。また，今回は着色など行っていないため，今後発色性や微細な造形面の強度などに課題があると考えられる。

6.6　今後の展望

　石膏材料を使った3Dプリンターは，複雑な立体造形物を低コストで作製できるメリットがある。特に，個別に外観の違う建築模型や，個人に合わせカスタマイズされた製品・模型を必要とする医療分野などに適している。しかし，現在の成形材料では造形品の表面精度，強度，造形時間など解決すべき課題も同時に存在している。

　最近3Dプリンターが普及するにつれ，上記課題をはじめ，使い勝手を良くしたいという要望が増えてきたことから，弊社も開発を手掛けることにした。これら課題の解決には，様々なアプローチが考えられるが，ノリタケでは石膏だけではなく，セラミックスの幅広いノウハウを有していることから，今後も全方位的な材料開発を展開していく。

　ノリタケは国内にセラミックス材料の技術開発と製造の拠点があり，細やかな対応が可能であることから，3Dプリンティング技術国産化の一翼を担うべく注力していく。

7　3Dゲルプリンターが先導する化学系メイカーズ革命

古川英光*

7.1　はじめに

　ゲル研究にブレークスルーをもたらした高強度ゲル開発から10余年が過ぎ，高強度化機構の解明が進み，機械的強度に優れたゲルの設計指針が示されたが，その高いポテンシャルは活かされていない。機械と高分子ゲルの技術的融合を狙う3Dゲルプリンターによる「材料のデジタル化と社会実装」の展望を紹介する。

7.2　二枚目の名刺

　今，イノベーションが求められている。特にクリステンセンの著書[1]でいうところの破壊的イノベーションである。著書にもあるように，従来型の企業が継続的イノベーションと破壊的イノベーションを同時に達成することは難しい。これまでの考え方に従えば，大企業は継続的イノベーションを続けようとする。しかし，それによってビジネス的に利益を増やし続けることはできないことが分析されている。なぜなら既存の技術をどんなに改良しても，価格は下がり，性能も上がるので，その製品のマーケットサイズはどんどん縮小するからである。もしこのサバイバルを生き抜こうとすれば，既存の製品を置き換えるような全く新しい破壊的イノベーションが必要とされている。

　しかし，大学や企業の若手研究者と話していても，彼らは心の中では破壊的イノベーションをしたいと思っていてもなかなかそれに取り組めないことがわかる。大学の若手の多くは，任期付きの研究員（いわゆるポスドクやプロジェクト教員，特任○○など）が多く，常に次のポストのことを気にしていて，じっくり腰を据えて研究をすることができない。また，企業においてもなるべく早く成果を出すように求められるために，トライ・アンド・エラーでなく，トライ・アンド・トゥルーのようなレベルでの研究開発になっている。

　したがって，今イノベーションの可能性があるとすれば，それは大学や企業で行われている研究や開発の中ではなく，もっと違った場面でそれが生じる可能性が高まっていると考えられる。

　その1つの例と私が考えているのが最近話題になっている「二枚目の名刺」という話である。今，副業で破壊的イノベーションが起きている。クローズアップ現代[2]の例では，200万円する筋電義手を4万円で開発する3人組が登場する。3人は別々の会社に勤めながら夜にSkypeでミーティングをする。横浜と大阪，東京に別れて住んでいるためである。一人は大手電機メーカーのシステム開発，もう一人がソフト開発，残りの一人が機械設計で彼らのチームの中ではデザインを担当している。デザイン担当が作ったデータを，システム開発担当がネットを介して受け取り3Dプリンターで造形する。メンバーの中の一人が趣味で開発したロボットハンドをSNSで公開

---

*　Hidemitsu Furukawa　山形大学大学院　機械システム工学専攻　システム創成工学科　教授，山形大学　ライフ・3Dプリンタ創成センター長

第3章　造形材料開発の最新動向

したところ，それがきっかけで出会いとなり，義手の開発に至ったという。「所属していた企業では絶対に商品開発につながらないような開発ができた」という言葉が印象的である。

日本でもSNSとデジタルファブリケーション（ファブリケーションはFabricationで「ものづくり」の意味）を駆使した破壊的イノベーションが起き始めている。この動きが化学系にまで広がる可能性を考えたい。

7.3　広がらなかった高強度ゲルブーム

筆者は東工大の修士学生の時から，一貫してゲルの研究に携わってきた。そして，大学でプロの研究者として活動を開始してから5年近く経過した2001年から日本では高強度ゲルが次々に開発され，高強度ゲルブームが訪れた。私も運良く北海道大学の長田義仁先生，龔剣萍先生のグループに合流し，世界最高強度のダブルネットワークゲル（DNゲル）の研究に携わることができた[3]（図1）。

この時期には東京大学の伊藤耕三先生のグループで開発された環動ゲル（SRゲル），川村理研の原口和敏先生（現在，日本大学）が開発されたナノコンポジットゲル（NCゲル）など，従来の常識をくつがえす高強度なゲルが次々と現れ，SRゲル・NCゲル・DNゲルは「3大ゲル」と呼ばれた時期もあった。

高強度ゲルとはどのような性能を持つものなのか，図2にその様子を示す。DNゲルの場合，含水率90％以上でありながら，理想的な条件では最大の破断強度は40 MPa近くに達する。この場合，耐荷重は1 cm^{2}あたり400 kg，摩擦係数も10^{-4}程度に達する場合がある。これは面積1 cm^{2}のゲルシートに，400 kgの荷物を乗せても壊れず，この荷物は40 gの力で動かせるということになる。これは実はひざ関節の機能に匹敵しており，医学関連の書籍をみると軟骨の性能としては，含水率75 wt％，強度20 MPa（〜200 kgf/cm^2），摩擦係数〜0.001と書かれている値とほぼ合致している。実際に，軟骨はざっくり言うと，繊維状のコラーゲンと柔軟で高含水率のプロテオグリカンの二成分からなる複合材料であり，まさにダブルネットワークゲルと同じような設計で作ら

図1　高強度ダブルネットワークゲル（含水率：90％，破断応力：10〜30 MPa）
大量の溶媒を含みながらもゴムや生体軟骨に匹敵する強度を持つゲルの創製に成功。

高強度・低摩擦を兼ね備えると？

耐荷重性 400kgf/cm²
摩擦係数 μ≒10⁻⁴ ということは・・・

面積**1cm²**のゲルシートに，**400kg**の荷物を乗せても壊れず，この荷物は**40g**の力で動かせる！

ひざ関節の軟骨の機能に匹敵

図2　高強度ダブルネットワークゲルの高強度・低摩擦を図示した例

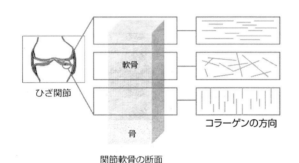

図3　関節軟骨ゲルの中の複雑構造

れているのである。

つまり人類は2001年頃，ようやく軟骨の力学物性に匹敵するソフト＆ウェットな材料を合成できるようになったと言うことができる。高強度ゲルは非常に注目され，軟骨の代替材料としての可能性が検討され，非常に良い生体適合性などがあることもわかってきていた。そこで，私たちは実際の関節軟骨に興味を持って調べ始めたところ，生体の持つ緻密で複雑なものづくりに衝撃を受けることになったのである[4]。

医学書を調べると関節軟骨は図3に示すような複雑な層状構造を持っている。軟骨と骨の接合部分ではコラーゲン繊維が縦に配向して，骨との接合部分でアンカリングされていて，剥離やシアストレスに強い構造になっている。中間層ではコラーゲンがランダムに配向しており，ちょうどスポンジのような構造でクッションの役割を担っている。さらに表面に近くなるとコラーゲンが面配向して，摩耗に強い構造になっている。骨に近い部分はⅠ型コラーゲンという結晶性の高いゲルで含水率が低めになっているが，表面に近くなるほど硫酸基の多い，Ⅱ型コラーゲンに徐々に変わっており，それに従って表層付近では含水率が96％以上に達する「硝子軟骨」になってい

第3章　造形材料開発の最新動向

らしい。

　私がすぐに感じたことは，こんな複雑な構造は人間には作れない，ということだった。

7.4　ゲルプリンターで，誰もが高強度ゲルを作れるようになる

　高強度ゲルで複雑で精密な構造を作るにはどうすればよいのだろうか。そのようなニーズから生まれたのが3Dゲルプリンター[5]なのである。図4にその概略を示す。ユーザーは，高強度ゲルの造形モデルを3D-CADソフトでデザインする。そして，デザインされた3Dデータを3Dゲルプリンターに送れば，その通りの形をした高強度ゲルが造形されるという簡単なシステムになっている。

　3Dゲルプリンターの内部には，「バスタブ」と呼ばれる反応容器があり，その中には高強度ゲルの未反応水溶液（固形分10％以下）があらかじめ入れてある。このバスタブの中で，光ファイバーからのUV照射でゲル化反応を開始させてゲルを造形する。光ファイバーは3軸方向に動作するので任意の造形が可能となっている。現在，研究室レベルでは10 μmの空間分解能で造形が可能であるが，最初は100 μmを目指して実用化を進めている。

　大切な点は，ユーザーは材料に関する知識が全くなくても，自由に複雑な構造を造形できるということであり，これは材料を得意とする化学分野の技術と，加工やデザインを得意とする機械分野の技術が，親和性良く融合したシステムになっているということである。3Dゲルプリンターは「化学」×「機械」のイノベーションを起こす可能性がある。

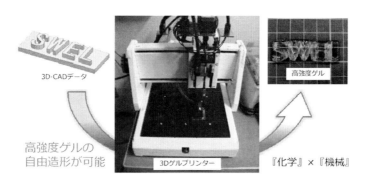

図4　3Dゲルプリンターによる高強度ゲルの自由造形

7.5　3Dゲル造形物の評価

　3Dプリンターで製造した物体はどのように評価すればよいのか。透明なゲルの場合は，走査型顕微光散乱（SMILS）という手法を用いた非破壊評価が可能である[6]。図5にSMILSを用いたゲルの内部イメージングの概念を示す。SMILSは動的光散乱の原理を用いており，散乱光の時間変化を分析する。室温では，ゲルの内部ではブラウン運動が起きており，このブラウン運動の速さ

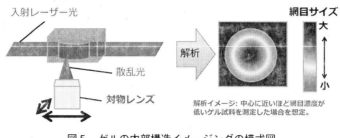

図5 ゲルの内部構造イメージングの模式図

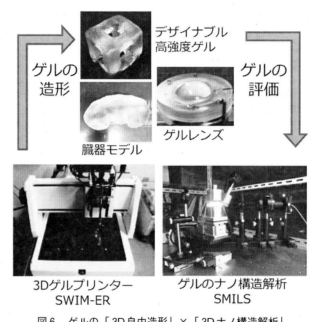

図6 ゲルの「3D自由造形」×「3Dナノ構造解析」

は，ゲルの網目サイズと直接関係している。したがってSMILSによって，内部の網目サイズ（0.1 nm～1 μm）を定量的に決定できる。光を照射するスポット径がイメージングの空間分解能になっており，研究室レベルで10 μmでの空間走査が可能である。

　3Dプリンターを活用する上で，造形物の評価が可能であることは決定的に重要である。図6に示すように，3Dゲルプリンター（研究室ではSWIM-ERと名付けている）とSMILSの組み合わせによって，様々な造形物を非破壊で評価し，望んでいるような内部構造ができているかを確認できるのである。

　例えば，3Dゲルプリンターの応用として，個人個人の臓器モデルを一品モノで作るというアプリケーションが考えられている。実際に図6に示すような臓器モデルをゲルを使って作製することを試みている。ここで問題になるのは，臓器の形や内部構造が個人個人で大きく異なっていた

第3章 造形材料開発の最新動向

場合，3Dプリンターで作製した造形物が本当に望んだ形や硬さになっているかという点を保証する必要がある。SMILSはゲルの内部の網目サイズを測定できるが，この網目サイズは直ちに弾性率へ換算できるので弾性率マッピングも可能である。このように3Dゲルプリンターとゲルの構造解析装置を組み合わせて用いることで，初めて自由造形した高強度3Dゲルの品質保証が可能になる。

7.6 3Dデジタルデータのもたらす意味

さらにSMILSに3次元走査機構を取り付けることができれば，これは3Dゲルスキャナーができることになる。理論上，この3Dゲルスキャナーはゲル内部の3次元の弾性率マッピングが可能である。そこで，3Dゲルスキャナーと3Dゲルプリンターを組み合わせれば，図7に示すような「GelDup（ゲル・デューブ）」というような概念のシステムを構成することが可能である[7]。

例えば，このGelDupを使って，ソフトコンタクトレンズをスキャンすることを考える。使用済みのソフトコンタクトレンズに何らかの不具合が生じた場合，このレンズを直接3Dゲルスキャナーで解析し，3Dデジタルデータに変換することができる。ひとたび3Dデータになれば，それを3Dゲルプリンターに電送することで，同じ硬さを持ったゲルレンズを造形できる。しかも1つではなく，いくつでも複製することができる。

ここで「デジタル化」することの質的転換について説明したい。ゲルの3Dデータのデジタル化は技術開発の段階としてどのように位置づけたらよいのだろうか。そこで図8に示すような進化とのアナロジーを考えたい。

図7　GelDup（ゲル・デューブ）：「3Dゲルプリンター」×「3Dゲルスキャナー」

電話　→　携帯電話　　　　　　→　スマートフォン
郵便　→　ファックス　　　　　→　電子メール
お金　→　クレジットカード　　→　電子マネー
ゲル　→　3Dゲルプリンター　 →　電子ゲル
　　　　　　　　　　　　　　　　　（e-ゲル？）

図8　材料がデジタル化する？ デジタル化がもたらす2段階イノベーション

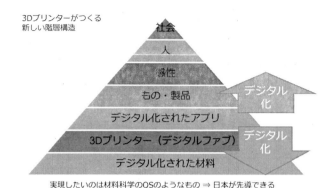

図9 3Dプリンターはデジタル圏拡大ツール

　電話が携帯電話になったり，郵便がファックスになったり，お金がクレジットカードに変わったりして「デジタル化」したとき，古いモノをエレクトロニクス技術や通信技術によって，より便利で使いやすく，手間を短縮するような発展があった。ところが，その次の段階として，インターネット技術と融合することにより，情報がインターネット上でやり取りされるようになり，そのモノの扱いが完全に仮想空間に取り込まれ，その仮想空間の中で加工されたり，使われたりするようになっている。

　このような見方をゲルに適用すると，今はまだゲルの3Dデータがデジタル化されただけに過ぎないが，次の段階でゲルが「電子ゲル」となって，仮想空間の中で加工されたり，使われたりするようになる可能性がある。

　冒頭の事例で紹介したように義手のデザインはすでに仮想空間の中で加工され，電送されることで，破壊的イノベーションが起きている。このアナロジーに従えば，ゲルがデジタル化されることによって破壊的イノベーションが起きることが考えられるのである。

　ところで，ゲルで2番目の矢印を進めようとすると，どうやってゲルの情報を記述するのかという問題にぶつかる。おそらくここが次を考える起点になりうると考える。例えば，文章や画像がインターネットでやり取りできるようになるまでには，通信の形式，文字情報の扱い方，画像の圧縮など，数え上げれば切りがない程の技術の開発がなされている。これらは全て情報科学の分野で研究が進められたと想像される。しかし，もしゲルを本当にデジタル化しようとしたときには，おそらくそこにはゲルの専門家が，材料の科学技術を駆使して取り組む必要があると考える。これによって図9に示すような，ゲルをはじめとする様々な有機材料を電子的に取り扱う化学系デジタルファブ・プラットフォームの構築が進むと考えられる。

　今，材料系に関わっている研究者や工学者にはこのような必然的な波を乗りこなしていただき，日本が材料のデジタル化で世界をリードするという野望に加わっていただきたい。

第 3 章　造形材料開発の最新動向

図10　やまがたメイカーズネットワーク（YMN）の取り組み[9]
山形タイプのRepRap 3Dプリンターを100台自作し，工業高校を手始めに普及させようとする取り組みである。

7.7　材料のデジタル化：その社会実装へのアプローチ

　しかし，この化学系デジタルファブ・プラットフォームが利活用されるには，研究や教育分野以外にも，生活やビジネスの分野でのアプリケーションが不可欠である．われわれは慶應義塾大学と明治大学を中心機関とし関西学院大学・山形大学とが連携したセンター・オブ・イノベーション（COI）拠点「感性とデジタル製造を直結し，生活者の創造性を拡張するファブ地球社会創造拠点」[8]において3Dゲルプリンターを活用した市民参加型のものづくり共創プラットフォームの開発に取り組んでいる．また，山形においては，樹脂系3Dプリンター普及を進める「やまがたメイカーズネットワーク」プロジェクト[9]（図10），3Dゲルプリンターを活用したゲル食品開発に挑戦する「米沢いただきます研究会」[10]，米沢駅2Fに設置した市民参加型ものづくりスペース「駅ファブ」[11]などの地方におけるデジタル化された材料技術のアプリケーション開発を始めている．

7.8　化学系のメイカーズ革命を起こそう！

　過去10年，スマートフォンや電子メール，電子マネーがわれわれの生活を大きく変えた．そして今，3Dプリンターの普及によって，材料のデジタル化の胎動が始まっていると考える．2020年の東京オリンピックの頃には，材料のデジタル化が進み，新しい化学系の破壊的イノベーションが百花繚乱となっている未来を楽しく妄想している．

謝辞

　本研究は北海道大学LSWの龔剣萍教授の下で行われた高強度ダブルネットワークゲルの研究から発展した。また，本研究の一部は科研費（基盤研究(B)22350097など），文部科学省GRENE事業グリーントライボ・イノベーション・ネットワーク，A-STEPシーズ顕在化タイプ（AS2421731K），JST研究成果展開事業センター・オブ・イノベーション（COI）プログラムなどの助成の下に行われている。

文　　　献

1) クレイトン・クリステンセン，イノベーションのジレンマ―技術革新が巨大企業を滅ぼすとき，翔泳社（2001）
2) クローズアップ現代，シリーズ未来をひらく1 "二枚目の名刺"が革新を生む，NHK（2014年1月6日放送）
3) 中島祐，田中良巳，古川英光，黒川孝幸，龔剣萍，高分子論文集，**65**(12)，707（2008）
4) 古川英光，高分子，**54**(7)，458（2005）
5) 日出間るり，杉田恵一，古川英光，日本機械学会論文集（A編），**77**，1002（2011）
6) 日出間るり，古川英光，工業材料，**59**(4)，69（2011）
7) 渡邉洋輔，古川英光，日本機械学会誌，**116**(9)，659（2013）
8) ファブ地球社会COI拠点ホームページ，http://coi.sfc.keio.ac.jp/
9) やまがたメイカーズネットワークホームページ，http://www.y-makers.net/
10) 米沢いただきます研究会facebookページ，https://www.facebook.com/echefcom
11) 駅ファブfacebookページ，「駅ファブ⇔Ekifab」，https://www.facebook.com/ekifab

8 光造形法における材料開発

高瀬勝行*

8.1 はじめに

　光造形技術は，3次元CADデータをもとにレーザー描画を行うことで立体造形物を作製する技術である。図1に光造形システムの概要を示す。設計段階で作成された3次元CADデータはスライス処理により2次元の等高線データに変換される。このデータに従いレーザービームを光硬化性樹脂液面上で走査させればスライスデータと同一形状の平面状硬化物を得ることができる。次にこの平面状硬化物を光硬化性樹脂液中に沈めて，その上に積層を繰り返せば，所望の立体成形物が得られることになる。光造形の原理については成書を参考にされたい[1]。光造形技術を用いることで，設計検証や試作に要する時間とコストを大幅に節約できるため，現在では自動車産業，家電産業をはじめとする幅広い分野で応用されるに至っている。

　本稿では，光造形の応用分野と材料に求められる特性について述べ，特に最近の材料開発動向について，いくつかのトピックスを挙げて解説する。

8.2 光造形用樹脂の基本構成

　光造形用樹脂は一般に紫外線硬化性を有する低粘度の液体であり，様々な材料系の樹脂が開発されてきた。光造形用樹脂にはウレタンアクリレート系樹脂（以下ウレタン系と記す）とエポキシ系樹脂があり，エポキシ系樹脂の光硬化性を改善する目的でオキセタン系樹脂も開発されてきている[2]。ウレタン系樹脂はアクリル基のラジカル重合性を，エポキシ系およびオキセタン系は

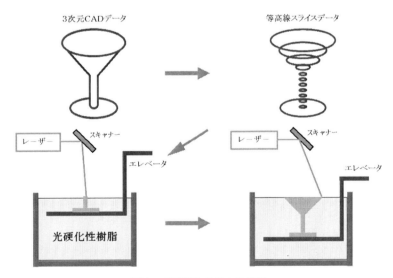

図1　光造形システムの概要

---

*　Katsuyuki Takase　JSR㈱　筑波研究所　主任研究員

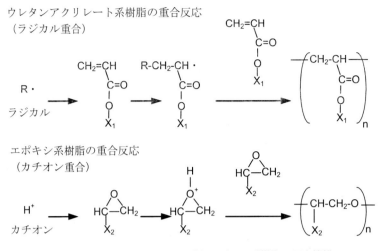

図2 ウレタンアクリレート系とエポキシ系樹脂の反応機構

表1 ウレタン系およびエポキシ系樹脂の特性比較

	ウレタン系樹脂	エポキシ系樹脂
官能基	アクリル N－ビニル	エポキシ
重合活性種	ラジカル	カチオン
感度	○	×
造形精度	×	○
経時変形	×	○
機械的強度	○	×（脆い）

環状エーテルの開環カチオン重合反応性を利用した樹脂系であり（図2），造形性や硬化物の機械的特性にそれぞれ特徴がある（表1）[3]。一般的に感度や機械強度はウレタン系，造形精度，経時変化の少なさはエポキシ系樹脂が優れており，用途により使い分けされている。近年，多種多様な要求特性を高次で両立させるために，硬化性が良好なラジカル重合性アクリルモノマーと造形精度が良好なカチオン重合性エポキシモノマーを組み合わせたハイブリッド系での樹脂設計が主流となっている。

図3に樹脂メーカー各社の公開特許[4~8]を参考にし，ウレタン系とエポキシ系樹脂の典型的な配合例を示す。ウレタン系樹脂はアクリレートモノマーの光重合開始剤として表面硬化性の良いアセトフェノン系化合物が使用される場合が多い。一方，エポキシ系樹脂では一般にオニウム塩の光酸発生剤が使用され，これがレーザー光の吸収により光分解して超強酸を発生し，エポキシの重合反応を開始する。樹脂感度を向上させるため，硬化性良好な脂環式エポキシ樹脂が主成分として使用され，靭性付与と硬化性の底上げのために水酸基含有ポリエステルなどを添加する場合がある[9]。

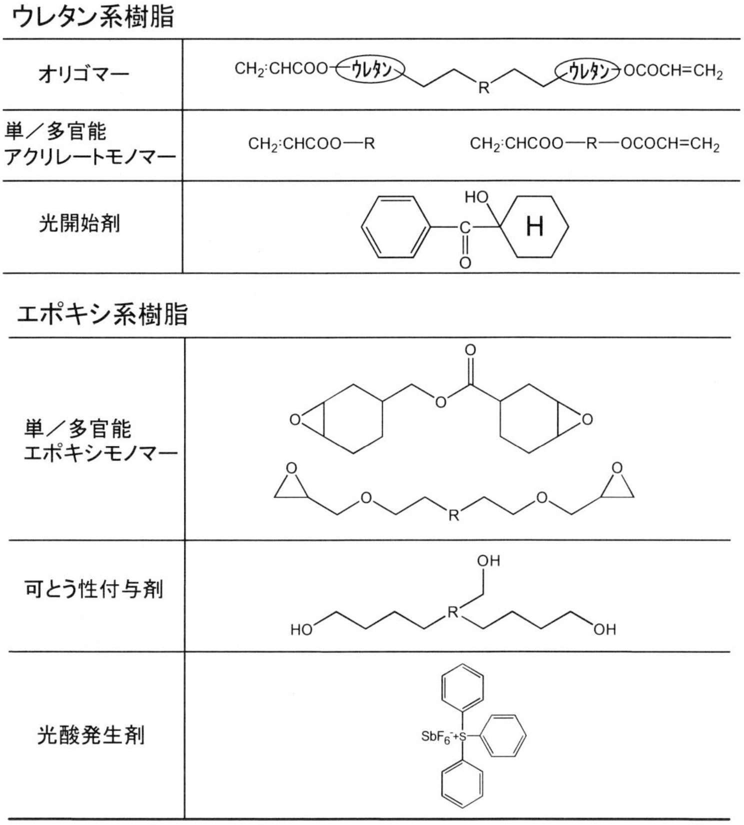

第3章　造形材料開発の最新動向

図3　ウレタン系およびエポキシ系樹脂の基本構成

8.3　光造形の応用分野と光造形用樹脂に対する要求特性

　光造形法の開発当初は，デザインモデル作製ツール，言わばモックアップとしての認識が強かったが，近年の光造形装置の高性能化と樹脂の性能向上や造形・成形技術の進歩に伴い，光造形法を製品設計開発プロセスに積極的に適用しようとする動きが盛んである。光造形用樹脂に対しては，光造形物の組み付け・勘合試験あるいはシミュレーション実験といった機能性評価への適合性が求められるようになってきている。図4に光造形の応用分野を示す。現在ではワーキングモデルや型用途への応用展開が急速に進み，成形精度だけでなく樹脂自身の力学的・光学的性能も重要視されるようになってきた。このような背景から，光造形用樹脂に対する要求は高度化してきており，今では樹脂性能が光造形システム全体の性能を左右するといっても過言ではない。このため，樹脂メーカー各社は様々な特徴を有する光造形用樹脂を開発・上市しており，現在も改良検討が鋭意続けられている。光造形用樹脂に対する基本的な要求特性を以下に示す。

　①紫外線レーザーに対して高感度であり，高速造形が可能である。
　②造形物の寸法精度が高く，経時変化しない。

産業用3Dプリンターの最新技術・材料・応用事例

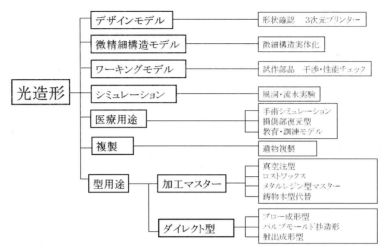

図4　光造形の応用分野

表2　光造形用樹脂に対する要求特性と樹脂設計

要求特性	樹脂設計の考え方
1．高速造形性 　―硬化速度 　―レベリング時間	・高効率光開始剤の設計／開発，配合 ・アクリル系モノマーの配合による高速化 ・ゲル化効果の利用による重合反応高速化 ・低粘度化 ・表面張力の調整
2．造形精度，低反り変形 　―硬化深さ精度 　―硬化幅精度 　―造形時の低変形 　―造形後の低変形	・光開始剤の吸光度調整（量・種類） ・相分離，充填材などの光散乱の利用 ・吸光度／感度の比率制御 ・低収縮率，低発熱モノマーの配合 ・高グリーン強度，低膨潤化 ・残留未硬化物の低減 ・均一な反応率を達成する
3．機械的特性 　―高剛性 　―高耐熱性 　―高靱性 　―高透明性（熱黄変抑制）	・架橋密度アップ，充填材の配合 ・架橋密度アップ，高Tg成分の導入，充填材の配合 ・ソフトセグメントの導入（海島構造の形成） ・脂肪族モノマーの配合，原料の高純度化，添加剤の配合
4．安全性 　―低皮膚刺激性 　―低変異原性 　―アンチモンフリー化	・PIIの低い材料を使用 ・エポキシ基濃度低減 ・安全性の高い新規モノマー種の探索 ・非アンチモン系開始剤の使用
5．安定性 　―樹脂液の安定性	・添加剤の配合 ・低吸湿性モノマーの配合

第3章 造形材料開発の最新動向

③造形物の機械的強度が高く,一般の熱可塑性樹脂と同等の扱いができる。
④安全性が高く,取り扱いが容易である。
⑤樹脂液の安定性が高く,長期間使用できる。

これらの要求特性を全て満たす樹脂は現存せず,開発を進める上では,特に光架橋性高分子材料に③の熱可塑性樹脂同等の性能を付与する点で技術的ハードルが高く,現状では各社ともに用途別に専用グレードをラインナップし,対応している。

光造形用樹脂に要求される特性とそれに関連する樹脂設計の考え方については,既にいくつかの成書にまとめられている[9]。表2に示した,要求特性に対する樹脂設計の考え方の中で,「高速造形性」,「造形精度」については成書[9]で詳説されているため,本稿では,特に「機械的特性(耐熱性・靭性),透明性」に焦点を当て,最近の材料開発動向について紹介する。

8.4 光造形用樹脂の耐熱性

光造形物をワーキングモデルとして用いるためには,使用条件に耐え得る十分な機械的強度や耐熱性を有していることが要求される。特に高温環境下で使用される場合には,耐熱性に加えて,造形物をねじ締めし固定することを想定し,高い圧縮強度などが要求される。樹脂に耐熱性を付与するための手法としては,架橋密度アップ,高Tg成分の導入,充填材の配合などがある。T. Yashiroらは,脂環式エポキシ樹脂濃度,ポストベーク温度とガラス転移温度(Tg),光造形物の熱変形温度(HDT)といった耐熱性との関係を調査し,ワーキングモデルとしての使用を想定した圧縮強度への影響について報告している[10]。脂環式エポキシ基濃度と硬化フィルムTgの関係を図5に,ポストベーク温度とTgの関係を図6に示す。エポキシ基濃度の増加とともにTgは高くなり,エポキシ基濃度4.3 mmol/gのとき,Tgは118℃に到達した。また,ポストベーク温度

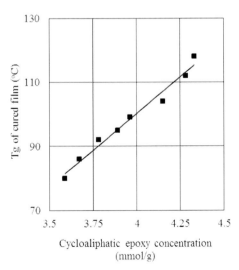
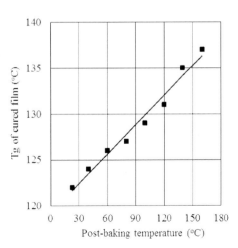

図5 エポキシ基濃度とフィルムTgの関係　　図6 ポストベーク温度とフィルムTgの関係

の増加によってもTgは高くなる傾向を示し，ポストベーク温度160℃の場合，Tgは136℃まで向上することが確認された。

このようにエポキシ系樹脂は熱硬化性樹脂と同様，ポストベーク温度を高めることで耐熱性が向上する。エポキシのカチオン重合の進行に伴って硬化物のTgは上昇するが，重合の過程で分子のモビリティが下がるため，残存するエポキシ基の反応性が低下する。一方，ポストベークにより分子のモビリティが上がり，残存するエポキシ基の反応性が高まることで架橋がさらに進行するため，硬化物の弾性率や耐熱性が向上すると考えられる。さらに脂環式エポキシ基濃度の異なる2種の樹脂MR-6とMR-7を調製し（表3），光造形物の耐熱性（熱変形温度，HDT）と圧縮強度の関係を調査している。ポストベーク温度とHDTの関係を図7に，脂環式エポキシ基濃度と圧縮強度の関係を図8に示す。

光造形物においてもフィルム同様に，脂環式エポキシ基濃度が高く，ポストベーク温度が高いほど，高HDT（＝125℃）を示し，実使用を想定した高圧縮強度（＝約250 MPa）との両立が可能である。このように，樹脂の脂環式エポキシ基濃度（≒架橋密度），ポストベーク温度を適正化することで実使用条件にも耐え得る優れた耐熱性，ボルト・ナットの締め付けにも耐え得る機械的強度を発現することができる。

表3 脂環式エポキシ基濃度の異なる2種の樹脂

Resin	Cycloaliphatic Epoxy concentration (mmol/g)
MR-6	4.3
MR-7	3.6

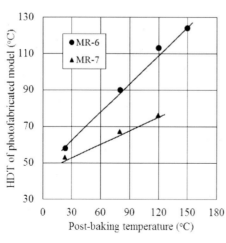

図7 ポストベーク温度とHDTの関係

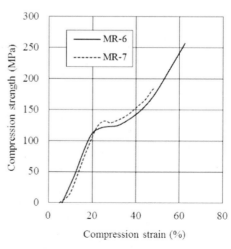

図8 エポキシ基濃度と圧縮強度の関係

第3章　造形材料開発の最新動向

8.5　光造形用樹脂の靭性

　光造形で作製した部品を組み込み試験やシミュレーション実験に用いるためには，部品の脱着が可能であることが必要であり，スナップフィット耐性（勘合・脱着試験によるフックの壊れ難さ）などを一般のプラスチックと同等にまで高めることが必要となる。光造形用樹脂は寸法精度に優れることが必要なため，エポキシ樹脂などを用いたカチオン硬化性樹脂が主流であることは前述した通りであるが，これを組み込み試験に用いるにはエポキシ樹脂の最大の欠点である「脆さ」を改善する必要がある[11,12]。エポキシ樹脂の脆さを改善する手法の一つとして，ABS樹脂の高靭性発現要因である「相分離構造の導入」がある。樹脂の破壊は，マトリックス中の微小なクラックの生長・伝播により進行する。エポキシ樹脂のような架橋樹脂は，クラックの先端に応力が集中するため脆い。このため，クラックの生長・伝播を抑制するためには，ゴム粒子添加によるマトリックスへの相分離構造の導入が効果的であることが知られている（図9）。しかしながら，ゴム粒子添加による相分離構造導入の手法では，ゴム粒子含有量を増やすことで折り曲げ耐性，すなわち，スナップフィット耐性といった靭性は向上するが，ヤング率（＝剛性）が低下するといった弊害が生じる場合がある[13]。

　筆者らは，高弾性率を維持したまま靭性を改良する手法として，ゴム粒子配合による相分離構造の導入といった微視的観点からのアプローチとは異なり，「造形物側面の硬化形状の改善」といった巨視的観点からの新たなアプローチを考案した。造形物側壁段差と樹脂の硬化挙動の関係を調査し，積層側面の平滑性が高いほど高スナップフィット耐性を示し，樹脂の硬化挙動を制御することで積層側面形状の平滑化が可能であることを報告している[13,14]。造形物側壁表面段差のスナップフィット耐性に与える影響を調べるため，単層硬化膜と積層造形物の物性を比較した。表4にモデル樹脂の硬化膜と造形物の特性比較を示す。MR-1の硬化膜は，MR-2に比べて高破断伸び，

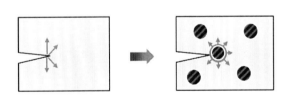

図9　相分離構造の導入によるエポキシ樹脂の靭性改良

表4　モデル樹脂の特性比較

	MR-1	MR-2
Viscosity（mPa·s@25℃）	1100	450
Young's Modulus（MPa）	1350	1400
Tensile Elongation（%）	40	12
Bending Resistance（times）	200	20
Snap Fit Durability（%）	13	38

高折り曲げ耐性といった高い靭性を示すことから，造形物での高いスナップフィット耐性が期待できる。しかし，造形物の評価では，MR-1，MR-2のスナップフィット耐性はそれぞれ13％，38％と，硬化膜評価で靭性の低いMR-2の方が高いスナップフィット耐性を示した。スナップフィット耐性評価後の破壊した造形物の側壁面，破断面の観察結果を図10に示す。造形物のスナップフィット耐性の低かったMR-1の造形物の側壁面は，段差があり荒れているのに対し，MR-2の場合，側壁面が滑らかであることがわかる。このことより，MR-2では，微小なクラックとして働く造形物側壁の段差が小さかったために，造形物の破壊が抑えられ高いスナップフィット耐性が発現したものと推察された。また，MR-1の破断面は滑らかであるのに対し，MR-2の場合，破断面が荒れている。この違いは，MR-1の場合，破壊が造形物側壁面から進行し層間で起きている

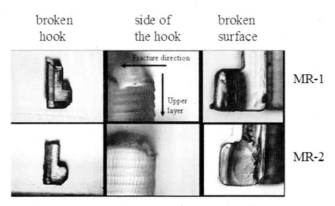

図10　破壊した造形物の側壁面，破断面の写真

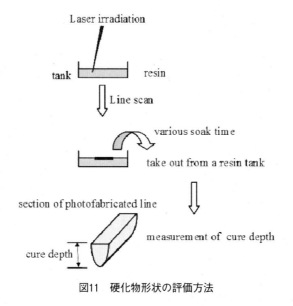

図11　硬化物形状の評価方法

第3章　造形材料開発の最新動向

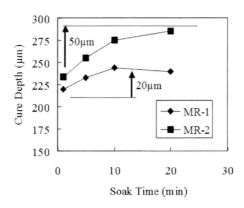

図12　タンク内放置時間と硬化深度の関係

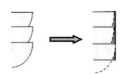

Curing region growth will
- fills up the grooves between layers.
- improves adhesion between layers.

図13　造形物側壁平滑化の推定メカニズム

のに対し，MR-2の場合，層内で破壊が起きているためと推察される。

　造形物側壁面を平滑にする因子を明らかにするために，樹脂の硬化挙動（硬化物の形状）が調査された。図11に硬化物の形状（深さ方向の寸法）の評価方法を示す。タンク内の樹脂液にレーザー光を照射することにより，幅200μm×長さ4cmの硬化物を作製した。光造形システムはレーザー光を使用しており，その強度はガウス分布に従うため，硬化物の断面形状は楔（くさび）形となる。硬化物はレーザー照射後，そのままタンク内に2〜30分間浸漬放置させた後，タンクから取り出し，硬化物の深さ方向の寸法（硬化深度）の測定を行った。各樹脂の硬化物のタンク内放置時間と硬化深度の関係を図12に示す。MR-1の硬化深度の増加量が20μmであるのに対し，MR-2の場合，増加量は50μmと大きく，硬化深度増加量に差が見られた。この経時で硬化深度が増加する現象（以降，遅延硬化性と呼ぶ）は，ある特定の光酸発生剤とフェノール誘導体の組み合わせ時に起こり，アクリルの架橋が十分に進行しないこと，またそれに伴い，緩くなったアクリルの網目構造をぬって，発生した酸が散逸することで徐々にエポキシの硬化が進行するため，造形物側壁の段差（層間の溝）が埋まり，造形物側壁が平滑になると推定される（図13）。ゴム粒子配合による相分離構造の導入と遅延硬化性とを組み合わせることで，造形物側壁の平滑性と高破断伸びを両立させることができ，スナップフィット耐性に優れた樹脂の設計が可能である（表5，MR-5）。

表5 高スナップフィット耐性樹脂MR-5の特性

	MR-1	MR-2	MR-5
PAG	A	B	B
Phenol derivative	None	Yes	Yes
Elastomer particle	Yes	No	Yes
Cure depth growth (μm)	20	50	60
Undulation of side wall (μm)	13	4	5
Film bending resistance (times)	200	20	250
Tensile elongation (%)	20	20	30
Notched Izod impact (kJ/m^2)	4.2	3.6	3.3
Snap fit durability (%)	13	38	70

8.6 光造形用樹脂の透明性

光造形法は3次元構造体が短時間で精度よく得ることができることから，自動車産業や家電産業の試作プロセスとして広く普及しており，自動車のランプカバーやインテークマニホールドなどの内部の可視化が必要な試作に使えるレベル，すなわち，高温環境下に曝されても経時的に着色（黄変）しないという意味で耐熱性を高めた透明樹脂の開発が求められている。

一般的な光造形用樹脂の場合，熱によりポストベークすることで耐熱性（ここでは熱変形温度を意味する）を向上させることができるが，使用する開始剤・モノマー由来の不純物および開始剤由来の着色物質の生成のため，造形物が著しく黄色味を帯び，耐熱性が要求される透明部品試作には使うことが難しかった。

筆者らは使用原料の高純度化に加えて，着色物質生成の抑制という点に着目し添加剤配合による加熱黄変抑制を検討し，黄色度（Y.I., イエローインデックス），耐熱性（熱変形温度）の関係を調査した。ポストベーク温度と黄色度の関係を図14に，ポストベーク温度と熱変形温度の関係を図15に示す。ある特定の添加剤を配合することで，ポストベークによる黄変を抑制しつつ，熱

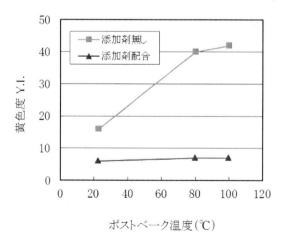

図14 造形物のポストベーク温度と黄色度の関係

第3章　造形材料開発の最新動向

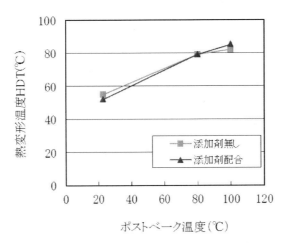

図15　造形物のポストベーク温度とHDTの関係

変形温度を高く維持することができている。添加剤により着色物質由来の活性種が捕捉され，着色物質の生成が抑制されたためと推定している。このように，使用原料の選定（高純度化）に加えて，添加剤種を調整することで実使用を想定した高温環境下にも耐え得る優れた耐熱性，透明性を付与することが可能である。

8.7　光造形用耐熱・透明・靭性樹脂の物性紹介

光造形装置の高性能化と樹脂の性能向上や造形・成形技術の進歩に伴い，光造形法を製品設計開発プロセスに積極的に適用しようとする動きが盛んであることは前述した通りであるが，最近の光造形樹脂に対する市場要求は，実際の成形品に近い機械的特性，光学特性を有することであり，特に「耐熱性・透明性・靭性」の3拍子揃ったポリカーボネートのような熱可塑性樹脂に近い樹脂を望む声が多い。

筆者らは鋭意研究の結果，「耐熱性・透明性・靭性」といった市場要求に値する樹脂の開発について報告している[15]。

耐熱透明靭性樹脂MR-3の特性を表6に示す。MR-3は透明性・耐熱性・靭性を高次で両立でき

表6　耐熱透明靭性樹脂（MR-3）の特性

		MR-1	MR-2	MR-3
Transparency	Yellowing/Y. I.	17	2	−1
	Lightness/L*	95	92	90
	Appearance	Yellow	Light Blue	Light Blue
Heat resistance	HDT（℃）	80	100	100
Toughness	Self-tapping durability Snap-fit durability	Good	Poor	Good

ていることがわかる。MR-3の透明性は，造形物の色座標および外観により評価した（図16）。MR-3の色座標は，一般的な透明樹脂MR-1（黄色味あり）対比で，無色透明を示す左下の領域に位置し，ポリカーボネート樹脂に近い外観が得られている。

靭性の指標であるスナップフィット耐性は，図17に示す通り，MR-3は繰り返し脱着が可能であり，実使用に耐え得ることが期待できる。耐熱性に関しては，MR-3の熱変形温度が100℃と高いことが確認されており（表6），筆者らは，新たに，高温環境下での使用を模擬した高温オイル

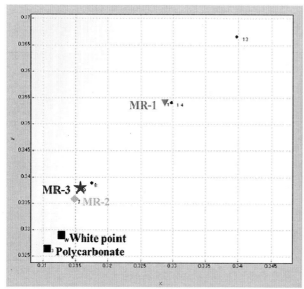 

図16　造形物（MR-3）の色座標および外観

 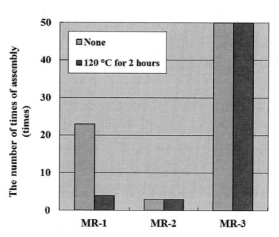

図17　耐熱透明靭性樹脂（MR-3）のスナップフィット耐性

第３章　造形材料開発の最新動向

耐性試験を実施した。図18に高温オイル耐性試験の概略および試験結果を示す。MR-3を用いて光造形法により作製したボウル型およびプレート状の試験片を高温のエンジンオイル中に浸漬し、経時で外観変化および造形物の変形の有無を評価した。150℃のエンジンオイルに5時間浸漬した場合、ボウル型試験片にて一部着色（黄変）が見られたが、試験片自体に変形はなく、高温環境下にて内部を可視化するという用途に対しては十分な耐熱性、透明性が確保できている。今後は、自動車のエンジンパーツをこのような樹脂で試作して、実際の使用条件に近い高温の自動車オイルを、そのパーツに流して性能確認をするといった機能評価に適用されることが期待できる。

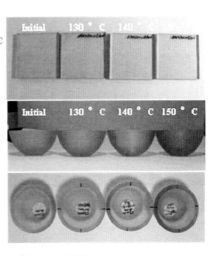

図18　耐熱透明靭性樹脂（MR-3）の高温オイル耐性

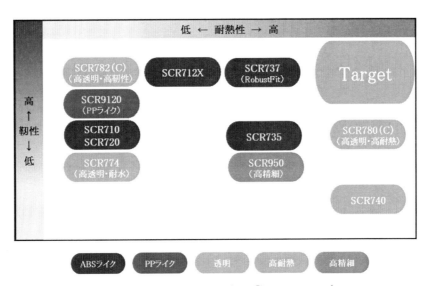

図19　JSRの光造形用樹脂（SCR®）ラインナップ

8.8 おわりに

光造形法の普及を牽引してきたのは，光造形装置の高性能化，樹脂の高機能化，造形・成形技術の進歩に由るところ大きいが，今後，さらに市場を広げるためには，光造形用樹脂の性能にかかっているといっても過言ではない。本稿では，市場要求に対応した最近の材料開発動向について解説し，樹脂の性能アップによる応用分野への適用の可能性について述べた。図19にはJSR光造形用樹脂のラインナップを示す。市場が求める機械的特性，光学特性を両立した材料が創出されてきている。現在の光造形用樹脂に対する課題は，「耐熱性・透明性・靭性」を高次で両立した，Additive Manufacturingを可能にする樹脂（図19中のTarget領域）を開発することであり，光造形技術の市場を広げることである。樹脂開発メーカーとしての重責を感じながら，少しでも光造形分野の市場拡大に貢献していきたいと考えている。

文　献

1) P. F. Jacobs, Ed., Stereolithography and other RP&M Technologies, Society of Manufacturing Engineers, Michigan (1996)
2) T. Yamamura, T. Watanabe, E. Tagami, T. Ukachi, RadTech Asia '97, Nov. 4-7, Yokohama, Proc.598-601 (1997)
3) 田辺隆喜，マテリアルステージ，**2**(2), 75-80 (2002)
4) 旭電化工業，特開平2-75618
5) チバガイギー，特開平6-228413
6) 日本合成ゴム，特開平1-204915
7) チバガイギー，特開平3-160013
8) 旭電化工業，特開平1-213304
9) 田畑米穂監修，新UV・EB硬化技術と応用展開，234-235，シーエムシー出版 (1997)
10) T. Yashiro, R. Tatara, T. Yamamura, T. Tanabe, RadTech Asia '03, Dec. 9-12, Yokohama, Proc.535-538 (2003)
11) 高瀬英明，山村哲也，松村礼雄，春田裕一，渡辺毅，宇加地孝志，1996年度精密工学会秋季大会 (1996)
12) 高瀬英明，渡辺毅，宇加地孝志，第46回ネットワークポリマー講演討論会要旨集，127 (1996)
13) T. Tanabe, R. Tatara, K. Takase, RadTech Asia '05, May. 23-26, Shanghai, Proc.225 (2005)
14) 高瀬勝行，多田羅了嗣，篠原宣康，田辺隆喜，JSRテクニカルレビュー，No.113, 16-20 (2006)
15) K. Takase, T. Kurosawa, RadTech Asia '11, Jun. 20-23, Yokohama, Proc.372-375 (2011)

第4章 3Dプリンターを用いた応用技術と応用事例

1 3Dプリンターの各種方式と応用事例

春日寿利*

1.1 はじめに

スリーディー・システムズ（3D Systems Corporation：NYSE DDD）は米国サウス・カロライナ州のロックヒルを本社とし，各種3Dプリンター，3Dプリンター用造形材料，3Dスキャナー，CADソフトウェア，リバースエンジニアリングソフトウェアなどの製品の他，オンデマンドパーツサービスやヘルスケア関連ソリューションを展開する，3Dプリンターおよび関連ソリューションのリーディングカンパニーである。旧来の産業界向けの製品，ソリューションばかりではなく，今では，コンシューマー市場に向けた3Dプリンターやアプリケーションの他，お客様固有のカスタマイズ性といった3Dプリンターならではの利点を活かした各種サービスまでも提供するに至っている。当社，㈱スリーディー・システムズ・ジャパンは，米国3D Systems Corporationの日本法人として，各種3Dプリンターならびに3Dスキャナー，リバースエンジニアリングソフトウェアを中心に日本国内において事業を展開している。本稿では，当社の多様な3Dプリンター製品を，その造形方式と，それに用いられる造形材料の他，適用事例などについて紹介する。

1.2 3Dプリンターによる造形の仕組みの基本

3D CADや3D CGなどで作成した3次元形状データ（3Dデータ）から，積層技術を用いることで，形状の自由度が極めて高い3次元モデルを製作することを可能としている。3次元形状データが3Dプリンターに入力されると，3Dプリンターが，一般的に「スライスデータ」などと呼ばれる，3次元形状を高さ方向に薄く輪切りにしたような，一層毎の形状データに変換する。そのスライスデータにしたがって，造形材料を一層ずつ，十数ミクロンから数百ミクロンという薄さで積み上げていく（積層する）。この動作を繰り返すことで，最終的な3次元形状を得ることができる。この，3次元形状を得るために，どのような造形材料を，どのような方法で積層していくか，が現在様々ある3Dプリンターの各種造形方式の違いとなる。

1.3 3つの製品カテゴリと7つの3Dプリントエンジン

3D Systems Corporation創業者のチャック・ハルが1987年に，現在において3Dプリンターと

---

* Hisatoshi Kasuga　㈱スリーディー・システムズ・ジャパン　3Dプリンター事業本部
　　営業部　マネージャー

呼ばれる3次元積層造形技術の源流とも言える"光造形"技術を用いた，世界で初めての光造形装置SLA®-1の商用化に成功した。その後，様々な技術開発やM＆Aを経て，今では7種類の3次元積層造形方式と，合計100種類以上の造形材料を持つに至る。この7種類の3次元積層造形方式を，当社では「7つの3Dプリントエンジン」と呼んでいる。3Dプリンターの機種も大幅に拡充されたため，当社では主な対象となるユーザー層ごとに3Dプリンター製品を"パーソナル3Dプリンター"，"プロフェッショナル3Dプリンター"，"プロダクション3Dプリンター"の3つのカテゴリに分類し，広範囲でありながらも，3Dプリンターの導入検討の際にはそのターゲットを絞りやすい3Dプリンター製品ポートフォリオとしている。ここでは，3つの製品カテゴリと7つの3Dプリントエンジンという切り口で，当社の3Dプリンター製品，3Dプリンター用造形材料，およびその適用事例を紹介していく。

1.4　3D Systems 3Dプリンター製品紹介

1.4.1　パーソナル3Dプリンター

(1)　プラスチックジェットプリンティング（Plastic Jet Printing（PJP））方式

熱溶融方式などと呼ばれる場合もある。ABSやPLA（ポリ乳酸）といった熱可塑性樹脂を，エクストルーダー（Extruder）と呼ばれるヘッド内部で加熱して溶かす。溶かされた樹脂が糸状に押し出されながら，前述のスライスデータ形状に沿って積み上げることによって3次元形状が造られる。当社ではパーソナル3Dプリンターに分類される2機種が本方式を採用している。特に個人ユーザーでの利用をターゲットとした「Cube3®」（写真1）と，Cubeよりひと回り大きな造形サイズを持った「CubePro™」（写真2）である。Cube3は標準でヘッドを2つ搭載の最大2色，CubeProであれば，オプションでヘッドを3つまで増設可能なため，最大3色での3Dプリンティングが可能になり，製作するモデルの表現度が高まる。個人ユーザーはもちろんのこと，3D CADの実習を行っている工業系の学校や，3Dプリンターを初めて使われる企業での採用も多い。また，3Dプリンターで造形するための3Dデータが，有償，無償，様々な形で，特にインターネット上での流通が盛んになってきている。そのため，たとえ3D CADが使えなくても，個人で3Dプリンターが使われる場面は増えてきている。最近では，デザイナーや設計者が好きな時に好きなように使えるように，各個人のデスクの上に一人一台のパー

写真1　Cube3

第4章　3Dプリンターを用いた応用技術と応用事例

写真2　CubePro

ソナル3Dプリンターが置かれるようになりつつある。

(2) フィルム転写（μ-SLA）方式

　紫外線硬化性のアクリル樹脂を，透明なテーブルの上に塗布後，その透明なテーブルの下側から紫外線を，スライスデータに沿って選択的に一括露光する。透明テーブルに上方向から接触したプレートの下面に，露光によって硬化されたアクリル樹脂が付着する。この動作を繰り返すことで，最終的にプレートから，あたかも天井から氷柱が育つかのように，樹脂が下方向に積層されて3次元形状が得られる。積層するスライスデータ全面を一括で短時間に面露光するため，他の方式に比べて造形スピードが速いのが特徴。この方式では，「ProJet®1200」（写真3）という機種を展開している。デスクトップに置いて使えるコンパクトかつスタイリッシュなデザインである。他の3Dプリンターと比べると造形サイズは小さく限られてはいるが，微細な形状の再現性やモデル表面の滑らかさが優れている。鋳造の焼失パターンに適した造形材料も用意しているため，ホビー用途ばかりでなく，デンタル関連や宝飾関連など，モデルとしては小さいながらも精細さが求められる鋳造マスターパターンとしての用途に適した業界でも導入が進んでいる。

1.4.2　プロフェッショナル3Dプリンター

(1) マルチジェット・プリンティング（Multi Jet Printing（MJP））方式

　数百もの微細なノズルを持つプリントヘッドから，紫外線硬化性のアクリル樹脂を極小の粒形状で，ビルドプレート上にスライスデータに沿って選択的に噴射した後，紫外線ランプで一括露光することで樹脂を硬化させる。この動作を繰り返し，3次元形状を形作っていく。家庭でよく使われている，紙のインクジェットプリンターのプリントヘッドから，インクではなく，紫外線硬化性の樹脂が噴出されていると思って頂けばわかりやすい。最小積層厚16μmという薄さでの積層が可能な上，噴射される樹脂の粒形状も適切に制御されているため，パーツの寸法精度，表

143

面の滑らかさの他，微細な形状などのディテール部分の再現性の高さに秀でる。また，3Dプリントされるモデルのアンダーカット形状部分を支えるためのサポートと呼ばれる支持体の材料にはワックス（蝋）を採用している。一般に恒温槽と呼ばれる工業用のオーブンに一定時間入れておくか，微細形状がある場合にはさらに超音波洗浄器に入れておくだけでサポート除去が可能。サポートの除去には，ユーザーによる手作業をほとんど必要としない上，溶けたワックスも燃える

写真3　ProJet® 1200

写真4　ProJet® 3500 HDMax

第4章　3Dプリンターを用いた応用技術と応用事例

写真5　ProJet® 5500 X

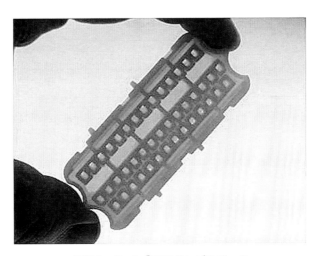

写真6　ProJet® 3510サンプルパーツ

ごみとして処理ができるという，環境にやさしい，エコな点も市場の大きな評価を得ている。本方式を採用した3Dプリンターとして，「ProJet®3500シリーズ」（写真4）と，より大きな造形サイズを持ちマルチマテリアル造形を可能にした「ProJet®5500 X」（写真5）の2機種を展開。共に，多様な工業分野において極めて広い範囲で活用されており，特にその微細形状の再現性の高さや，寸法精度の高さ，表面の滑らかさを活かした分野で発揮されている（写真6）。ProJet5500 Xでは，3種類の造形材料を用意しており，この中から最大2種類の造形材料を搭載可能。2種類

145

の材料を予め9段階に決められた比率で混合することが可能であり，例えば硬い材料と柔らかい材料を搭載すれば，一度の3Dプリントにおいて硬さ（柔らかさ）の異なるパーツを一度に造形することが可能になる。本方式においては，造形モデル本体の材料として，紫外線硬化性アクリル樹脂ではなく，ワックス（蝋）を使用することも可能。「ProJet®3500 CP/CPXシリーズ」はワックスモデルを3Dプリントすることに特化している。ロストワックス鋳造のためのマスターパターンを金型不要で製作することが可能であり，各種工業用途はもちろん，やはり微細形状の再現性を活かした宝飾関係での採用も進んでいる。

(2) カラージェットプリンティング（Color Jet Printing（CJP））方式

薄く敷かれた石膏パウダーに対して，スライスデータに沿って，色のついたバインダーをプリントヘッドから噴射する。1層ずつ色をつけながら固めることを繰り返し，表現性豊かなフルカラーモデルを造形する。最大約600万色の再現が可能な，フルカラー3Dプリンターであり，デザイン分野での試作モデルの製作（写真7）や，CGキャラクターのフィギュアモデル製作に用いられてきた。住宅や商業ビルなど建築物のモデルや地図情報のモデリングなどにも活用されている。造形材料が石膏であることから，低融点の金属材料に限られるが，石膏鋳造の型の製作に使われる事例も多い。本方式を採用した3Dプリンターとして，当社では「ProJet®x60シリーズ」（写真8）がある。3Dスキャナを用いて全身を3Dデータとして取得し，そのデータをもとに個人のフィギュアモデルを製作・販売する，という新たなビジネスも日本各地で既に始まっている。また，2013年に当社がリリースした「ProJet®4500」（写真9）は，同じCJP方式でありながら，造形材料にアクリル樹脂粉末を用いることを可能とした，約100万色の再現が可能なフルカラープラスチック3Dプリンターである。従来の石膏を材料としたフルカラー3Dプリンターの場合，色の発色が良いなどの優れた点がある一方で，石膏である以上，脆い，重い，という課題があった。しか

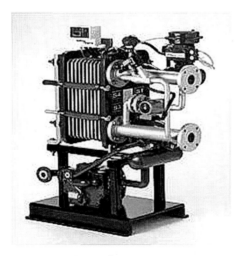

写真7　ProJet® x60サンプルパーツ

第4章　3Dプリンターを用いた応用技術と応用事例

写真8　ProJet® x60（660 Pro）

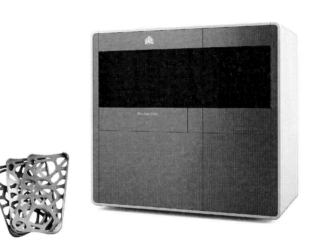

写真9　ProJet® 4500

し，「ProJet®4500」によって，従来の課題が解決され，丈夫なプラスチックモデルをフルカラーで3Dプリントすることが可能となった。

1.4.3　プロダクション3Dプリンター

(1)　光造形（Stereolithography（SLA®））方式

　本方式は当社の原点であり，今現在一般的に3Dプリンターと呼ばれる3次元積層造形技術の源流でもある。樹脂槽に蓄えられた紫外線硬化性樹脂の液面に対し，スライスデータに沿って紫外線レーザーをスキャン（走査）しながら照射することで樹脂を硬化させる。造形テーブルが積層厚さのピッチごとに少しずつ下がりながら，紫外線レーザーによる樹脂硬化を繰り返すことで，積層を行い，所望の3次元形状モデルを得る。寸法精度の高さや，モデル表面の滑らかさに優れ，

加えて他の方式に比べて造形材料の選択肢が極めて広いのが特徴。透明材料や耐熱材料，高靭性材料など，多様性に富んでおり，ユーザーの様々な要件に適した材料を選ぶことができる。透明材料の透明性の高さにおいては，他の方式に比べて抜き出ている。その他，セラミックの微粒子を混ぜることで，剛性と耐熱性を極めて高めた特殊材料も用意されている。レーシングカーの風洞実験用ミニチュアモデルや，極めて耐熱性が求められる部品の試作などに活用されている。最近の機種では，樹脂槽がキャスター付きになったことで，その樹脂槽ごとに入れ替えることで，異なる造形材料への入れ替えが簡単かつ短時間で可能になった。これにより，例えば透明材料と高靭性材料など複数材料を用意しておき，求められるユーザー要件に応じて使い分けをしているユーザーも増えてきている。光造形の優れたテクノロジーと，前述のProJetシリーズで培ったユーザーフレンドリーな運用との双方の利点を一つに融合させた，クロスオーバーな3Dプリンターとして，ProJet®6000シリーズ（写真10）とProJet®7000シリーズの2機種がプロフェッショナル3Dプリンター製品として位置付けされている。電気機器や遊戯具，コネクタ部品などの試作での採用が進んでいる。光造形方式によって得られる品質がより身近になったことで，今後さらに市場での採用が進むことが期待されている。また，デンタル（歯科）分野での利用に特化した機種も用意されている。

ProJet®6000シリーズやProJet®7000シリーズよりも大きな造形サイズと造形スピードを持ち，極めて生産性が高い，プロダクション3Dプリンターに位置付けられた「ProX™800」（写真11）と「ProX™950」（写真12）シリーズも同時に展開している。世界最大級の造形サイズを持つProX950であれば，横方向に1,500 mmのサイズでの造形が可能。大型パーツの一体造形を可能にしている。造形材料の選択肢も，ProJet®6000シリーズやProJet®7000シリーズよりも多く，柔軟性，耐熱性，強靭性，透明性（写真13）など，機能性に富んだ造形材料を用意している。幅広い工業分野でのデザインモデルや機能試験モデル

写真10　ProJet® 6000 HD

写真11　ProX800

第4章　3Dプリンターを用いた応用技術と応用事例

写真12　ProX950

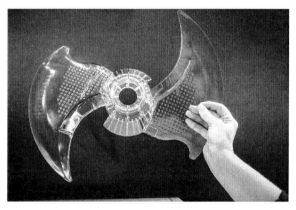

写真13　光造形サンプルパーツ

の他，鋳造の焼失モデルの製作にも用いられる。樹脂槽も造形サイズに応じて複数用意しているため，汎用性の高い造形材料は大きな樹脂槽で用意し，特殊材料は小さな樹脂槽で用意することで初期コストを抑えながら複数材料を使い分けるなど，ユーザーにとって運用しやすいシステム構成をとっている。

(2) **樹脂粉末焼結造形（Selective Laser Sintering（SLS®））方式**

造形テーブル上に薄く敷かれたナイロン樹脂粉末（主にナイロン12やナイロン11）に対して，スライスデータに沿ってCO_2レーザーをスキャン（走査）しながら照射する。造形テーブルが少しずつ下がりながら，レーザーの熱によって材料粉末を焼結させることを繰り返すことで3次元

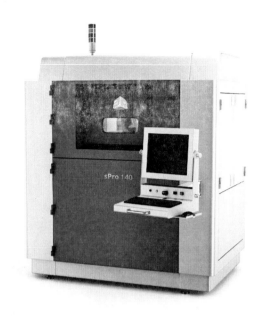

写真14　sPro140

形状モデルを得る。樹脂材料を用いた他のどの方式で3Dプリントしたものよりも，丈夫で耐久性に優れたモデルを製作できることが最も大きな特徴。造形面に敷かれた材料粉末の中で，レーザーによって焼結されなかった粉末材料がサポート（支持体）の役目を果たす。焼結されなかった粉末材料は，細かい部分でも簡単に除去することが可能なため，可動部を伴うような部品でも一体で製作することができる。極めて，形状の自由度が高いことも特徴。本方式を採用した3Dプリンターとして，当社では造形サイズの違いによって，「sPro™60シリーズ」の他，「sPro™140シリーズ」（写真14），「sPro™230シリーズ」を販売しており，それぞれの機種に高速モデルなど，複数モデルを用意している。また，2014～2015年にリリースした「ProX500」ならびに「ProX500 Plus」シリーズは，従来の粉末造形システムと比べて，造形されたパーツ表面の滑らかさと精細なデザインの再現性が大きく改善され，新たな市場ニーズに応えることを期待されている。本方式は，造形されたモデルの機能性の高さから，非常に広範囲な工業分野で活用されており（写真15），デザイン確認や勘合確認目的に留まらず，様々な機能試験目的で用いられている。例えば，剛性に優れた，ガラスビーズ入りナイロン12粉末材料を用いてエンジンのインテークマニホールドを数種類製作し，実際のエンジンに取り付けて吸気効率を計測

写真15　SLSサンプルパーツ

第4章 3Dプリンターを用いた応用技術と応用事例

するといった用途では業界標準的に活用されている。今では，そのデザイン自由度の高さと耐久性の高さから，本方式の3Dプリンターを用いて，試作品ではなく最終製品を製作，販売するという流れが既に始まっており，デザイン性の富んだ家具や各種ファッションアイテムの他，スマートフォンやタブレット端末のケース，メガネやサングラスのフレームなどが既に"商品"として販売されている。その他，例えば患者一人一人のための医療器具や，歩行補助装置の部品など，オーダーメイド性やカスタマイズ性の高い分野への適用が進んでいくことが期待される。なお，ナイロン樹脂粉末の他，鋳造用砂型製作のための砂材料や，ロストワックス鋳造のマスターパターン製作用のポリスチレン材料も用意しており，鋳造分野においても本方式の3Dプリンターは活用されている。

(3) 金属粉末焼結造形（Direct Metal Printing（DMP））方式

金属粉末焼結造形（DMP）方式は，前述の樹脂粉末焼結造形（SLS）方式に極めて近いテクノロジーである。材料となる金属粉末を造形エリアに薄く敷いて，レーザーのエネルギーで焼結させる。ただし，造形材料が樹脂ではなく金属であるため，レーザーには高出力のファイバーレーザーを採用している。造形サイズの違いによって，「ProX™100」，「ProX™200」，「ProX™300」（写真16）の3機種を用意している。造形材料には，ステンレス，マレージング鋼，アルミ合金やチタン合金などの標準的な材料の他，デンタル（歯科）分野で用いられるコバルトクロムやニッケル系合金，さらにはアルミナなどのセラミック粉末材料にも対応している。対応する造形材料の多さや造形スピードが速いことに加え，滑らかなパーツ表面，精細な造形，細かなディテールの再現性が極めて高いことが特徴。各種金型や，航空宇宙関連部品，デンタル（歯科）関連，時計などの宝飾関連での採用が進んでいる（写真17）。なかでも，自動車などのタイヤを量産するた

写真16　ProX 300

写真17　Phenix Systemsサンプルパーツ

めの金型の製作に多く用いられている。トレッドパターンが単純なタイヤを生産するための金型には向かないかもしれないが，スタッドレスタイヤなど，細かい溝が多く刻まれたトレッドパターンを持つタイヤを生産するための金型の製作には，3Dプリンターが向いており，非常に大きな効果を期待できる。航空・宇宙業界，自動車業界，電機業界，様々な産業分野が小型機の「ProX100」や中型機の「ProX200」は，従来よりも低い初期コストでの導入が可能なため，これまで使ってはみたいがコスト的に手が届きにくかったユーザー層へのダイレクトメタル3Dプリンターの採用が一気に広まることが期待される。

1.5　おわりに

現在，造形方式や，対応する造形材料が異なる，多種多様な3Dプリンターが市場に存在する上，新たな方式や造形材料の開発も非常に盛んである。ただし，対応している造形材料はいずれも限定的である上，それぞれの方式でできること，できないことや，得手，不得手がある。それらを十分に調査した上で，自らの要件を満たす最適な3Dプリンターを選定されることを願う。

2 マイクロ波成形技術（ゴム型で熱可塑性樹脂を成形する技術）

栗原文夫*

2.1 はじめに

3Dプリンターの普及でプラスチック製品の試作段階では安価・迅速化を競う新時代を迎えた。しかし，作製されるモデルは断面積層造形の弱点から意匠確認に止まり，熱硬化性ウレタン樹脂の真空注型あるいは熱可塑性樹脂のブロック切削で供せられるモデルも強度改善はされるが素材限定などの課題があり，実用モデルの試作には製造日数・コスト高であっても金型製作し射出成形することとなり，開発段階の足枷となっている。

本稿で紹介するマイクロ波成形は3Dプリンター造形モデルなどをマスターとしてシリコーンゴム型を作製し，ゴム型内に微粒子化した熱可塑性樹脂を充填し真空圧縮しながら外部から照射するマイクロ波で溶融して一体化した立体モデルを成形する技術である。最終使用樹脂そのものを金型無しで迅速かつ安価に成形し提供する世界初のシステム「商品名：Amolsys®」のシリーズとして，先に光成形として販売している近赤外線照射システムに続き，簡素化・易操作性・小型化したマイクロ波照射システムを開発した。

2.2 原理

2.2.1 微粒子充填

光成形のプロセスは熱可塑性樹脂を溶融状態で充填するのではなく固体粒子（Pellet）の状態でゴム型Cavity内に充填する。PelletサイズはCavity内に均一に予備充填するために粒径0.7〜1mm程度の微粒子（Micro-Pellet）として寸法精度を高める。成形品重量分のMicro-Pelletを投入することが重要であるが嵩比重が0.4〜0.6程度であるため，全量予備充填するにはCavity体積では容積が不足する。本システムではMicro-Pellet必要量を確保する独自のCavity構造が適用されている。

2.2.2 選択加熱

当初は特定波長の近赤外線を照射し，シリコーンゴムを透過してCavity内の樹脂Pelletを選択的に加熱する技術を開発した。近赤外線は被加熱物の表面に吸収される特性からMicro-Pellet表層を加熱し，内部は表層からの熱伝導で昇温する。そのため，複雑形状の成形体には複雑な照射制御が必要であった。今回新たに開発したマイクロ波照射は，被加熱物の内部に進入しながら吸収する特性があり，Micro-Pelletの内部加熱が可能であり，形状に依存せずシリコーンゴム型内に予備充填した樹脂を外部から加熱溶融することに成功した。

2.2.3 真空型締め

予備充填したMicro-Pelletの空隙を完全に除去するため，光成形ではゴム型Cavity内を真空引きすることで脱気と同時に大気圧との差圧で型締めし，圧縮された状態を維持しながら樹脂を溶

---

* Fumio Kurihara ㈱ディーメック　光成形統括

融する。射出成形では大規模な型締め設備を備えるが，光成形では外部型締め設備は不要で，ゴム型内の小さなMicro-Pellet嵩空間を小型真空ポンプで真空引きするだけで溶融樹脂を圧縮するのに十分な力が得られる。

2.3 マイクロ波加熱の特徴

マイクロ波が物質の誘電損失により熱になることによる加熱である。外部熱源による加熱と異なり，熱伝導や対流の影響がほとんど無視できること，特定の物質のみを選択的かつ急速・均一に加熱できること，などの特徴がある。

誘電体が吸収するマイクロ波電力P_1の理論式を(1)式に示す。

$$P_1 = K \cdot \varepsilon_r \cdot \tan\delta \cdot f \cdot E^2 \ [W/m^3] \tag{1}$$

$K: 0.556 \times 10^{-10}$

ε_r：誘電体の比誘電率

$\tan\delta$：誘電体の誘電損失率

f：周波数［Hz］

E：電界強度［V/m］

(1)式の比誘電率ε_rと誘電体損失角$\tan\delta$は物質（誘電体）特有の値となり，その積を誘電損失係数と言い，誘電体が吸収するマイクロ波電力の程度を表わす。

マイクロ波加熱は，マイクロ波加熱以外の加熱方法にはない以下の優れた特長がある。

・内部加熱　・高速加熱　・選択加熱　・高い加熱効率　・高速応答と温度制御性
・均一加熱　・クリーンなエネルギー　・操作性や作業環境がよい

しかし，熱可塑性樹脂を溶融することに関しては誘電損失係数が低く（室温），電子レンジで樹脂容器に水を入れて加熱しても，樹脂は加熱されず水だけが加熱される現象は広く知られており一般的には熱可塑性樹脂は加熱されないと思われている。我々は新たに樹脂の$\tan\delta$に温度依存性があることに着目し，昇温開始温度までは特殊なゴムコンパウンド型を用いてマイクロ波昇温特性を制御することで，樹脂を加熱・溶融するマイクロ波成形を実現した。樹脂のマイクロ波加熱特性を簡易的に評価する方法を紹介する。

2.4 熱可塑性樹脂のマイクロ波加熱特性

ゴム型にはマイクロ波加熱特性を最適化したオリジナルコンパウンドが用いられる。

樹脂の加熱特性は，片面を開放したゴム型面上に配置されたMicro-Pelletをマイクロ波照射した状態の昇温特性で評価される（図1）。各樹脂の温度上昇カーブは，室温からの直線域と加速域とで構成される（図2）。初期直線域の緩やかな温度上昇は樹脂自身の発熱ではなく，ゴム型温度からの熱伝導による。加速域の急速な温度上昇は，樹脂の自己発熱であり樹脂毎に開始温度・加速速度が異なる。これが各樹脂の誘電損失係数の温度依存性と密接に関係していると考えられる。

第4章　3Dプリンターを用いた応用技術と応用事例

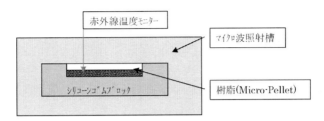

図1　樹脂のマイクロ波加熱特性測定装置（概念図）

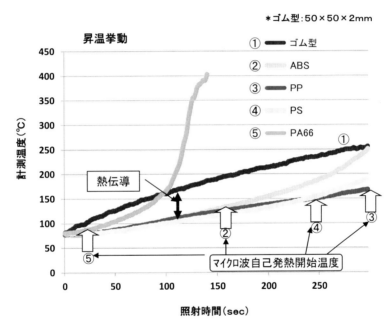

図2　樹脂のマイクロ波加熱特性測定例

2.5　光成形プロセス

前述の三つの基本技術をベースとした工程を図3に示す。
①光造形の三次元積層などによるマスターモデル作製とシリコーンゴム型作製
②最終使用する熱可塑性樹脂のMicro-Pellet化
③シリコーンゴム型に成形品重量分のMicro-Pelletを固体状態のまま予備充填
④Cavity内のみを真空引きし，マイクロ波を外部照射して溶融温度まで加熱
⑤冷却
⑥脱型・仕上げ

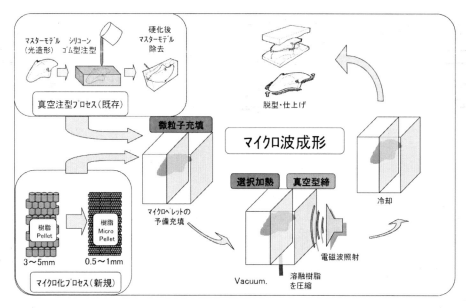

図3　マイクロ波成形のプロセス

写真1　マイクロ波成形機（Amolsys® M150）

予備充填直後は嵩比重分の余剰容積でゴム型は閉じ切らない状態でスタートするが，樹脂溶融とともに減容し全量溶融時に完全に閉じる。

2.6　マイクロ波成形機
成形品サイズ"150 mm"の小型機（写真1）と中型機"300 mm"が市販されている。

2.7　マイクロ波成形品の性能
2.7.1　寸法精度
ゴム型を圧縮する真空型締め力が均一であることで，JIS405：寸法許容値の中級レベルは達成

第4章　3Dプリンターを用いた応用技術と応用事例

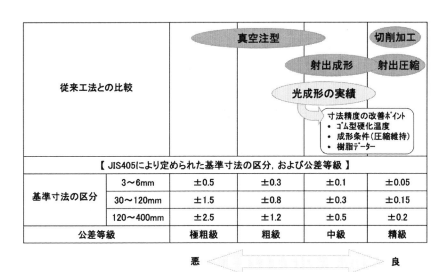

図4　寸法精度の目標と実績

できる。小サイズであれば±0.1mm（図4）。

2.7.2　機械的特性

樹脂はMicro-Pelletの状態で溶融し圧縮を受けて成形されるため、射出成形と比較すると高剪断速度流動による配向などのトラブル・残留歪などの不安定要素もない。樹脂物性を射出成形と比較した例を図5に示す。

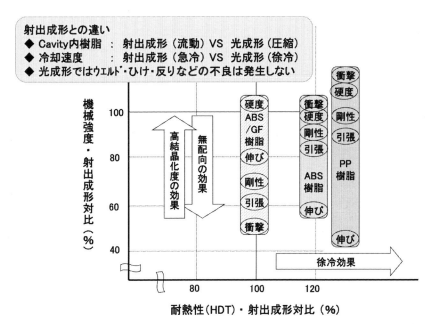

図5　マイクロ波成形品の機械的強度（射出成形対比）

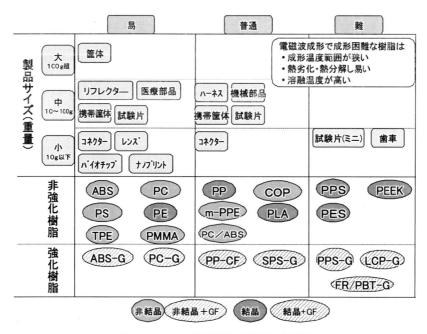

図6　マイクロ波成形品の樹脂種（実績）

2.7.3　樹脂の種類

射出成形と同様に，難易度はあるが熱可塑性樹脂であればマイクロ波成形のプロセスに乗せることが可能であり，これまでの実績例を図6に示す。但し，マイクロ波で放電するカーボンファイバーなどの強化樹脂は除外される。

2.8　光成形品の特徴

2.8.1　ウエルド

射出成形でしばしば問題となるウエルドラインは，複数ゲートから流入する樹脂が成形品内で合流するあるいは孔形状の存在で樹脂流動が分流・再合流する位置で発生する。しかし，光成形の場合ゲートも無く，成形品内で面内流動することも無いことから発生原因である溶融樹脂の合流そのものが無い。従って，光成形では本質的にウエルドラインは発生しない。

2.8.2　厚肉成形品・肉厚変化のひけ

特にボス・リブなどの局所的に厚肉部を有する部位の裏面に発生するひけは外観上の課題となる。射出成形におけるひけの発生メカニズムは，型内に圧力が残存している間は樹脂／金型は密着しているがゲート固化後の型内圧力は短時間で大気圧同レベルに達し，その後は密着が解かれ成形収縮となるが，局所的に冷え難い部位は収縮率が大きくひけが発生する。光成形では真空型締めが真空引き停止するまで継続が可能で，圧力レベルは低いがゼロとはならず樹脂／Cavity間の密着は解かれず局所的収縮も発生しない。収縮の大きなPP樹脂で厚肉12mmの成形例の断面を

第4章　3Dプリンターを用いた応用技術と応用事例

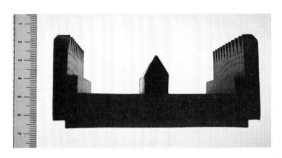

写真2　ひけ・反り無しの光成形品（PP樹脂：厚肉12mm）

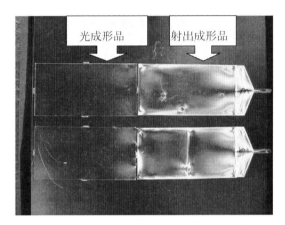

写真3　光成形の無歪成形品（PMMA樹脂）

写真2に示す。

2.8.3　表面結晶化度と摩擦磨耗特性

　射出成形では結晶性樹脂は充填過程で低温Cavity面と接し急速に冷却して表層を形成するため，冷却速度が速く充分な結晶化が得られない。光成形ではCavity表面のシリコーンゴム温度は樹脂溶融温度と等価で極めて高く冷却速度も遅いことから表面結晶化度が高い。動摩擦係数の大幅な低下や耐傷性の向上が確認されている。

2.8.4　透明成形体の残留歪

　残留歪の判定の容易なPS樹脂の透明成形体の偏光フィルムによる複屈折の観察で射出成形との比較例を写真3に示す。光成形では成形過程の剪断応力発生が無いことと冷却速度が遅く充分緩和時間があることから残留歪の目安となる縞模様が観察されない。残留歪が無いことは透明成形体の光学特性に限らず，塗装・メッキ不良やストレスクラックなどのトラブル改善に有効となる。

2.8.5　表面転写性（ナノインプリント）

　熱可塑性樹脂の転写性は，型表面の温度と圧力に依存することが知られている。光成形ではシ

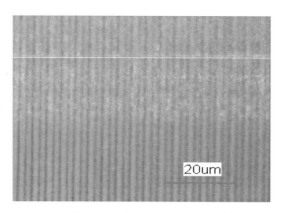

写真4　光成形のナノサイズ凹凸転写表面（PMMA樹脂）

リコーンゴム型表面が樹脂の溶融温度と等価レベルになることで転写しやすいことが予測され，写真4にはナノインプリント評価パターンのPMMA成形例を示す。数百nmレベルの表面凹凸構造の転写も確認され，低圧力であっても充分な表面温度であればナノサイズの転写ができることを示唆している。

2.9　今後の展開

マイクロ波成形は実物モデルの試作としてあるいは補償部品などの少量生産として活用されているが，射出成形では得られない高付加価値の成形品を得る新たな加工技術としても注目されつつある。この技術は粉末射出成形（Powder Injection Molding）のグリーン体成形にも適用が可能であり熱可塑性樹脂に止まらず，金属・セラミックスの成形体を得ることも確認され，医療分野への展開が期待されている。

Amolsys®：日本商標登録済

3 光造形技術における透明材料を活用した流体可視化への応用

小泉卓也*

3.1 はじめに

　ここ数年の間で，日本国内においても3Dプリンターという言葉が広く浸透してきた。一般の方でも，3Dプリンターという言葉で容易にどんなものかイメージすることができるようになった。展示会などでも，3Dプリンターのブースはいつも人ごみでごった返しており，個人的に興味を持った方から実際に企業内で取り入れようとしている方まで，対象は千差万別である。

　ご存じの方も多いと思うが，ブームがやってきたのはここ数年ではあるが，この積層造形技術は1980年代前半に生まれた技術であり，既に30年程前に確立した造形方法なのである。当社も光造形技術ではパイオニアを自負しており，今年で設立から25年目を迎える（現在販売中の装置：写真1，写真2）。

　今回は，3Dプリンターと呼ばれるいくつかの工法や光造形の最大の特徴ともいえる「透明・可視化」についてお伝えしたい。

3.2 様々な積層方法

　ここで簡単に，3Dプリンターの積層方法に関してご説明したい。

3.2.1 光造形方式

　1980年に名古屋工業試験所の技術者である小玉秀男氏が発明した技術であり，光硬化性樹脂を紫外線のレーザーで照射することによって，樹脂を固めて積層をする工法である。特徴としては，レーザーの照射速度が速い為，造形速度が速い。また，昨今では透明な樹脂の開発も進んでおり，透明性の高い造形物が得られ，内部の可視化が可能である。

写真1　RapidMeister ATOMm-8000

写真2　RapidMeister ATOMm-4000

＊　Takuya Koizumi　シーメット㈱　営業部　営業Gr.

3.2.2 熱溶融堆積方式

　熱可塑性樹脂をヒーターなどで溶かし，積層する工法。ノズルから溶かし出された樹脂により造形物を製作していく。一般的に造形速度や加工精度はレーザー使用のものに比べ劣るものの，技法の特許が切れたことで，装置の価格が圧倒的に安価で一般のコンシューマに広く利用されている。また，オフィス環境でも使用ができる為，設置場所が比較的簡単に準備ができる。

3.2.3 インクジェット方式

　インクジェット方式には大きく2種類あり，噴射する材料が主剤か硬化剤（バインダー）かに分かれる。広く普及しているのは，主剤を噴射するタイプで，原理としては2Dのインクジェットプリンターと同じ原理であり，光硬化性の主剤を噴射して，ほぼ同じタイミングで紫外線ランプを照射することにより，造形物を積層させていく。こちらも熱溶融堆積方式（FDM法）と同様一般的なオフィスにも設置が可能である。また，プリンタヘッドをいくつか稼働させることにより，複数の色を混ぜ合わせて造形をすることができる。短所としては，ランニングコストがとても高い点である。この工法は使用する樹脂の量も多く，樹脂そのものも高額な為，中長期的に考えるとコストが高く付く。

3.2.4 粉末床溶融結合方式

　こちらも光造形工法と同様，レーザーを使用して造形物を積層していく。また，光造形同様歴史も古く，1987年にテキサス州に設立されたDTM社によって確立された技法である。ナイロンやポリプロピレン，金属などの粉末をレーザー照射によって溶融・結合する方法で，強度のある造形物が作れる。近年，金属粉末を使用する金属粉末床溶融積層装置が注目を集めている。一方で，この工法には課題もある。粉末を焼結し溶融する為，大きな応力がかかり，造形物に反りや変形を生じさせる。その為，現段階では大型の造形物の積層は難しく，小型の造形物の積層が一般的となっている。

3.3 透明・可視化

　今回，当社で取り上げたのは当社の強みでもある光硬化性の樹脂を用いた透明・可視化というポイントである。先にも触れたが，光造形方式は透明性の高い光硬化性の樹脂を用いて造形物を積層する為，内部の可視化に向いている。自動車メーカーや家電メーカーなどの多くは，試作や検証の為に部品やパーツを造形し，その内部に液体や気体などの流体を流して，実際の流体の動きを検証している。この検証方法は今になって始まったことではなく，以前から活用されてきた。当社装置においても，以前からこのような用途に活用いただいてきたが，さらなる市場のニーズに応えるべく，現在も新しい透明樹脂の開発を進めている。

　当社は約10年前に他社に先駆けて透明樹脂「TSR-829」をリリースした。「TSR-829」のリリースにより，市場における透明造形品の需要が顕在化した（写真3）。以後，光造形材料メーカーや3Dプリンターメーカーが透明樹脂をリリースしている。しかしながら「TSR-829」が極めて高透明で磨き処理なしでも透明である特徴は自他ともに認める優位性となっている（写真4，写真5）。

第4章　3Dプリンターを用いた応用技術と応用事例

写真3　透明可視化・組付モデル（TSR-829）

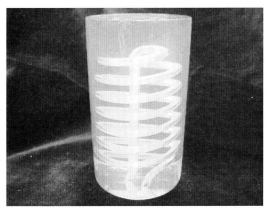

写真4　内部構造確認モデル（TSR-829）

写真5　内部可視化・形状確認用モデル（TSR-829）

　透明樹脂に関しては，透明だけではなく，透明をベースとして耐熱性や靭性の強い樹脂を研究・開発しており，透明＋耐熱樹脂の「TSR-884B」，透明＋靭性樹脂の「TSR-890」がある。どちらも流体解析とセットで使われることが多い。ここで当社の透明樹脂2種を紹介したい。

3.3.1　透明＋耐熱樹脂「TSR-884B」

　「TSR-884B」は世界初の「透明性」と「耐熱性」を兼ね備えた今までにない全く新しいジャンルの樹脂である。また，非アンチモンで環境に配慮し管理も容易である。

　当社の樹脂「TSR-884B」の「透明性」，「耐熱性」を最大限に活用いただいている業界として，自動車業界や航空業界が挙げられる。自動車業界，航空業界では3DCADデータによるコンピュータシミュレーション技術であるCAEの活用が進んでいる。試作レスを前提とした解析を実現する体制が急速に整備されている。

　ただし，それらの解析結果を活用する開発担当者に話を伺うと以下の共通課題を聞くことが多い。

①解析結果の裏付けを取りたい
②解析結果を実際に目で見たい

当社が開発した透明耐熱樹脂「TSR-884B」は，CAEと融合させて活用することにより，多くの開発者が抱える課題を解決する「可視化」ソリューションになり得る。その根拠として，本樹脂には「可視化」に適した以下の特性がある（写真6）。

写真6　流体可視化シミュレーション
データ協力：㈱アビスト

写真7　熱処理前（TSR-884B）

写真8　熱処理後（TSR-884B）

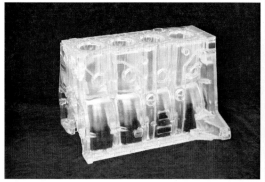

写真9　エンジンブロック（TSR-884B）

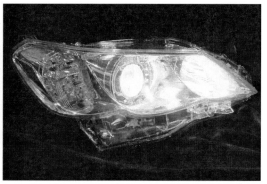

写真10　ヘッドランプ（TSR-884B）

第4章 3Dプリンターを用いた応用技術と応用事例

(1) 100℃強の耐熱性と透明可視化を実現

以前から耐熱性に優れる光造形樹脂はあったが，それらの色は茶褐色や有色なものばかりで透明なものは存在しなかった。

しかし，高透明耐熱樹脂「TSR-884B」は熱処理することにより，100℃強以上の耐熱性を有しながら極めて高い透明性を有する。

(2) 熱処理を加えても損なわれない透明性

これまでの光造形樹脂は，耐熱性能を上げるために熱処理を施すと，モデルの色が茶褐色に変化し，内部の可視性が悪くなってしまうという不満がユーザーにはあった。透明耐熱樹脂「TSR-884B」は熱処理をしてもその透明性がほとんど低下しないので，可視性が損なわれることがない（写真7，写真8）。

また，内部構造確認の求められる造形品が必要な際も「TSR-884B」での可視化が可能（写真9，写真10）。

(3) 耐水，耐薬品性がある

透明耐熱樹脂「TSR-884B」はエンジン内部を流れるオイルのCAEによる流動解析結果を確認することに活用できると期待されている（写真11）。このニーズは，光造形にしかできないソリューションとして数年前から要望されており，当社の一番の開発動機にもなっている。ゆえに，温水やエンジンオイルへの耐性も評価試験を実施し，その適正を確認しつつある（写真12）。

(4) 低吸湿性と寸法安定性がある

光造形樹脂の悪いイメージの代表であった「変形，寸法変化」についても，大幅に改善が図られている。耐湿性を示す数値は従来樹脂の半分以下になっている。光造形品の使用期間が比較的短い形状確認や注型マスターなどと異なり，光造形を数週間使用する評価試験では，絶対に必要な性能である。

写真11 シリンダーヘッド（TSR-884B）

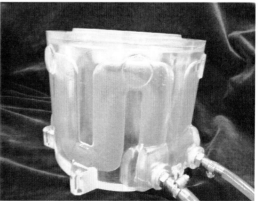

写真12 EVモータケース

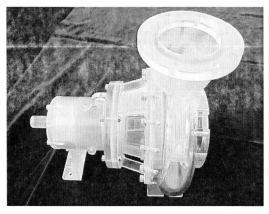
写真13　ポンプ（TSR-890）

写真14　ディスクルーペ（TSR-890）

3.3.2　透明＋靭性樹脂「TSR-890」

続いて紹介する透明樹脂は，透明高靭性樹脂「TSR-890」である。この材料も「TSR-884B」と同様に光造形固有の高い透明性を有しながら，組付けやセルフタッピングが円滑に行える靭性が極めて高い特性を有する（写真13）。「TSR-890」は可視化だけでなく，耐衝撃性・スナップフィット性も優れ，組付け・性能評価にも最適な樹脂である。なお，この樹脂も当然非アンチモン仕様である（写真14）。

3.4　まとめ

これまで当社は，約25年の間に様々な装置と様々な樹脂を発表し，世に送り出してきた。現在，装置は大型機の「RapidMeister ATOMm-8000」と中型機の「RapidMeister ATOMm-4000」の2機種である。

樹脂に関しては，近年は特に光造形の最大の特徴とも言える透明性をベースに付加価値を付けた樹脂を開発しリリースしている。

冒頭でも述べたようにここ数年で，3Dプリンター業界を取り巻く環境は大きく変わった。積層の手法・工法によって各社特徴も様々である。我々が長年行ってきた光造形は技法として今後も大きく変わることはないが，材料や装置は格段に改良されている。さらにイニシャルコストも以前に比べ大幅に低減しており，導入しやすくなったのは間違いないだろう。今後も我々は光造形機メーカーのパイオニアとして，新たなソリューションを開発し，お客様の課題を解決していく。

4 3Dプリンターを用いた鋳造用鋳型の作製技術と活用事例

戸羽篤也*

4.1 鋳造法における鋳型製造プロセス

　鋳造は，金属材料をその融点以上に加熱して溶解し，液体となった金属を耐熱性材料で製作した鋳型に注入し，冷却・凝固（固化）させて目的の形状を得る金属加工法である。鋳造法は，複雑形状の金属製品を低コストで量産を可能とするという特徴があり，素形材製造分野において確固たる地位を有している。

　鋳造法の背景となる要素技術は，金属材料の溶解および凝固に関わる技術と，鋳型の造型法に関わる技術の二つに大別されるが，両者は相互に関連しており，鋳型造型の良否が鋳物の品質を左右する。金型鋳造法のような特殊な鋳造プロセスを除いて，鋳型は砂やセラミック粉末などの主材料を粘結材で結合・固化して成形する。鋳造法における鋳型造型プロセスは，一般的に粘結材の選択とその結合・固化方法によって分類される。

　鋳型造型プロセスで，特に量産工場で採用されるのは"生型造型"である。"生型"とは，粘結材に"ベントナイト"と呼ばれる粘土鉱物を配合し，これに水分を与えて膨潤させ，突き固めや高圧圧縮により結合力を得る。鋳造によりベントナイトは水分を失って結合力を失うが，これに水分を与えれば，再び粘結材としての機能を持つので，容易に鋳型砂の再生を行うことができる。

　次に鋳物製造現場で多く採用される造型プロセスが"有機自硬性鋳型"である。これは，型枠に砂とフラン樹脂やフェノール樹脂などの粘結材，さらに硬化剤を混練して投入し，樹脂粘結材と硬化剤との化学反応が進むことで砂粒同士の結合力を得る方式である。これ以外に樹脂を粘結材に用いる鋳型造型プロセスとして"シェル鋳型造型"がある。シェル鋳型は，砂粒に熱硬化性フェノール樹脂を被覆した"コーテッドサンド"と呼ばれる砂を用い，これを250℃程度に熱した金型に投入して樹脂を加熱硬化させて成形する。また，樹脂粘結材を混練した砂にガスを通気させて硬化させる造型法も一部で採用されている。

　樹脂粘結材を使用する鋳型造型プロセスでは，粘結材の結合力が強いため極めて高強度の鋳型を得ることができる。また，鋳造時の溶湯熱で樹脂粘結材が分解するので，鋳造後の型ばらしが比較的容易である。鋳造に使用した砂は鋳造後に回収され，再利用されることが多い。樹脂粘結材を使用する造型プロセスにおける回収砂の砂粒表面には樹脂粘結材が附着したまま残存しており，これを再利用するためには，再度加熱して樹脂成分を分解するか，物理的に取り除くなどの"再生処理"が必要である。

　一方，粘結材に樹脂を用いない鋳型造型プロセスとして"無機鋳型造型"がある。これは，無機材料を粘結材に用いるもので，その代表的な造型法として"ガス型"が挙げられる。ガス型は，粘結材に高濃度の珪酸塩水溶液（水ガラス）を用い，これを混練した砂を型枠に投入した後，炭酸

＊　Atsuya Toba　（地独）北海道立総合研究機構　産業技術研究本部　工業試験場　製品技術部
　　生産システム・製造技術グループ　主査（製造技術）

ガスを通気させると水ガラスが炭酸ガスとの反応で硬化することを利用して砂粒を結合・固化させる方式である。炭酸ガスと反応させない限り硬化しないので作業性がよく，比較的強度の高い鋳型が得られる。特に"中子"と呼ばれる，鋳物の中空部を製作するための鋳型を製作するのに多く用いられる。無機粘結材は，鋳造時の溶湯温度で加熱されてもほとんど熱分解しないため，型ばらし作業に難がある。また，一度使用した無機鋳型はその砂再生が難しく，多くの場合は廃棄される。

この他，一部でしか稼働していないが，粘結材を全く使用しない鋳型造型プロセスとして"Vプロセス"が知られている。この造形法は，型枠に乾燥した砂を投入し，加振して隙間なく砂を満たした後で型枠をフィルムでシールドし，型枠内を減圧することで大気圧により砂粒同士を固定化して鋳型として用いる。鋳造後は，減圧を解放することで型ばらしが完了し，使用した砂は特に再生処理をすることなくそのまま再利用できる。

4.2　3Dプリンターによる鋳型造型の利点

鋳造法で得られる製作物を"鋳物"と称するが，鋳物はその外形に限らず内部構造においても複雑形状を有するものが多い。複雑形状を持つ金属製品を低コストで迅速かつ大量に生産する場合に，鋳造が他のプロセスに比較して優位性を発揮する。

一般的な砂型鋳造法において，鋳物の形状や寸法は模型・木型の品質によって決定される。かつて木型の良否は文字通り木工加工職人の技能に依存したが，近年のNC加工技術の進展に伴い，5軸加工機などを駆使したディジタル加工によって木型が製作される例が多くなっている。木型は鋳型造型に繰り返し使用されるため，鋳物の一個当たりの製造コストに占める型費の割合は，生産数が多くなるほど低下する。このことは，鋳造法が量産製品に適用される理由の一つになっている。

一方，内部構造も含めて機械加工などでは加工が難しいような形状の金属製品は，単品や少数ロットの製品でも鋳造工法による製作依頼を受けることがある。このような少数受注の鋳物を製作する場合は，木型の製作費を製作する鋳物の数で割り振ることになるので，製造原価がかなり高いものとなる。従って，単品あるいは小ロットの鋳物受注に対応するための鋳型造型プロセスの理想形は，木型を用いずに鋳型を製作する造型法ということになるが，この理想形に近い造形プロセスは発泡ポリスチレンで模型を切削あるいは成形して鋳型内に埋め込んだまま鋳造する"消失模型鋳造法"などの特殊な鋳造プロセスしかなかった。しかし近年の3Dプリンターの技術開発展開の中で，積層造形法で鋳型を製作する技術が鋳造工場に導入されつつあり，単品鋳物の受注にも対応できるようになった。

3D積層造形法による鋳型造型にはいくつかの利点がある。第一に，木型を必要とせずに鋳型や中子を製作できることである。前述の通り，木型の製作費用はこれを使って造形する鋳型の数が多くなるほど製品一個当たりの生産コストに占める型費の割合が小さくなる。従って，単品試作のような少ないロットの製品受注に対しては，他の加工法に比べて型費の分だけ不利である。3D

第4章　3Dプリンターを用いた応用技術と応用事例

積層造形による鋳型造型法では木型を使用しないため，単品や小ロット受注品においても鋳造法の優れた点を活かした製品づくりで優位を保つことができる。

　次に，作業者の技能によらず安定した品質の鋳型・中子を製造できることが挙げられる。特に単品鋳物は造型ラインに乗せ難いため，「手込め工法」と称する鋳型造型法が採られるが，作業者の技能に依存する要素を含んでおり，鋳型品質にばらつきが生じやすい。3D積層造形では，素材の管理がしやすく，3D-CADの形状データがあれば，誰が操作しても，いつでも同じ寸法・品質の鋳型・中子を製作することができる。また，鋳型と中子を一体で成形することも可能で，従来の中子込めに比べて寸法精度の高い鋳物を製作することも可能になる。

　さらに，3D積層造形機は常に監視する必要はなく，無人で動作するように設計されている。積層造形の速度は，高さにして1時間当たり20〜30 mmであるから，造型する鋳型のサイズによっては製作に8時間以上を要することもしばしばであるが，その日の夕方に製作を開始すれば夜通しの積層造形で翌朝には鋳型造型が完了する。このように，製作中に人手を介さなくて済むというのも3D積層造形の特徴といえる。

4.3　3D積層鋳型造型機

　鋳造用鋳型の製作を目的とした3D積層造形機としては，国外メーカー製の数機種が知られており，既に国内鋳物メーカーへの導入実績がある。

　図1は，EOS社（ドイツ）製EOSINT/S750の外観写真である。この装置は，熱硬化性フェノール樹脂をコーティングした砂を材料に用い，これにレーザー光を照射して樹脂を加熱硬化させて積層造形する方式を採用している。造型される鋳型は，従来の"シェル鋳型"と同等品であるが，砂の粒度が造形機用に調整してあるため通気度が異なることや，造型直後の鋳型強度が低いため実用には再加熱強化が必要なことなど，使用に当たって注意を要する。

図1　ドイツEOS社製積層鋳型造型装置
（EOSINT/S750）

図2　ドイツExOne社製積層鋳型造型装置
（S-Print）

図2は，ExOne社（ドイツ）製S-Printの外観写真である。この装置は，硬化剤を混練した砂にインクジェットプリンタと同様にノズルヘッドから粘結材となるフラン樹脂を吹き付けて硬化させることで鋳型を積層造形する。造形される鋳型は，従来の"フラン有機自硬性鋳型"と同等品である。

　これら実用鋳型製作が可能な3D積層造形装置は，そのまま鋳造工程に投入して鋳物を得ることができるが，いずれも装置価格や運用コストが高いため，現在のところ鋳物工場への導入は限られている。

　この他，アルミ合金など比較的低融点金属を対象とした鋳造用鋳型を製作できる装置として，Z社（アメリカ）製ZPrinter 310型（図3）がある。この装置は，砂と石膏を混合した材料を水平に敷き，そこにインクジェット方式で水性硬化剤を吹き付けて断面形状を固化・積層して鋳型を造型する。この装置は，先に紹介した装置に比べて格段に価格が安いので，中小の鋳造工場でも導入できる可能性が高い。砂粒の間隙を石膏で埋めて固めることで強度を得るメカニズムを採用しているため，製作した鋳型の通気度は極めて小さく，鋳型の設計に際して鋳造方案の工夫が必要である。また，石膏の耐熱性が低く，1200℃で石膏が熱分解するので，この鋳型で銅合金や鋳鉄を鋳造するとガス欠陥が生じる。

　筆者は，廉価版の積層造形機による試作鋳物用鋳型造型への利用展開を図るため，粘結材を石膏から耐熱性セメントに替えて粉末材料を配合し，銅合金鋳物や鋳鉄鋳物に対応した鋳型製作技術の開発に取り組んだ。国内で他にも同様の取り組みがあり，粘結材にアルミナセメントを配合した材料を用いて鋳鋼品の製作に成功した研究事例も報告されている。

図3　米国Z社製粉末積層造形装置（ZPrinter 310）

図4　セメント配合砂で造型した鋳型

第4章 3Dプリンターを用いた応用技術と応用事例

4.4 国内における鋳型造型用3Dプリンター開発の取り組み

　近年の3Dプリンターに対する関心が高まる中で，国産機として鋳造用鋳型の造型を目的とした3Dプリンターを開発する取り組みが，経産省主導の国家プロジェクトとして平成25年度から5年計画で開始された。このプロジェクトでは，現行の鋳型造型用3Dプリンターのユーザーに対する調査に基づいて，寸法精度および造形速度の向上と，装置および運用コストの低廉化を目指すことに加えて，現行装置にない機能性を付加した装置開発を目標に掲げている。

　これまでに，第一号試作機を完成させた。この装置は，硬化剤を混練した砂を水平に敷いた面にインクジェットノズルで粘結材樹脂を吹き付けて硬化・積層する造型方式を採用している。原材料の砂は珪砂を採用し，粒径を100μmに調整したものを使用する。粘結材樹脂は，従来のフラン樹脂を基本とし，よりインクジェット方式に適合し取り扱いやすいように改良されたものを使用する。製作事例として，同機により造型した鋳型を図5～7に示す。また，図7に示した鋳型を用いて鋳造した鋳物の外観を図8に示す。

　当プロジェクトは，引き続き造型能力（生産性）の向上や，造型鋳型の品質向上を目標に，積

図5　鋳型製作事例（シリンダヘッド）

図6　鋳型製作事例（マニホールド）

図7　鋳型製作事例（インペラー）

図8　積層造型鋳型で鋳造した鋳物

層造形装置の開発製作と並行して，使用する砂材料の改良，造型プロセス（粘結材など）の新規開発に取り組んでいる。開発計画の後半では，現行の積層造形装置には備わらない高度な積層造形機能を付加し，生産能力，造型品質，機能性に優れた鋳型造型用3Dプリンターを，低価格で市場に出すことを目指している。

4.5 3Dプリント鋳型を用いたリバースエンジニアリング

3Dプリンターによる鋳型造型のメリットとして，3D-CAD形状データがあれば木型なしで手軽に試作鋳物が得られることを挙げた。そこで，筆者が関わった事例を一つ紹介する。ある日，小さな食品加工会社から製菓機械の金属部品が破損したとの相談を持ちかけられた。昭和30年代か

(a)破損した金属部品

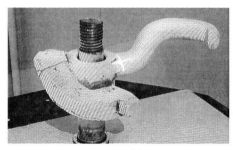
(b)3D非接触形状計測

(c)計測データをもとに3D形状データを作成

(d)3Dプリンターで製作した鋳型

(e)鋳型にFCD材を鋳造し鋳物を製作

(f)機械加工して金属部品を再生

図9　3Dプリンター造形鋳型を利用したリバースエンジニアリングプロセス

第4章　3Dプリンターを用いた応用技術と応用事例

ら使っている機械で，メーカーに問い合わせても部品については既に保守対応を終えており，これまで補修しながら使ってきたようだが，ついには補修困難な部位が破損した。地元の鋳物企業に相談に行ったところ，こちらを紹介されたということであった。

現物（図9(a)）を見たところ，形状が複雑で破損部位を溶接やねじ止めで補修した痕があり，鋳物であることはすぐに判った。初めは，鋳物の単品製作を請け負う鋳物メーカーと概算費用を示したが，存外の金額に驚いていた。了解を得て部品の一部を切り出し，組織観察したところ普通鋳鉄品であった。ちょうど非接触3D計測装置が導入された頃で，鋳物のリバースエンジニアリングに関する取り組みを進めていたことから，試験事例提供の協力を前提に現物を元に再生しようということになった。

まず，3次元非接触形状測定装置で部品形状を計測し（図9(b)），このデータをもとに3D-CADデータを作成した。形状のモデリングに当たり，鋳物が元の大きさになるよう，鋳造後の凝固収縮を考慮して寸法を調整するとともに，耐久性を考えて大きな力が掛かりそうな部位の肉厚を若干厚くした（図9(c)）。作成した3D-CAD形状データにより3Dプリンターで鋳型を製作した（図9(d)）。部品の再生に際しては，高強度や衝撃荷重にも有利な球状黒鉛鋳鉄で鋳造することとしたため，鋳型製作には人工砂とアルミナセメントを配合した粉末材料を使用した。

図9(e)は，鋳造して得られた鋳物の型ばらし直後の外観である。鋳肌も綺麗に出来上がり，寸法精度の必要な摺動部を機械加工して仕上げ，破損した金属部品を再生した（図9(f)）。この会社では，再生した部品を機械に取り付け，2年が経過した現在でも製菓機械は問題なく稼働しているということであった。

4.6　まとめ

3Dプリンターの鋳造用鋳型製作への応用について，鋳型造型プロセスの概要，3Dプリンターによる鋳型造型法のメリット，現行の鋳型造型用3Dプリンター装置の現状と今後の開発見通し，そして3Dプリンター造型鋳型を単品鋳物製造に活用した事例について概説した。

鋳物は複雑な形状となることが多く，内部構造を含めて機械加工では得られ難い金属部品の加工法として鋳造法の優位性はこれからも確たる位置を占めていくものと考える。3Dプリンターによる鋳型造型法では木型費が不要となるので，これまで鋳造法にとってコストメリットで不利とされる単品・小ロット鋳物の分野でも鋳造法が選択される可能性が拡大する。

3Dプリンターによる鋳型造型の利用に関する需要の方向性については，小物の試作鋳物の製作を指向するものと，大型の製品鋳物の製作を指向するものの両面が考えられる。生産ラインを担う装置として位置付ける場合には，材料供給の安定化や砂の再生処理など，付帯的な技術開発も求められる。今後は，これらの要望にも対応しながら技術開発や製品開発が進み，総合的な3Dプリント鋳型造型システムとして世の中に提案されていくことが期待される。鋳造分野における3Dプリンターの活用について，国内外の装置開発の動向に注視していきたい。

5 金属光造形複合加工装置LUMEX Avance-25について

天谷浩一*

5.1 概要

2012年クリス・アンダーソン著"MAKERS―21世紀の産業革命が始まる"や，2013年のアメリカ・オバマ大統領による一般教書演説で3Dプリンターに言及したことをきっかけとして，3Dプリンターが全世界的に注目を浴びてきた。一般大衆向けの安価な樹脂用プリンターから，1台数千万円から1億円を超える価格の樹脂用，金属用3Dプリンターがあり，特に金属に関しては，航空機，医療産業をはじめとし注目を浴び，航空機関連メーカーが多くの金属3Dプリンターを購入していることを見聞きするようになった。

㈱松浦機械製作所（以降マツウラと記す）が，2003年より設計・製造・販売を行っている世界初の金属光造形複合加工法を実現したLUMEX Avance-25（以降LUMEXと記す）は，1台で金属光造形法と高速切削加工法を備えたハイブリッドの金属3Dプリンターである。本加工法は開発当時の社会問題であった金型技術の海外流出に歯止めをかけるべく，プラスチック射出成形用金型製作を目的として開発し，金型製作期間・コスト・射出成形時間の低減を実現してきたが，昨今，高機能・高付加価値を持った部品製作目的にも注目を浴びてきている。

金型に関しては，近年モバイル機器に代表されるような製品ライフサイクルが短く生産ロット数が少ない多品種少量生産の製品が続々と開発されており，開発段階からリードタイム短縮，品質確保，コスト削減がますます要求されている。これに対応するため，短納期・低コストのプラ

図1 金属光造形複合加工機 LUMEX Avance-25

---

* Koichi Amaya ㈱松浦機械製作所 常務取締役

第4章 3Dプリンターを用いた応用技術と応用事例

スチック射出成形用金型（以降プラ金型と記す）作りを目的として，積層造形技術法が使用されるようになったが，造形品の寸法精度と表面粗さがプラ金型として使用できるレベルではなく，後工程として切削加工や放電加工などが不可欠となることにより製作期間やコストなどの面でメリットが少ないため普及は進んでいなかった。一方，LUMEXでは，プラ金型の製作において短納期・低コストとスキルレス化・長時間無人運転の実現を目的として，ワンマシン・ワンプロセスで試作・量産に対応可能なプラ金型を製作できるようになった。

部品に関しては，医療分野では患者それぞれにあったカスタムメイドの医療機器を製作できること，航空・自動車分野では，中空ができることからの軽量化，複数の部品で構成されているものを1つで製作することによる組立工数の削減，コストの削減を目的に製作できるようになった。

5.2 金属光造形複合加工法とは
5.2.1 金属光造形法

金属光造形法は薄い層を重ねて3次元形状を造形する積層造形技術の一つである。図2に示すように，造形テーブル上に材料となる金属粉末を供給して薄い層を作り，レーザビームの照射により所望の断面形状を瞬間的に溶融，凝固させる。さらに造形テーブルを1層の厚さ分下げて同様に粉末を供給してレーザビームを照射する。この工程を繰り返して積層することによりレーザビームによる溶融部分が立体形状となる。レーザビームが照射されていない部分は粉末のままの状態であり，再利用が可能である。尚，レーザビームの照射プログラムは3次元モデルから作成される。

金属光造形による造形物の特徴としては，アンダーカット形状や中空構造など通常の機械加工では加工できないような形状も含め，比較的自由な形状の造形が可能であることが挙げられる。しかしながら，粉末材料を使うという特性上，寸法精度や面粗度が数百μmとなり（使用する粉末材料による），プラ金型として使うためには後加工として機械加工や放電加工がどうしても必要となる。

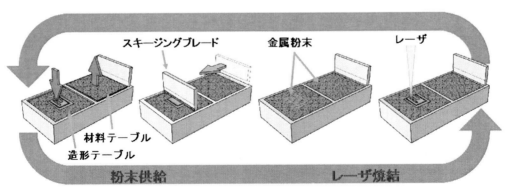

図2　金属光造形法

5.2.2 金属光造形複合加工法

図3に金属光造形複合加工法(以降本加工法と記す)を示す。本加工法では,金属光造形にてある高さまで造形した段階で造形物の表面となる部分の切削仕上げ加工を行う。LUMEXでは通常1層の積層厚さ:50μmにて造形を行い,10層分造形した段階(0.5mm)で切削加工を行う。この造形と切削の工程を繰り返すことにより,表面が仕上げ加工された3次元形状の造形物をワンマシン・ワンプロセスで作製する。その加工精度は±25μm以内,面粗度は最大高さ(Rz)で10μm以内である。図4に金属光造形法の造形物と,本加工法による造形物の写真を示す。

本加工法の特徴として,造形の途中で切削加工することにより従来の切削加工では加工できな

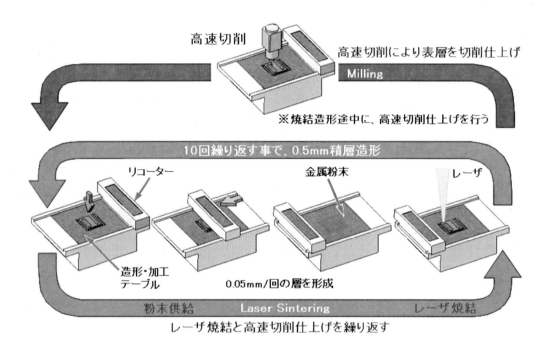

図3 金属光造形複合加工

図4 金属光造形(左)と複合加工(右)の造形物比較

かった深いリブや深穴の加工が，一般的に市販されている通常の切削工具を用いて加工することが可能ということが挙げられる。この特徴により，プラ金型の製作において従来必要としていた放電加工，放電加工用電極の製作といった工程を削減し，且つ多数個に分割して作製する必要のあった金型を一体型，または最小の分割数で作製することを可能としている。部品では，複雑な内部構造を持つようなものを従来品より軽く製作できることを可能としている。

5.3　金属光造形複合加工装置の紹介
5.3.1　機械の構成

LUMEX Avance-25の主な構成と特徴を以下に示す。

①金属光造形機構と高速・高精度切削加工機構をコンパクトに複合化，ワンマシンにまとめた。

②切削加工のためにマツウラの持つキーテクノロジーである高速・高剛性主軸を搭載。標準仕様として主軸テーパ特殊#20仕様（最大回転数：45,000 min^{-1}）の主軸を搭載し，小径工具を用いるに際し，十分な回転数を実現している（図5）。また，加工ヘッドの送り駆動軸（X/Y/Z）にはリニアモータを搭載しており，微細・複雑形状の切削における加工時間短縮と高精度を実現した。

③上下に昇降可能な造形・切削加工テーブルを機械中央前面に配置し，オペレータからの接近性と作業性を良くした。また材料粉末供給はそのタンクを操作盤の裏側に，造形部への供給機構は造形・切削加工テーブル右横にコンパクトに配置した。なお材料タンクへの材料粉末補給は，造形・切削加工中でも機外から可能とした。また切削工具についても造形・切削中の補給・交換を可能とし，補給・交換による造形・加工室内への窒素ガス再充填を不要とした。

④レーザビームの走査は自社製のガルバノメータを採用したミラー走査である。コントローラは弊社製のデジタル制御とし，絶対値エンコーダを採用し高精度位置決めを実現している。また，レーザ発振器は最大出力400 WのYbファイバーレーザを採用，本レーザ発振器の冷却用チラーを標準で装備している。

図5　45,000 min^{-1}主軸

⑤造形室内を窒素（無酸化）雰囲気にする方式として，付属の窒素分離装置により本機に供給される圧縮空気を窒素と酸素に分離して，造形室内に窒素のみを送り込む方式を採用した。分離された酸素は機械後部より機外に排出されるので，密閉された部屋で本加工機を稼働しても，オペレータが酸欠になることはなく安全である。

⑥造形テーブルには予熱ヒーターを装備し，加工開始から終了までの造形部温度を極力一定化すると同時に，その周囲を冷却プレートで冷却し，造形・切削加工における機械の熱変位量を最小とした。

⑦長時間にわたってレーザ金属光造形と切削加工を繰り返すので，切削工具を20本収納できる工具交換装置を標準で装備。切削工具は自動運転中でも機外の段取ドアから交換が可能となっている。また工具の破損・摩耗を検出するために自動工具長測定装置や工具寿命管理機能も標準で装備した。

⑧造形位置と切削加工位置を自動一致させるため，CCDカメラと自動補正ソフトを標準で装備している。

⑨専用CAMを持ち，設計された3Dデータを読み込ませ，図6に示す簡単操作により，最適化された造形パスと切削パスを生成することが可能である。また，通常3軸のマシニングセンターでは切削できないアンダーカット部も，特殊工具を用いることで切削できるパスを出せるようになっており，図7に示すサンプルモデルの歯やブリスクもLUMEXにより製作を可能としている。

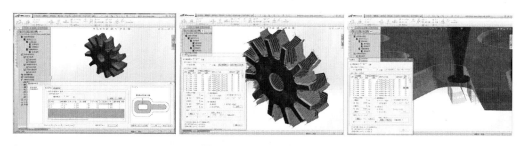

図6　LUMEX CAM画面

図7　アンダーカット部を持つサンプル

第 4 章　3Dプリンターを用いた応用技術と応用事例

表 1　LUMEX Avance-25　主な仕様

最大造形サイズ	250×250×185（mm）
最大許容重量	90（kg）
レーザ発振器	Ybファイバーレーザ
レーザ最大出力	400（W）
加工点ビームスポット径	φ0.1〜0.6（mm）
レーザ走査方式	ガルバノメータミラー
最大レーザ走査速度	5.0（m/s）
主軸回転速度	45,000（min^{-1}）
最大軸送り速度 X/Y/Z	60/60/30（m/min）
最大加速度 X/Y/Z	1.0/1.0/0.5（G）
工具収納本数	20（本）
最大工具径	φ10（mm）

5.3.2　機械仕様

LUMEX Avance-25の主な仕様を表1に示す。

5.4　LUMEX Avance-25によるプラ金型製作

5.4.1　プラ金型の設計

通常の機械加工では複雑な形状を有する金型，例えば深いリブ溝構造を持つ金型は一体として加工できない。このため，型を分割・製作して組み立てることや放電加工による後加工を施すことを前提とした金型設計を行うことが通常であった。対して本加工法では全ての造形が完了した後に切削仕上げを行うのではなく，使用する最小径の切削工具有効刃長近くの高さまで積層造形後に切削仕上げを行う。この加工法により従来の機械加工では刃長が不足して加工できなかった深い溝も，刃長の短い小径エンドミルで加工することができる。そのため，別途放電加工のための電極設計・製作を必要とせず，金型の分割も最小限にすることが可能となる。

図8に示す防水コネクター部品の金型は，本加工法を利用して作製した事例である。通常5点

図8　金属光造形複合加工による金型と成形品

以上の分割が必要であった金型も本加工法によりワンマシン・ワンプロセスで一体造形することが可能になった。

また，本事例にて使用した粉末材料はマルエージング鋼粉末である。造形物の硬度はHRC36±2，時効処理によりHRC52±1まで硬化可能で，プラ金型としては十分な硬度を達成しており，射出成形100万ショット以上の金型寿命がある。

5.4.2　プラ金型の高機能化

プラ金型の製造において本加工法を利用することにより従来の製作法では実現が困難であった機能を金型に持たせることが可能である。防水コネクター部品の金型の事例における3次元冷却水管とガス抜き構造について以下に説明する。

(1) 3次元冷却水管

プラスチック射出成形において，金型の冷却は重要な要素である。成形品全体を効率良く冷却することによって成形品の反りの抑止や冷却時間の短縮につながる。特に冷却時間の短縮は射出成形のサイクルタイムの短縮に直結し，射出成形におけるコストダウンの大きな要素である。

通常，金型に冷却用の水管を設ける場合，ドリルなどの機械加工により穴を空けて水管として利用するため直線的な穴の組合せとなり，任意の位置に冷却水管を配置することは不可能である。対して金属光造形法では中空構造の造形が可能であるため，所望の位置に冷却水管となる空洞部分を設けた造形が可能である。図9に今回の事例の3次元冷却水管の形状を示す。水管の設計においては熱解析などを利用して成形品の温度分布のシミュレーションを実施することにより，最適な冷却水管の配置が可能となる。

(2) ガス抜き構造

プラスチック射出成形は，金型内の空気を溶融した樹脂材料に置換することで樹脂製品を成形していると言える。また，溶融した樹脂から発生するガスによる成形品の焼けや金型の腐食が射出成形の一つの課題となっている。従って金型内の空気・ガスをスムーズに排出することができれば成形における樹脂充填時間の短縮や充填ムラ，ガス焼けの解消が期待できる。

図9　3次元冷却水管の配置

第4章　3Dプリンターを用いた応用技術と応用事例

　本事例ではガス焼けを発生し易い部位に金属光造形複合加工で作製したポーラス構造を配置しているが，このポーラス構造はレーザによる照射エネルギーを制御することによって造形することが可能であり，任意の位置に配置することも可能である。

5.4.3　従来工法との比較

(1) 射出成形サイクルの比較

　金属光造形複合加工により3次元冷却水管およびガス抜き構造を配置した金型による射出成形結果について，従来の工法によるストレート冷却水管の金型との比較を行った。良品成形時の成形時間に関して，3次元冷却水管の最適配置による冷却効率アップとガス抜き構造による効果により，図10に示すように冷却時間を18秒から8秒へ10秒短縮することができ，サイクル全体とし

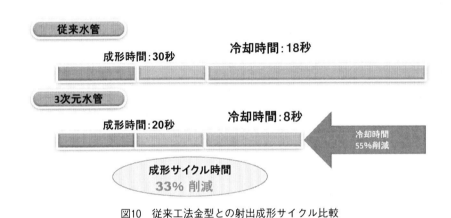

図10　従来工法金型との射出成形サイクル比較

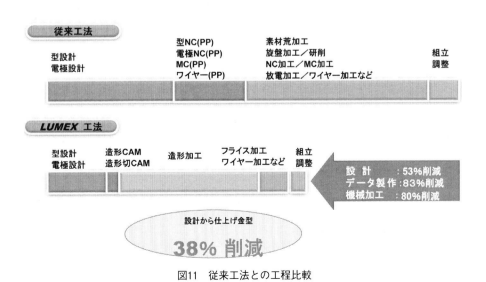

図11　従来工法との工程比較

181

ては33％の短縮効果が得られた。

(2) プラ金型製作工程の比較

　従来の製造方法の場合，今回の事例のプラ金型の設計から製作まで，500時間以上の工数が見込まれる。金属光造形複合加工を利用した今回の事例の場合，全工程を300時間で完了している。図11に示すように，設計時間では約53％，加工プログラムなどのデータ製作時間で約83％，放電加工を含む機械加工時間で約80％の工数を削減しており，設計から製作までトータル40％の工程短縮の効果が得られた。製作にあたり，通常の場合は必要な素材の手配や外注作業が発生するが，本工法の場合，素材は金属粉末のみがあればよく，ワンマシン・ワンプロセスのメリットから外注作業は，エジェクトピン加工など2日となった。

5.5　LUMEX Avance-25による高機能部品製作事例

5.5.1　軽量化を実現した事例（ブリスク）

　図12に示すサンプルモデルは，通常削り出し方法で製作されるが，軽量化の実現は不可能であった。軽量化のために，材料を比重の軽いアルミニューム，チタン，CFRPを用いているが，強度，コストの問題がある。図13に示すサンプルでは，LUMEXを用いて製造しており，中空による重量44％減の軽量化と構造解析による強度保証を実現している。

図12　現状のサンプルモデル（ブリスク）

図13　LUMEXで製作されたサンプルモデル（ブリスク）

第4章　3Dプリンターを用いた応用技術と応用事例

図14　LUMEXで製作されたサンプルモデル（歯）

5.5.2　複雑形状を実現した事例（歯）

図14にLUMEXで製作された歯のモデルを示す。通常では，ロストワックス法を用いた精密鋳造法により製作されているが，口腔内データ，3次元モデルを利用し，金属3Dプリンターを利用する方法が広まっている。LUMEXの場合，ワンマシン・ワンプロセスで切削されたものが生成されることになり，後工程の磨き時間が大きく削減されることがメリットになる。

5.6　結言

金属光造形複合加工法は，金属光造形法と切削加工法との複合加工であり，粗密構造造形，深リブ・深穴加工，中空構造の造形，3次元自由曲面加工を利用し，ワンマシン・ワンプロセスでの製品製造が可能となる特徴的な方法である。マツウラでは2003年から金型作製用加工装置として製造・販売を行っており，本稿で示した高機能金型・部品のように，プロセスイノベーションを可能とする工法である。

今後もプラ金型に限らず，試作，機能評価時間の短縮を目的とした機能部品の製作や，整形外科，歯科用医療機器，眼鏡，装飾類に代表されるカスタムメイド品の製作など，様々なアプリケーションに対する製造技術の開発と材料開発，そして，金属光造形複合加工法の認知向上に努めていく。

6 金属積層造形装置を用いた金属部品や金型への応用事例および今後の展開

中本貴之*

6.1 はじめに

3Dプリンティングは，製品に関するCADモデルから複雑な3次元形状を迅速に造形できる加工法であり，近年のレーザ技術の進歩と粉末材料技術の進歩により，最終製品を直接製造する加工法として付加製造（Additive Manufacturing；AM）と呼ばれている。金属系材料を用いたAM技術のうち，熱源にレーザを用いた粉末床溶融結合（Powder bed fusion）法は特に選択的レーザ溶融（Selective laser melting；SLM）法と呼ばれている。最近では，複雑形状を作製できるSLM技術を利用した「ものづくり」が盛んになってきており，工業分野では金型，機械部品の試作・開発や小ロット部品の迅速な製造に活用されている。例えば，製品形状に応じた任意の冷却流路を金型内部に配置した射出成形金型[1]や複雑形状を有するジェットエンジンの燃料噴射ノズルのような航空宇宙部品[2]は，その代表例である。しかし，SLM技術を樹脂成形型やプレス成形型のような金型，自動車や航空宇宙などの産業における各種機械部品に適用するという実用性を考慮すると，造形物の高密度化および高強度・高硬度化を実現する鋼系粉末材料とそれによる造形技術の開発が重要なポイントとなる。ここでは，鋼系粉末材料のSLMに関する基礎的検討として，炭素量を変化させた機械構造用炭素鋼粉末の造形に関する検討[3,4]と，造形物のさらなる高機能化を目指して，低合金鋼のSLM造形物にプラズマ窒化処理を適用した事例[5]について述べる。

6.2 炭素鋼粉末のSLM造形物の高密度化および高強度・高硬度化

炭素鋼粉末は水アトマイズ法により作製された粉末（平均粒径；約30 μm）で，炭素量が0.14～1.04 mass％の範囲で異なる5種類の粉末を使用した。積層造形には，ビームスポット径0.4 mmのCO_2レーザを搭載した金属粉末積層造形装置（ドイツEOS社製EOSINT-M250 Xtended）を用いた。レーザ照射条件は，出力（200 W）と積層厚さ（0.05 mm）を一定の下，走査速度と走査ピッチを変化させ，窒素雰囲気下で直径8 mm×高さ15 mmの円柱状試験片を造形した。図1は，

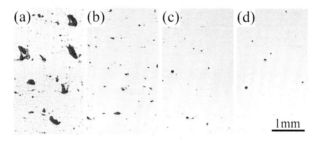

図1　各種炭素鋼粉末（炭素量(a)0.33 mass％，(b)0.49 mass％，(c)0.76 mass％，(d)1.04 mass％）を用いて造形した円柱の断面写真

＊　Takayuki Nakamoto　（地独）大阪府立産業技術総合研究所　加工成形科　主任研究員

第4章 3Dプリンターを用いた応用技術と応用事例

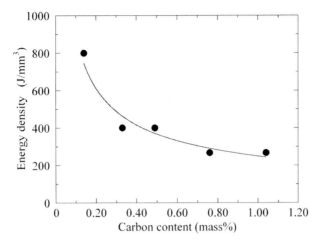

図2 造形物の緻密化に必要なエネルギー密度に及ぼす炭素量の影響

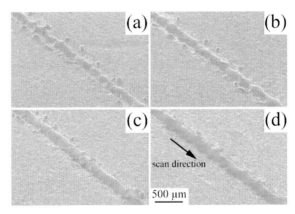

図3 各種炭素鋼粉末（炭素量(a)0.33 mass%，(b)0.49 mass%，(c)0.76 mass%，(d)1.04 mass%）を用いて走査速度を100 mm/sと一定にしてレーザを1回走査させた場合のレーザ走査痕のSEM写真

走査速度100 mm/s，走査ピッチ0.2 mmの条件で造形した円柱の積層方向に平行な断面写真を示したものである。造形物内の空隙の体積割合は，炭素量(c)0.76 mass%と(d)1.04 mass%粉末では明らかに少ないが，(b)0.49 mass%，(a)0.33 mass%へと炭素量が減少するにしたがって空隙の体積割合は増加し，炭素鋼粉末の炭素量の多少により，緻密な造形物が得られるレーザ照射条件（走査速度および走査ピッチ）は異なる。すなわち，各炭素量において，緻密な造形物が得られるエネルギー密度[3,4]のしきい値が存在する。図2は，各種炭素鋼粉末で完全な緻密体を得るのに必要なエネルギー密度を炭素量で整理したものである。炭素量の増加とともに，緻密化に必要なエネルギー密度は，炭素量0.14 mass%の場合の800 J/mm^{3}から，炭素量0.33および0.49 mass%では400 J/mm^3，炭素量0.76および1.04 mass%では267 J/mm^{3}と減少する。

炭素量と緻密化のメカニズムの関係を調べるために，炭素量の異なる炭素鋼粉末に走査速度を

100 mm/sと一定にしてレーザを1回走査させた場合のレーザ走査痕を図3に示す。炭素量の少ない(a)0.33 mass%, (b)0.49 mass%では，レーザ走査痕は不連続となり，その周辺に小滴が観察されるが，炭素量(c)0.76 mass%, (d)1.04 mass%に示すように，炭素量が増加するにしたがってレーザ走査痕の幅が増加し，連続性（溶融凝固の安定性）が明らかに向上している。一般的に，今回の炭素量の実験条件の範囲では，炭素量が増加するにつれて溶融した鉄一炭素合金の表面張力は減少し[6]，鉄一炭素二元合金の融点は低下する[7]ことが知られている。炭素量の増加に伴う表面張力の減少や融点の低下は，レーザ照射で溶融した部分と粉末あるいは既積層部との濡れ性を向上させ，図3(d)のような溶融凝固の安定性につながり，高炭素鋼の造形物で空隙の体積割合が少なくなったものと考えられる。

図4は，空隙が認められない緻密な造形物の表面部（最上部の表面層）と内部の組織を比較した結果である。造形条件は，炭素量0.76 mass%の炭素鋼粉末を用いて，出力200 WのCO_2レーザで，走査速度50 mm/s，走査ピッチ0.1 mm，積層厚さ0.05 mmである。表面部(a)は均一なマルテンサイト組織（深さ200 μm程度に達する）を呈しており，最後に造形された数層が急冷（焼入れ）されたものと考えられる。一方，内部(b)は微細パーライト組織を呈しており，表面部で観察された組織が積層造形時に熱影響を繰り返し受けて焼戻しされたものと考えられる。その結果は，表面部のビッカース硬さ816 HVと内部の硬さ418 HVの違いとなって現れている。ところが，レーザ照射条件が異なると，同じ緻密体でも機械的性質は異なる。表1に，種々のレーザ照射条件にて得られた炭素量0.76 mass%の緻密な造形物の圧縮降伏応力（0.2%耐力）と造形物内部のビッカース硬さを示す。降伏応力，ビッカース硬さのいずれも，同一の走査速度（50 mm/s）においては，走査ピッチが狭い方が低い。これは，走査ピッチが狭い方が，投入されるエネルギー密度

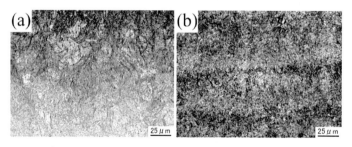

図4 炭素鋼粉末（炭素量0.76 mass%）の緻密な造形物の断面組織写真：(a)表面部，(b)内部

表1 炭素鋼粉末（炭素量0.76 mass%）を用いて種々のレーザ照射条件で造形した緻密な造形物の降伏応力と造形物内部のビッカース硬さ

Scan speed (mm/s)	Scan spacing (mm)	Energy density (J/mm^3)	Yield stress (MPa)	Hardness (HV(4.9N))
50	0.1	800	1153	418
50	0.2	400	1188	454
50	0.3	267	1273	484
100	0.1	400	1163	451

が高くなり,造形物内部の組織がより高温で焼戻しされて硬度低下を生じたためと考えられる。また,走査速度50 mm/s,走査ピッチ0.2 mmの条件で得られた造形物の降伏応力,ビッカース硬さは,走査速度100 mm/s,走査ピッチ0.1 mmの条件で得られた造形物とほぼ同じ値を示す。これは両者のレーザ照射条件が同一の投入エネルギー密度になり,類似の金属組織を呈するためである。このように,降伏応力,ビッカース硬さはいずれも,投入されるエネルギー量がより低い造形物の方が,より高い値を示す傾向が認められる。したがって,造形したままの状態で高強度・高硬度な造形物を得るには,高密度を維持しながらも投入エネルギー密度をできるだけ低くして造形することが必要である。

図5は,走査速度50 mm/s,走査ピッチ0.1 mmの条件で造形した緻密な造形物において,降伏

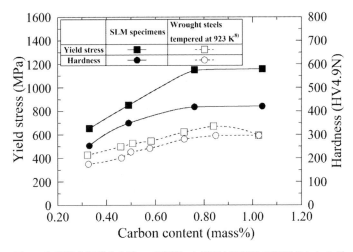

図5　各種炭素鋼粉末を用いて造形した緻密な造形物の降伏応力および造形物内部のビッカース硬さと炭素量の関係

図6　SUS420J2粉末のSLM法により作製したプレス金型(深絞り用ダイス(左)としわ抑え(右))の研磨後の外観写真

応力と造形物内部のビッカース硬さを炭素量で整理したものである。造形物の降伏応力やビッカース硬さは，いずれの炭素量の場合にも923Kで焼戻しされた溶製材[8])に比べて大きな値となっている。これはSLMの大きな特長でもあるが，レーザ照射による溶融状態からの急冷により，図4に示すような微細な結晶組織が形成されることに起因すると考えられる。

図6は，上述した炭素鋼粉末の事例と同様に，合金鋼SUS420J2粉末を用いて，高密度かつ高硬度の造形物が得られるレーザ照射条件にて造形したプレス金型（円筒深絞り用ダイスとしわ抑え）の外観写真である[9])。これらの金型の機械的性質は，圧縮降伏応力1360MPa，硬度461HVであり，公称板厚1mmの冷間圧延鋼板（SPCC）を対象に数十個程度までの試作成形には使用できるレベルにあることがわかっている。

6.3 低合金鋼粉末のSLM造形物へのプラズマ窒化処理による耐摩耗性の向上

表面硬化処理法の一つであるプラズマ窒化処理は，窒素ガスを含む低圧の雰囲気中で，被処理物を陰極とし，陽極との間に直流電圧を印加してグロー放電を発生させ，それによってイオン化した窒素を被処理物表面に衝突させて窒化現象を起こさせる真空と放電を利用した表面硬化法である。図7に，低合金鋼JIS-SCM430粉末の緻密な板状造形物を対象に，処理温度(a)773Kと(b)823Kで4時間プラズマ窒化処理した造形物の断面組織写真を示す。いずれの処理温度材においても，試験片表面に化合物層（いわゆる白層）が観察される。白層の下側に存在する窒素の拡散層は，3％ナイタル腐食液により黒色を呈している。773Kと823Kの各温度でプラズマ窒化処理した試験片の化合物層の厚みは，図7の組織観察から，それぞれ約6μm，約12μmであり，高温でプラズマ窒化処理した方が化合物層は厚くなる。また，X線回折による分析の結果，化合物層はγ'-Fe_4Nとε-$Fe_{2-3}N$の混合相で構成されていた。

図8に，773Kと823Kの各温度でプラズマ窒化処理した試験片において，窒化表面から内部にかけての拡散層内の断面硬さ分布を示す。未処理の試験片の硬さは，表層から内部にかけてほぼ一定であり，約330HVである。プラズマ窒化処理した試験片の表面部（表面より25μm）の最大硬さは，窒化処理温度773Kと823Kにおいて，それぞれ約680HV，約600HVの値が得られ，未処理の試験片に比べてかなり高い値を示す。この硬化は，溶製材の窒化処理と同様に，クロムなどの合金元素からなる微細な窒化物が形成されたため[10])であると考えられる。また，プラズマ窒

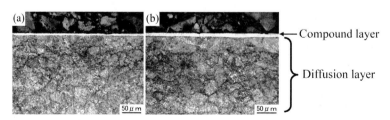

図7　SCM430粉末のSLM造形物のプラズマ窒化処理後の組織
処理温度：(a)773K，(b)823K

第4章 3Dプリンターを用いた応用技術と応用事例

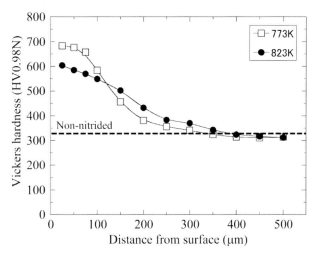

図8 窒化表面から内部にかけての拡散層内の硬さ分布の変化

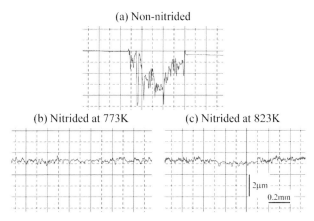

図9 プラズマ窒化処理および未処理の試験片における，摩耗痕の表面プロファイル
(a)未処理，(b)窒化処理温度773 K，(c)823 K

化処理したいずれの試験片も，硬さは表面からの距離とともに緩やかに減少し，母相の硬さに到達する。773 Kと823 Kの各温度でプラズマ窒化処理した試験片の窒素の拡散層深さは，それぞれ約350 μm，約400 μmである。硬化層の深さは，窒化処理温度の上昇とともに窒素の拡散が促進されるために増加するが，逆に表面部の硬さは減少する傾向が認められる。

耐摩耗性の評価は，ball-on-flat型摩擦・摩耗試験機を用いて行った。摩耗量は，ボール（直径4.76 mm）に対して試料の平滑面を往復運動にてすべらせた後の，摩擦痕の断面形状を計測して求めた。なお，ボールの材質はJIS-SUS304を選択した。試験条件は，平均速度を20 mm/s，摩擦ストロークを5 mm，往復回数を5000回とした。試験はすべて，大気中室温の下，荷重を1.96 Nとして行った。図9に，プラズマ窒化処理および未処理の試験片における，摩耗痕の表面プロフ

ァイルを示す。未処理の試験片の摩耗痕(a)は深く広いが，プラズマ窒化処理した試験片の摩耗痕((b)，(c))は浅く，優れた耐摩耗性を示すことがわかる。未処理の試験片と823Kの温度でプラズマ窒化処理した試験片の比摩耗率は，それぞれ3.8×10^{-5} mm^3/Nm，7.4×10^{-6} mm^3/Nmであった。773Kの温度でプラズマ窒化処理した試験片では摩耗痕がほとんど認められず，比摩耗率は算出できなかった。このように，低合金鋼SCM430粉末からSLM法により造形し，その後プラズマ窒化処理を施した造形物は，相手材SUS304に対して優れた耐摩耗性を有することが確認でき，例えば，ステンレス板材のプレス金型としての使用が期待できる。

6.4　おわりに

近年，鋼系材料以外でも，例えば，歯科分野や整形外科分野などにおいて使用されているCo-Cr-Mo合金のSLMにおいて，造形物の金属組織は鋳造法により得られる組織とは大きく異なり，柱状晶とセル状デンドライトが積層方向に対して平行に伸長し，かつその方向に沿ってγ相（fcc）の〈001〉方位が集積する傾向があると報告されている[11]。このようにSLM法は，レーザ照射時のエネルギー密度や入熱方法など熱流を上手く制御することで，結晶粒の微細化や方位制御など実現でき，今後はこれらの特長を活用した構造材料や医療材料などの新たな設計および作製が可能になると考えられる。

文　　献

1) 米山猛，香川博之，阿部諭，末廣栄覚，精密工学会誌，**73**，1046（2007）
2) 酒井仁史，素形材，**54**(2)，47（2013）
3) T. Nakamoto, N. Shirakawa, Y. Miyata, T. Sone, H. Inui, *Int. J. of Automation Technology*, **2**, 168 (2008)
4) T. Nakamoto, N. Shirakawa, Y. Miyata, H. Inui, *J. Mater. Process. Technol.*, **209**, 5653 (2009)
5) T. Nakamoto, N. Shirakawa, Y. Miyata, T. Sone, *Surf. Coat. Technol.*, **202**, 5484 (2008)
6) 川合保治ほか，溶鉄・溶滓の物性値便覧，p.125，日本鉄鋼協会（1971）
7) T. B. Massalski, J. L. Murray, L. H. Bennett, H. Baker, eds., "Binary Alloy Phase Diagrams", Vol.1, p.562, ASM (1986)
8) 門間改三，鉄鋼材料学改訂版，p.179，実教出版（1981）
9) 中本貴之，白川信彦，型技術，**29**(2)，32（2014）
10) 門間改三，矢島悦次郎，新制金属講座　新版材料篇　鉄鋼Ⅲ，p.323，日本金属学会（1967）
11) A. Takaichi, Suyalatu, T. Nakamoto, N. Joko, N. Nomura, Y. Tsutsumi, S. Migita, H. Doi, S. Kurosu, A. Chiba, N. Wakabayashi, Y. Igarashi, T. Hanawa, *J. Mech. Behav. Biomed. Mater.*, **21**, 67 (2013)

7 レーザー溶融3D積層造形による医療デバイスの開発事例および今後の展開

松下富春[*1],藤林俊介[*2]

7.1 緒言

体内に埋植される医療用部材(医療機器あるいはデバイスと呼ぶ)の多くは金属製で,現在は塑性加工や機械加工およびそれに続く表面処理によって作られるが,金属の強度や弾性率などの力学的特性は骨のそれらとの差が大きいので,低弾性率材料や多孔構造デバイスの開発が進められた。しかし,従来の加工法のみでは望みのものを作ることに限界があるので,積層造形法は患部に適合する外形状を持ち,かつ複雑な内部構造を持つ部材を作る方法として,医療分野でも注目を浴びて久しい。この積層造形法をデバイスの製作に活用する試みが多くなされ,医療技術の革新と患者のQOL向上を期待する動きも出ている。また,積層造形技術を駆使することにより多種少量生産への対応と製造コストの低減が実現する可能性が高い。

積層造形法を医療分野に活用する例は1990年代に欧米で見られ始めたが,2000年代になり研究報告例が急増した。リン酸カルシウムをインクジェット式で造形した顔面骨[1],Ti-6Al-4V合金粉末のスラリーをノズルから吐出させ格子状の多孔体を形成した後加熱処理する方法[2],Ti-6Al-4V合金粉末を選択的レーザー溶融(SLM)法で3次元構造の部材や多孔体を造形した例[3]がある。その後,電子ビームを熱源とする選択的電子ビーム溶融(EBM)およびSLM装置が普及し,多くの研究成果が報告された[4]。積層造形したデバイスの臨床使用例としては,Ti-6Al-4V合金製の人工股関節臼蓋メタルカップ[5]があり,また,最近は交通事故や骨腫瘍などによる骨大欠損を補綴するための積層造形デバイスの臨床使用の報告[6]も見られる。本稿においては筆者らのグループが2006年以降チタンのSLM造形技術の医療応用を目指して開発を進めてきた医療用デバイスの造形と臨床使用を行った例[7]を紹介する。

7.2 造形品の品質

7.2.1 造形工程

図1にSLMにより造形する場合の工程を示す。まず,対象とする造形物の3D-CADデータからスライス画像を作成し,対象物の第一断面の平面図を得る。このスライスデータにしたがって成形台上に散布した粉末上をレーザー光が走査し,粉末が選択的に溶融・固化して一断面の形状が造形される。二層目以降にも同様のことを行って対象造形品が得られる。造形条件の例を図1に併記した。

7.2.2 純チタン積層造形品の機械的性質

積層造形の条件としてはレーザー出力,走査速度,層厚さが主要因子になる。図2に純チタン

---

* 1 Tomiharu Matsushita 中部大学 生命健康科学部 生命医科学科 特任教授
* 2 Shunsuke Fujibayashi 京都大学大学院 医学研究科 感覚運動系外科学講座 整形外科 講師

産業用3Dプリンターの最新技術・材料・応用事例

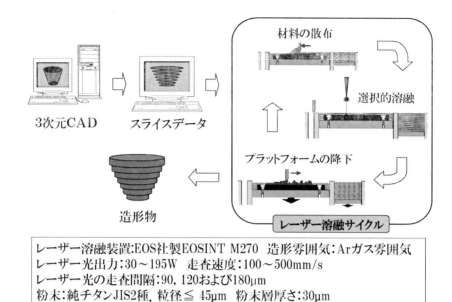

図1　チタン粉末のSLM法による造形と造形条件の例

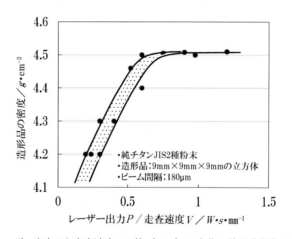

図2　レーザー出力Pと走査速度Vの比（P/V）の変化に伴う造形品の密度変化

粉末（$\leq 45\,\mu m$）を用いて一辺9 mmの立方体を造形した場合の密度とレーザー出力P(W)／走査速度V(mm/s)の関係を示す。純チタンの真密度にごく近い値4.5 g/cm³以上の造形品を得るには，P/Vは約0.6以上が必要であることがわかる。溶解のために供給された熱は粉末を溶融すると同時に周囲の粉末に伝導するので，完全に粉末を溶かして緻密な造形物を得るのに必要なP/Vの値は，粉末の粒径とその分布，材質，粉末の敷きつめ状況，層の厚さなどにより変わる。

造形条件$P/V \geq 0.6$の下で作製した棒状引張試験片の引張強度および伸びを，純チタン展伸材

第4章　3Dプリンターを用いた応用技術と応用事例

JIS規格の引張強度および伸びの値から得た伸び―引張強度線図上にプロットした結果を図3に示す[8]。この図からSLM造形材は鋳造材[9]よりも高強度，高延性であり，JIS2種の原料粉末にもかかわらず造形ままではJIS3種並みのものが，造形後加熱処理を施すとJIS2種並みの強度で高延性のものが得られることがわかる。一方，P/V値が0.6よりも小さい場合，造形品の密度は真密度に達せず，空隙が内部に存在すると考えられる。そこで$P/V=0.52$ W/mm・s^{-1}として，積層方向を引張り方向と一致させて造形した試験片（図4(a)）の引張試験を行った。試験片の密度は4.46 g/cm^{3}であり，引張試験において5本中2本が負荷途中で破断した。その破面のSEM写真を図4(b)に示す。破面にはA部のように延性破壊の様相を示す部分が存在するもののBおよびC部分のように滑面の部分が多く存在し，融着が十分でない積層間で破壊したことが示唆された。

積層造形時には粉末を溶融する熱は周辺の粉末に伝導するので，造形品の外側部に溶融するに十分な熱が供給されない不完全溶融層が生じる。このことは薄板の引張試験片の破面をSEM観察

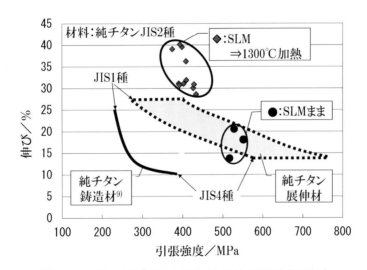

図3　SLM法により造形した純チタン棒材の引張強度と伸び

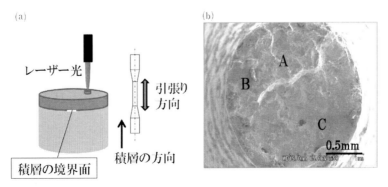

図4　(a)積層方向と試験片の引張り方向，(b)引張試験の負荷途中に破断した試験片の破面のSEM写真

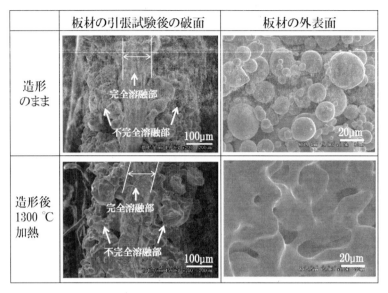

図5　引張り破断した板材の破面と外表面のSEM観察結果

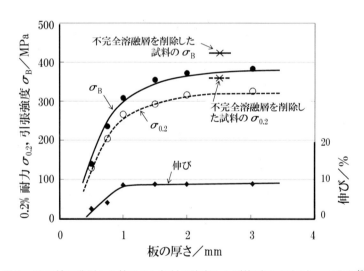

図6　SLM法で造形した純チタン板材の強度および伸びに及ぼす板厚の影響[10]

すると明白であり，造形後加熱処理を施しても不完全溶融層の厚さはほとんど変化しない（図5）。この不完全溶融層の厚さは造形品の壁厚さが小さいほど生じやすく，引張強度は壁厚さが小さいほど低く，伸びも小さくなる（図6）ので[10]，精細な構造のものを造形する場合にはこのことに注意が必要である。

第4章 3Dプリンターを用いた応用技術と応用事例

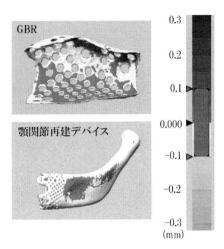

図7　SLM法で造形したデバイスの寸法誤差分布の例

7.2.3　表面性状

積層造形品の最外表面には脱落しない程度に接合している粉末が付着するが，加熱処理を施すと粉末同士の拡散接合が進行し，微小な空隙が残る程度の表面形態に変化する[10]（図5）。医療デバイスとして使用する場合，骨と直接接触させる場合には強固に付着した粒子は骨とデバイスの結合に有利に働くが，軟組織と接触させる場合には研磨加工などで滑らかな表面にすることが必要である。

7.2.4　形状および寸法精度

積層造形品の寸法精度は多くの場合±0.15 mm程度であるが，造形品の大きさに依存し熱変形や残留応力の影響を受ける。特に面積の大きな薄板状のものは変形が大きいので，成形台から造形品を切り離す前に加熱して残留応力を除去するなどの配慮が必要である。また，部材同士を嵌合する場合には造形後に機械加工を施す必要がある。図7は造形したデバイスを3DスキャナでSTLファイルとして読み込み，造形の元データより太る方向（＋）と，細る方向（－）で表示したもので，±0.15 mmの範囲に収まっている[7]。形状や内部構造，大きさの異なる造形品の精度データの蓄積が望まれる。

7.3　医療デバイスの開発事例

7.3.1　医療応用を意図した多孔体の造形とその特性

荷重を支えるデバイスでは周囲骨との力学的性質の不適合を防ぐために，多孔構造にして弾性率を皮質骨のそれに近づけることがある。また，骨との結合性を考慮して多孔部を含むデバイスを使用することもある。多孔体の例としてヒト踵骨の海綿骨を模擬した場合を図8に示す。対象部位のCT画像から3×3×3 mmのユニットを取出し，それを造形可能な形状に設計し直した後，鏡面対称に積重ねた多孔体を設計し，積層造形を行った。この造形物をX，Y，Zの3方向か

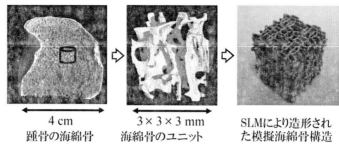

図8　ヒト海綿骨構造を模擬した多孔体の造形

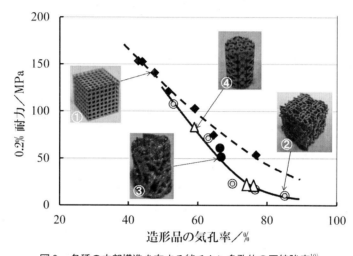

図9　各種の内部構造を有する純チタン多孔体の圧縮強度[10]

ら圧縮すると圧縮方向によって強度が異なっており[11]，このことはもともと踵骨が持つ強度の異方性を積層造形により再現できることを示す。

多孔構造体の強度は気孔率に依存して低下する（図9）[11]。壁厚さ1mm以上の多孔体（図中①），ヒト骨海綿骨構造を模擬した多孔体としてヒト踵骨海綿骨（図中②）およびヒト中手骨海綿骨（図中③），さらに中空立方体を積重ねた中空立方体積層多孔体（図中④）の圧縮強度は気孔率の増大とともに減少した。また，格子状多孔体の強度に比べて，壁厚さが小さいヒト海綿骨や中空立方体積層多孔体の強度は低めであった。これら多孔体の弾性率はその気孔率に依存して0.5～10GPaの範囲で変化し，海綿骨や皮質骨の弾性率に近いものになる。チタン多孔デバイスの造形例を図10に示す。

7.3.2　デバイスの設計

医療デバイスの積層造形においては疾患部のCT画像情報が出発点になる。ヒト頸椎の椎間スペーサーを例にデバイスの設計―造形の手順を図11に示す[7]。CTデータから頸椎の構造を構築し

第4章　3Dプリンターを用いた応用技術と応用事例

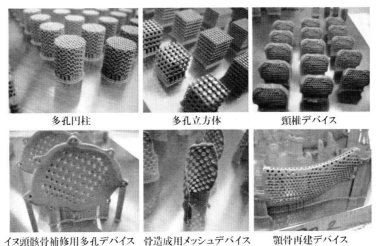

図10　SLM法で造形した多孔構造体

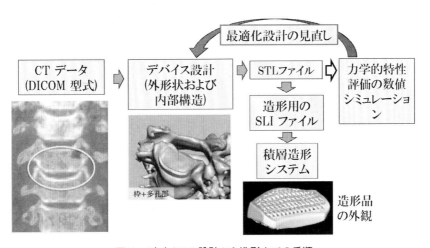

図11　デバイスの設計から造形までの手順

たのち，対象とする椎間スペーサーの外形状を設計する。次いで，外形状に一致する壁内部に内部構造体を嵌め込むことによりデバイスの設計が完了する。このデータを用いて有限要素法による頸椎スペーサーとしての強度および変形を評価し，医師および設計者が承諾した時点でデバイスの形状および構造が決定され，SLM法により積層造形される。

7.3.3　医療デバイスの具体例

(1)　整形外科用デバイス

人工関節用の部材を積層造形により作製した例が多数見られるが，臨床使用されている例として人工股関節の臼蓋カップ[5]がある。カップの外壁表面が多孔構造を有しているので，既存の加

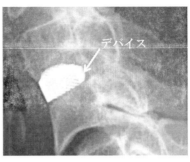

図12 SLM法で造形した頸椎の椎間スペーサー(左)と埋植した後のレントゲン写真(右)

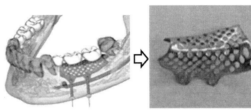

シミュレーションによる形状設計　　SLM造形-研磨後のGBRデバイス

左顎関節再建デバイス　　　　　顎再建用メッシュデバイス

図13 SLM法で造形した口腔外科用デバイス

工法で製造するよりは加工が容易である。交通事故や骨腫瘍などで患部を切除する場合には大骨欠損が生じるので，複雑な形状・構造のデバイスを積層造形により作製し，治療に用いた例[6]もある。これは積層造形法では外形状や内部構造を自由に設計でき，デバイスとして造形できる点が認められた結果である。あるメーカーはオンラインでCT画像情報の提供を受ければデバイスの設計から造形までを一貫して受注し，デバイスを供給することを謳っている例[12]もある。

図12は頸椎変性疾患の患者用に図11の手法で設計―造形した頸椎デバイスと，それに生体活性付与の化学処理を施して患部に埋植した術後のレントゲン写真を示す。椎体終板の凹形状部に三次元的に適合するようにデバイスの凸部が嵌まり込み，椎体間に安定に保持されている[8]。

(2) 口腔外科用デバイス

積層造形により製作したデバイスを用いた口腔外科手術例も多く見られる[7,13,14]。それらの例を図13に示す。一つは歯槽骨の骨造成に用いるデバイス(GBR：guided bone regeneration)で，既

第 4 章　3D プリンターを用いた応用技術と応用事例

存法ではメッシュ板を術中に切断・曲げ加工していたが，歯槽骨の CT 画像から欠損状況を把握し，数値シミュレーションでデバイス形状を予測し積層造形する。手術時にはあらかじめ造形したデバイスを設置するのみで手術は終了する。患者および医師の負担がともに軽減される。二つ目は顎関節や下顎骨に生じた腫瘍を切除した後の顎骨の再建デバイスで，CT 画像を基に健常側あるいは術前の形状に合わせるように純チタン製デバイスを積層造形し，治療に用いた。患者は通常の会話や食事が可能になり，審美的にも腫瘍切除前の状態に回復し，QOL は大いに改善された。

(3) 頭蓋骨用デバイス

頭蓋骨の欠損を補修するために頭蓋骨の骨欠損部形状に適合するメッシュ状の板を設置する。術前に医師の情報に基づいて形状設計と造形を行う[15,16]。従来はリン酸カルシウムやアルミナセラミックス製のものが使用されているが，製作に多くの日数を要している。オンラインによる受発注が実現するとカスタムデバイスの短納期と早期治療の効果が期待できる。

(4) カッティングガイドおよびドリルガイドなどの手術道具

整形外科や口腔外科手術において患部に適合するデバイスを正確に埋植するためには，骨切除を精度よく行う必要があり，また，精度よくスクリュー位置を決めてデバイスを固定する必要がある。骨切りガイドやスクリュー穴ガイドの設計をデバイス設計時に併せて行い，デバイスとガイドを同時に積層造形することによって，手術の正確度を高めることが試みられている[17]。

(5) 動物用デバイス

既存法では加工が難しいデバイスの造形が可能になることから，イヌなどの動物の整形外科手術においても積層造形されたデバイスが使用され，効果を挙げている。歩行困難となったイヌの脊椎手術や骨折の治療に特殊形状のデバイスが用いられた例[18]もある。

7.4　結言

これからの医療はカスタムメイド医療と称されるように個々の患者に対して至適の治療方法が求められ，用いられるデバイスも患者ごとに異なるものを，迅速，かつ安価に提供することが必要になる。また，従来の製法ではできなかった複雑な形状・構造のデバイスが誕生すれば革新的な医療が実現する。さらに工程の短縮と製造コストの低減も期待できる。その点において積層造形法の医療応用への期待感が大きい。しかし，既存の製法で得られたものに匹敵する品質確保，そのための積層造形デバイスの設計基準の確立は今後の重要な課題であり，また医療応用に際しては患部の CT 画像から造形用データに精度よく落とし込むソフト開発も重要な課題である。

現在，厚生労働省は専門家で構成される委員会を設置し，積層造形により作られるデバイスの審査ガイドラインの内容を審議中[19]であり，平成 27 年度末には大筋がまとめられる予定である。また，欧米各国でも各社が競って医療デバイスの製造手段として積層造形法の活用を具体化するとともに，デバイスデザインのオンラインサービスも始まっている。今後，医療分野における積層造形技術の活用がさらに進むものと思われる。

文　献

1) H. Saijo, Y. Kanno, Y. Mori, S. Suzuki, K. Ohkubo, D. Chikazu, Y. Yonehara, U. Chung and T. Takato, *Int. J. Oral Maxillofac. Surg.*, **40**, 955-960 (2011)
2) J. P. Li, R. D. Wijin, C. A. Blitterswijk and K. D. Groot, *Biomaterials*, **27**, 1223-1235 (2006)
3) D. A. Hollander, M. von Walter, T. Wirtz, R. Sellei, B. Schumit-Rohlfing, O. Paar and H. J. Erli, *Biomaterials*, **27**, 955-963 (2006)
4) 例えば, I. Yadroitsev, L. Thivillon, P. Betrand and I. Smurov, *Appl. Surf. Sci.*, **254**, 980-983 (2007)
5) E. Marin, S. Fusi, M. Pressacco, L. Paussa and L. Fedrizzi, *J. Mechanical Behavior Biomedical Materials*, **3**, 373-381 (2010)
6) S. Colen, R. Harake, J. D. Haan and M. Mulier, *Acta Orthop. Belg.*, **78**, 71-75 (2012)
7) 佐川印刷㈱, 平成25年度課題解決型医療機器等開発事業研究開発成果報告書（平成26年2月）
8) 松下富春, 藤林俊介, 佐々木清幸, 塑性と加工, **56**(649), 112-117 (2015)
9) 江永信, 歯科材料・器械, **21**, 139-145 (2002)
10) D. K. Pattanayak, A. Fukuda, T. Matsushita, M. Takemoto, S. Fujibayashi, K. Sasaki, N. Nishida, T. Nakamura and T. Kokubo, *Acta Biomater.*, **7**, 1398-1406 (2011)
11) 松下富春, D. K. Pattanayak, 竹本充, 藤林俊介, 中村孝志, 佐々木清幸, 小久保正, 塑性と加工, **54**(630), 601-605 (2013)
12) P. Unwin, Stanmore Implants Worldwide Ltd. Technical Report (2013)
13) L. Zhou, H. Shang, L. He, B. Bo, G. Liu, Y. Liu and J. Zhao, *J. Oral Maxillofac. Surg.*, **68**, 2115-2121 (2010)
14) A. Baradeswaran, L. Joshua Selvakumar and R. Padma Priya, *Eur. J. Applied Engineering Scientific Research*, **3**(1), 1-8 (2014)
15) A. Koptyug, L. E. Rannar, S. F. Franzen, P. Drend, *Int. J. Life Sci. Medical Res.*, **3**(1), 15-24 (2013)
16) M. A. Laross, A. L. Jardini, C. A. Zavaglia, P. Kharmandayan, D. R. Calderoni and R. M. Filho, *Advances in Mechanical Engineering*, **2014**, Article ID 945819 (2014)
17) R. Chandran, G. D. Keeler, A. M. Christensen, K. A. Weimer and R. Caloss, *J. Oral Maxillofac. Surg.*, **69**, 285-294 (2011)
18) A. Nojiri, H. Akiyoshi, F. Ohashi, A. Ijiri, O. Sawase, T. Matsushita, M. Takemoto, S. Fujibayashi, T. Nakamura, T. Yamaguchi, *J. Vet. Med. Sci.*, **77**(1), 127-131 (2015)
19) 吉川秀樹, 平成25年度 次世代医療機器評価指標作成事業 三次元積層インプラント分野 審査WG報告書（平成26年3月）

8 電子ビーム積層造形装置を活用した医療機器開発への取り組みと適用事例および今後の展開

福田英次*

8.1 電子ビーム積層造形法

　電子ビーム積層造形法は，金属材料を対象とした産業用3Dプリンターの一つで，3次元CADデータを基に電子ビームを走査して，金属粉末を選択的に溶融，凝固させた層を繰り返し積層することで，従来の加工法では困難であった金属製の複雑な3次元構造体や多孔質体あるいは傾斜構造体をニアネットシェイプで作製できるため，医療機器や航空宇宙機器の新たな製造方法として期待されている。電子ビーム積層造形法は，ASTM F2792-12aで定義されている積層造形プロセスの分類では粉末床結合方式（Powder bed fusion type）にあたる[1]。電子ビーム積層造形装置には，Arcam AB社のQ10（医療機器産業向け）やA2X，Q20（一般産業，航空宇宙機器産業向け）などがある。

　図1に電子ビーム積層造形装置の典型的な模式図を示す。電子ビーム積層造形装置は，フィラメント，グリッドおよびアノードから構成される電子ビーム塔，電子ビームを制御する各種コイル，粉末を供給するホッパー，粉末を整地するレーキおよび造形テーブルにより構成されている。電子ビーム積層造形装置により金属部品を作製するには，金属部品の3次元の設計モデルを作製して，そのデータを造形高さ方向に等間隔に分割したスライスデータを作製する。作製したスライスデータを電子ビーム積層造形装置に入力した後，作製する造形体に適したビーム電流や電子ビームの走査速度，走査間隔などの造形パラメータを設定する。造形装置側の準備として，造形

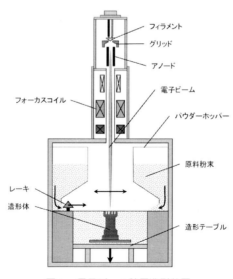

図1　電子ビーム積層造形装置

---

*　Hidetsugu Fukuda　弓削商船高等専門学校　電子機械工学科　助教

図2　原料粉末（チタン合金）

　装置内のパウダーホッパーに造形用金属粉末を供給した後，真空ポンプにて真空引きをする。任意の真空度に到達した後，造形の土台となるベースプレートに電子ビームを繰り返し照射して加熱する。ベースプレートが任意（通常600～900℃）の温度に到達した後，レーキを用いてベースプレートの上に一層分の金属粉末を堆積する。造形中の金属粉末の飛散や残留応力による造形体の変形を抑制するために，堆積した金属粉末層全体に金属粉末が焼結しない程度の比較的エネルギー密度の低い電子ビームを照射する。任意の時間照射した後，金属粉末が溶融可能なエネルギー密度の高い電子ビームをスライスデータに基づいて照射し，金属粉末を任意の形状に溶融，凝固させる。一層分の造形が終了すると，造形テーブルを一層分降下し，再び一層分の金属粉末を堆積する。その後，順次，金属粉末の溶融，凝固と堆積を繰り返すことで，3次元設計モデルに近い形状の金属製品を直接成形する。

　図2に原料粉末の写真を示す。原料粉末は，球状の粉末を使用することが多く，ガスアトマイズ法やプラズマアトマイズ法，遠心力アトマイズ法により作製される。作製された粉末は篩分けされ，造形に適した粒径範囲を選択して使用する。電子ビーム積層造形法の特徴として以下のことが挙げられる。①高出力の電子ビームを高速で走査することができるため，高密度な金属部品を迅速に作製可能である。②電子ビームはエネルギー効率が高く，特に深さ方向への溶融が大きいことから高融点材料への適用が期待されている[2]。③造形前および粉末堆積毎に電子ビームの高速走査による予熱を行い周囲の温度を高温で保持した状態で造形を行うため溶融，凝固後の残留応力の発生が抑制される。すなわち，残留応力による造形物の変形が抑えられる。④真空環境下で造形するため，酸素や窒素などの影響を受けにくい。医療機器材料として幅広く使用されているチタン系金属は，酸素や窒素との親和性が高いため，真空環境下で造形するのが望ましい。

第4章　3Dプリンターを用いた応用技術と応用事例

8.2　電子ビーム積層造形装置を活用した医療機器開発
8.2.1　人工関節の形状のカスタマイズ

　現在使用されている人工関節の多くは，長さや幅，厚みなどのサイズが細かく規定された画一的形状である。しかし，患者の骨格形状には，年齢や性別，生活様式の違いによる個体差があることに加えて，リウマチや感染，骨腫瘍といった疾病の治療のため巨大な骨欠損が生じてしまっている場合や母床骨の状態が良好でない場合は既製品の人工関節では対応できない場合がある。このような場合，優れた個体適合性を有する人工関節，いわゆるカスタムメイド人工関節が必要とされる。カスタムメイド人工関節は，患者個人に適合可能なことから骨温存治療の実現，適合性と固定性の獲得，低侵襲手術の実現，優れた機能再建，対応年数の向上，早期リハビリテーションと早期社会復帰および再手術の減少など優れた利点が期待される。

　カスタムメイド人工関節の実用化には，従来の鋳造や切削加工といった量産式の製造方法では，

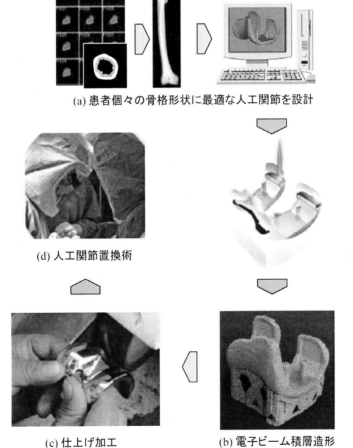

図3　電子ビーム積層造形法によるカスタムメイド人工関節の作製プロセス

生産コストが見合わないという問題がある。それは，カスタムメイド人工関節が患者別受注生産であることに加えて，形状が患者毎の骨格形状に最適化されたデザインとなるため，既存品と比較して自由曲面の多い複雑形状になることが多く，従来の製造方法では鋳型の作製や工具経路の生成が煩雑になり，既存品と比較して工数が増えるためである。一方，電子ビーム積層造形法は，自由曲面の多い複雑な形状品であっても，設計した3次元CADモデルを基に，特に煩雑な操作も必要なく積層造形装置にて半自動的に3次元CADモデルに近い形状の製品を作製可能であるため，カスタムメイド人工関節の製造方法として適している。電子ビーム積層造形法をカスタムメイド人工関節の作製に適用した患者別受注生産プロセスを以下に示す。図3にプロセス図を示す。

①疾患部をCTあるいはMRIにて撮影する。
②撮影した医用画像からコンピューター上で3次元骨モデルを構築する。
③3次元骨モデルを基に，患者個々の骨格形状に最適な人工関節を設計する。
④生体骨との結合を必要とする場合，必要な部位に3次元多孔質構造を設計する。
⑤設計した人工関節の力学的安全性を有限要素法（FEM）解析などにより評価する。
⑥設計した人工関節の3次元CADデータを基に，電子ビーム積層造形法にて造形する。
⑦形状精度を要求される部位においては，必要に応じて機械加工する。
⑧検査，滅菌，梱包を経て，臨床現場へ供給する。

8.2.2　人工関節の表面形態制御

人工関節と生体骨との固定法には，骨セメントを用いるセメント固定と骨セメントを用いないセメントレス固定があり，現在，セメントレス固定の需要が高まっている。セメントレス固定の場合，生体骨との固着を長期にわたって維持するために人工関節表面を粗糙化あるいは多孔質化することが多い。

表面粗糙化は，表面に凹凸を設けてその凹凸のみで骨との固着を目的としたオングロースタイプで，代表的な加工方法には，チタン粉末を人工関節表面に吹き付けるプラズマ溶射や砥粒を用いたブラスト処理がある。一方，表面多孔質化は，3次元連通気孔を設けてその気孔内部への骨形成を目的としたイングロースタイプで，代表的な加工方法にはビーズコーティングやファイバーメッシュコーティング，海綿骨に類似した構造体接合がある。実際の臨床成績では，いずれの方法で表面加工された人工関節においても良好な臨床成績および長期生存率が報告されている[3]。しかしながら，これら既存の表面加工は，気孔形態や気孔サイズにバラツキが多く，それらを制御するのは難しい。近年，骨新生に適した多孔質構造の気孔径の報告[4]や細胞の進展や増殖挙動に影響を与える表面形態の報告[5]などがなされており，多孔質構造の形態制御が急務となっている。また，ビーズやファイバーメッシュを接合させるには，1000℃付近での拡散熱処理が必要となるため，その温度環境下において力学的特性の低下を起こさない材料に限定されるといった問題がある。近年，このような課題を解決可能な手段として，電子ビーム積層造形法をはじめとする3Dプリンターが注目されている。3Dプリンターは，従来の機械加工では作製困難な多孔質構造体であっても3次元CADにて設計することで，それを直接成形することができるため，骨新生

第4章　3Dプリンターを用いた応用技術と応用事例

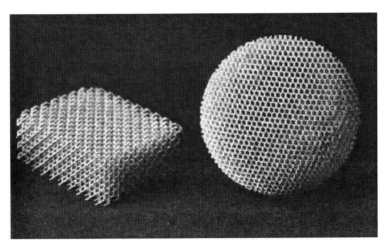

図4　電子ビーム積層造形法で作製した多孔質構造体

に適した気孔サイズや気孔率，連通度を持つ多孔質構造体を予め設計して作製することができる。図4に3次元CADで設計後，電子ビーム積層造形法で作製した多孔質構造体を示す。また，緻密体である人工関節の母材と表面多孔質を一体で成形できるため，母材の力学的特性に影響を与える拡散熱処理を行う必要がない。

8.2.3　人工関節の低弾性率化

人工関節再置換術に至る主な原因は「無菌性の人工関節のルースニング」である。これは，人工関節に用いられている金属材料の弾性率（80～210 GPa）が，皮質骨の弾性率（10～30 GPa）[6]と比べて過大であることから，人工関節を生体骨内部に埋入した場合，人工関節の金属材料部が荷重を負担するため，周囲骨に荷重が伝達されなくなり（応力遮蔽＝ストレスシールディング），良好な骨のリモデリングが行われないことや，骨溶解，骨質劣化を生じたりすることが原因で引き起こされる[7]。

既に人工関節に用いられている生体用金属材料の中で低弾性率を示すのはTi-15Mo-5Zr-3Al合金やTi-12Mo-6Zr-2Fe合金であり，弾性率は80 GPa程度である。現在開発中の生体用金属材料では，Ti-29Nb-23Ta-4.6Zr合金[8]やTi-24Nb-4Zr-7.9Sn合金[9]などの溶体化状態で40～60 GPaの弾性率が得られている。しかしながら，未だ皮質骨の弾性率までには至っていない。

一方，金属材料の弾性率を低下させる方法として，金属材料の多孔質化という方法がある[10]。多孔質金属材料の製造方法としては，粉末焼結法[11]，スペースホルダー法[12]，水素利用（一方向凝固）[13]および新規製造方法である積層造形法[14,15]などがある。特に積層造形法は，従来の切削加工や塑性加工では作製困難な複雑な多孔質構造体を，3次元CADデータを基に，ニアネットシェイプで直接作製できるため，気孔形状や，サイズ，分布などを適切に設計することで，マクロな見かけの弾性率や降伏応力などが制御可能であることから注目されている。Murrら[14]は，アルミニウムのオープンセル発泡体をCTスキャンして，得られたデータより中実セル構造体と中空セ

ル構造体の3次元CADモデルを作製し,電子ビーム積層造形法でTi-6Al-4V合金オープンセル構造体を作製した。作製した中空構造体のマイクロ押し込み硬さより算出される強度は,完全緻密体のそれと比較して40%高い値を示した。中実セル構造体および中空セル構造体の相対密度に対する相対強度は,オープンセル発泡体材料のGibson-Ashbyモデルと一致している。中野ら[15]は,電子ビーム積層造形法を用いて,新規のTi-6Al-4V合金製骨埋入用指向性ポーラス型インプラントを作製するとともに,新生骨の骨量,骨質に注目しつつ,ウサギへの埋入,骨再生試験を行った。作製した円柱状指向性ポーラス型インプラントは,骨軸方向に沿って新生骨伝導の足場として機能する結果,骨軸に沿った新生骨の連結と骨部位に依存した配向化を誘導し,結果として骨吸収を引き起こすことなく長期にわたって骨連結を維持可能なインプラントとして作用した。

8.2.4 生体にやさしいチタン合金の適用

粉末床結合方式で部品を造形するための重要な要素の一つは原料粉末である。装置やソフトウェアがいかに優れていても,材料である粉末の形状や粒子径,結晶性などが適切でなければ高精度な造形はできない。さらに,材料毎の造形環境温度や造形条件が適切に選択できなければ,精度の良い部品は造形できない。電子ビーム積層造形法では,チタン合金(Ti-6Al-4V合金やTi-Al合金)[16,17]とCo-Cr合金[18]に関する報告が多いが,その他の材料についても幅広く研究されている。

生体用金属材料を構成する合金元素には,生体為害性の指摘の無い元素を選択することが重要である。Ti-6Al-4V合金は,生体用金属材料として幅広く使用されているが,その合金成分に,細胞毒性の強いバナジウムとアルツハイマー患者の脳に集積することが一時期問題になったアルミニウムが使用されていることから,1980年頃より,生体為害性の低い元素で構成される合金開発が行われるようになった。岡崎らは,細胞毒性が低く,耐食性を向上させる元素のみから成る合金であるTi-15Zr-4Nb-4Ta合金粉末を開発した。Ti-15Zr-4Nb-4Ta合金は,細胞毒性の低い元素から構成されているため生体的安全性が高く,耐食性および強度―延性バランスにも優れている[19]。筆者らは,電子ビーム積層造形法による高生体適合性Ti-15Zr-4Nb-4Ta合金造形体の作製に世界で初めて成功した[20]。電子ビーム積層造形法で作製したTi-15Zr-4Nb-4Ta合金造形体の引張強さ,0.2%耐力および破断伸びはそれぞれ870〜890 MPa,800〜840 MPaおよび22〜24%で,いずれもJIS T7401-4の規格値(引張強さ:860 MPa以上,0.2%耐力:790 MPa,破断伸び:10%以上)を満たしている。したがって,電子ビーム積層造形法で作製したTi-1544合金造形体は,機械的性質の観点からみても実用化の可能性は高い。

8.3 今後の展開

近年では,運動器疾患により人工関節を用いた治療を受けた患者であってもフルマラソンに挑戦したり,骨接合用品により骨折変形治癒を再建した患者であってもテニスに挑戦したりするなど,より活動性ある生活を求めることが多くなっている。しかしながら,従来の人工関節は,単に荷重支持のための代替物としての役割が強く,設計上の可動域は日常生活の非常に限られた働きのみを考慮しているに過ぎない。すなわち,近年の患者からの要求は,従来の人工関節で想定

第4章 3Dプリンターを用いた応用技術と応用事例

された有効性・安全性を超えた仕様となっている。想定外での無理な使用は，近い将来での破損や劣化による再置換の急増を容易に予測させる。したがって，より活動性のある生活を具現化するためには，人工関節があたかも生体骨として振る舞い，生体として認識させるような，骨類似の特性を示すこと，同時に患者毎の異なる骨格や疾患の進行程度，異なる生活習慣にあわせて個別に設計（高い自由度）され高機能特性を発揮することが不可欠となる。先に述べた電子ビーム積層造形法で作製可能な「形状のカスタマイズ」，「表面形態制御」，「低弾性率化」，「生体にやさしい材料選択」は，それぞれ単独でも，新機能を持った人工関節として有望であるが，それらを組み合わせることで「骨格形状への適合能」，「生物学的固定能」，「骨類似力学機能」および「高生体親和性」を持つ，あたかも生体骨として振る舞うような未来型人工関節の実現も夢ではない。未来型人工関節は，従来型の平均骨格情報に基づく人工関節とは一線を画し，機能再建術を受けた患者に対し，これまで不可能とされた活動的な生活を提供できると期待している。また，その実現において電子ビーム積層造形法は欠くことのできない極めて有効な手法である。

文　　献

1) ASTM F2792, America Society for Testing and Materials (2012)
2) L. E. Murr et al., *Metall. Mater. Trans. A*, **42**, 3491 (2011)
3) D. W. Hennessy et al., *Clin. Orthop. Relat. Res.*, **467**, 2290 (2009)
4) J. D. Bobyn et al., *Clin. Orthop. Relat. Res.*, **150**, 263 (1980)
5) D. M. Bruntte et al., *Titanium in Medicine*, 361 (2001)
6) J. Y. Rho et al., *Biomaterials*, **18**, 1325 (1997)
7) C. Li et al., *Biomaterials*, **23**, 4249 (2002)
8) M. Niinomi et al., *Acta Biomater.*, **8**, 3888 (2012)
9) Y. Hao et al., *Appl. Phys. Lett.*, **87**, 091906-1 (2005)
10) G. D. MacAdam, *J. Iron Steel Inst.*, **168**, 346 (1951)
11) N. Nomura et al., *Mater. Sci. Eng. C*, **25**, 330 (2005)
12) M. Bram et al., *Adv. Eng. Mater.*, **2**, 196 (2000)
13) T. Nakano et al., *Mater. Trans.*, **47**, 2233 (2006)
14) L. E. Murr et al., *Mater. Sci. Eng.*, **527**, 1861 (2010)
15) T. Nakano et al., *ISIJ International*, **51**, 262 (2011)
16) L. E. Murr et al., *J. Mech. Behav. Biomed. Mater.*, **2**, 20 (2009)
17) S. Biamino et al., *Intermetallics*, **19**, 776 (2011)
18) S. M. Gaytan et al., *Metall. Mater. Trans. A*, **41**, 3216 (2010)
19) Y. Okazaki et al., *Mater. Trans.*, **46**, 1545 (2005)
20) F. Fukuda et al., *Jap. J. Clin. Biom.*, **33**, 257 (2012)

9　金属積層造形装置を用いた歯科補綴物への応用事例

樋口鎮央*

9.1　はじめに

　近年，歯科分野においてはCAD/CAMシステムの発展は著しく，特に技工分野においてはなくてはならない設備の一つになっており，既に多数のシステムが多くの臨床現場に活用されている。昨年4月に保険収載されたCAD/CAM冠（ハイブリッドレジン使用）の普及により，そのシステムの普及率は大きく加速された。また，一方ではRP（Rapid Prototyping）システムを用いた樹脂積層造形技術も精度の向上により，医科や歯科分野においても広く使われるようになっている。RPシステムは本来，製品開発において用いられる試作手法である。英語の綴りの如くRapid（迅速に）Prototyping（試作化）することを目的としている（『ウィキペディア（Wikipedia）』より）。

　しかし，昨今では造形技術の進歩により，強度や精度が向上したことにより，航空宇宙分野や医療分野など，高い意匠性が求められる高付加価値製品の製造には積層造形技術の応用は進んでいる。これらは直接実用するものを造ったり，最終製品として造ったりすることからこれらの積層造形技術の名称を「Additive Manufacturing」と一昨年末に世界統一されて呼ばれるようになっている。

　それらの造形法としては光造形法，シート積層法，インクジェット法，堆積積層法，粉末積層法などがある。弊社においては臨床的には9年前よりインプラントシミュレーション用骨モデルや手術用サージカルガイドの作製などに用いており，現在では安心・安全なインプラント治療には必要不可欠なシステムとなっている（図1）。

　また，技工用スキャナーを用いて石膏模型を計測したのちに，歯科専用CADソフトを使用してクラウンや金属床の設計などを三次元CADデーターにて作成し，3Dプリンターを用いて樹脂造

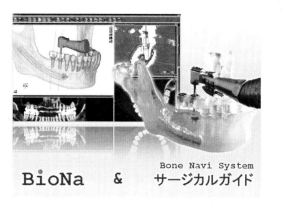

図1　インプラントシミュレーション骨模型＆手術用サージカルガイド

＊　Shizuo Higuchi　和田精密歯研㈱　生産本部　常務取締役，生産本部長

第4章　3Dプリンターを用いた応用技術と応用事例

形を行い，従来のロストワックス法を用いて各種金属にて修復物を製作する方法や最新のデジタルインプレッションデーターからの樹脂模型の製作にも使われている。

　Additive Manufacturingの製造方法の一つとして粉末焼結型積層造形法があるが既に海外では数社より装置は販売されて臨床現場で多く使用されている。本年度は国内においても数社の歯科分野への参入が予定されている。工業界においては大型のシステムが多いが歯科分野においては造形対象物が小さいため，より小型化のシステムが好まれている（図2）。

図2　各社の金属粉末積層造形装置

造形サイズ	250(W)×250(D)×215(H) mm
造形速度 （使用材料に依る）	2〜20 mm³/s
スキャンスピード	最大7.0 m/s
レーザータイプ	Yb-fiber laser 200W
レーザースポット径	0.1〜0.5mm(可変スポット)
積層厚	0.02〜0.04mm
機器サイズ	2,000(W)×1,000(D)×1,950(H) mm
重量	約1100kg

図3　EOS社製　EOSINT M270

歯科において使用される金属はチタン，コバルトクローム，金合金などが選択できるが最近ではジルコニアも既に研究されているようである。

そのような中で粉末焼結型積層造形装置の専業メーカーであるEOS社製EOSINT M270を使用し（図3），Co-Cr粉末を用いた修復物の造形の現状について紹介する。

EOSINT M270はIPGPhotonics社のYb（イッテリビウム）ファイバーレーザーの採用により，レーザービームの高出力，長寿命化を実現している。また，高速／高精度スキャナーとレーザースポット径を0.1～0.5mmまで調節可能な可変フォーカス機構の採用およびレーザー照射パラメーターの最適化により，高精細な造形性，高密度，高精度，良好な表面品質と高速な造形を実現している。本システムは既に，世界各国においても約40システム以上が歯科分野で使用され，実績を上げている。

9.2 鋳造プロセスへのAM技術の応用

従来の歯科における修復物製作の工程は①模型作製，②WAX原型作製，③鋳型埋没，④鋳造，⑤適合・研磨，⑥前装部分製作（セラミックス＆レジン）となる。本システムによって製作できる部分は②，③，④に当たる工程を(a)スキャニング，(b)デザイン，(c)積層造形と置き換えられることになる（図4）。

従来法では，修復物を作製する上において印象材，石膏，WAX，埋没材，金属，樹脂，セラミックスと絶えず膨張，収縮する不安定な材料を駆使しながら最終的に口腔内にぴったりと適合するように作製するには熟練度を要した。しかし，CAD/CAMやAM技術を使用することにより，それらに影響されることなく，精度的にも材料的にも安全・安心で安定した修復物の提供ができるようになってきている。

昨今の貴金属の高騰の問題と金属表面に築盛するセラミック材料との焼き付け強度の問題によ

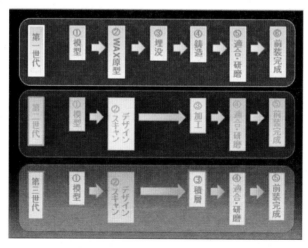

図4　製作方法の変遷

第4章　3Dプリンターを用いた応用技術と応用事例

り，欧州においての使用材料はチタンよりもCo-Cr合金で造形される場合が殆どであるが弊社においてもEOS社製歯科用材料「Cobalt Chrome SP2」のみを使用して積層造形し，修復物の製造を行い増加している。

　従来の製作方法を仮に第一世代とすると①模型作製，②WAX原型作製，③埋没，④鋳造，⑤適合・研磨，⑥前装完成となる。

　CAD/CAMでの加工法が多く使われるようになり，それらを仮に第二世代とすると①模型作製，②スキャニング・デザイン，③加工，④適合・研磨，⑤前装完成となる。仮に金属粉末積層造形法を第三世代とすると①模型作製，②スキャニング・デザイン，③積層，④適合・研磨，⑤前装完成と製作方法も変わってきている。

　まとめると，第一世代はフレーム（コーピング）を製作する為には金属を鋳造して製作していたが第二世代ではCAD/CAMを用いて切削加工で製作し，第三世代では金属粉末を積層して製作できるようになり，一度に多数のフレーム造形が可能となってきている。

9.3　製作方法

①装置内の右の黒いところがCo-Cr合金粉末の貯蔵槽である。

②画面右側の金属貯蔵槽から1のリコーターが画面右から左に動き，金属粉末を平均20〜40μmの積層厚みに敷いていく。

③製作する修復物（造形物）の一層毎の造形データーに基づいて駆動されるレーザーにて照射焼結していく。

④後はそれを繰り返し，ステージが降下し，修復物（造形物）を上部に積層していく（図5，6）。

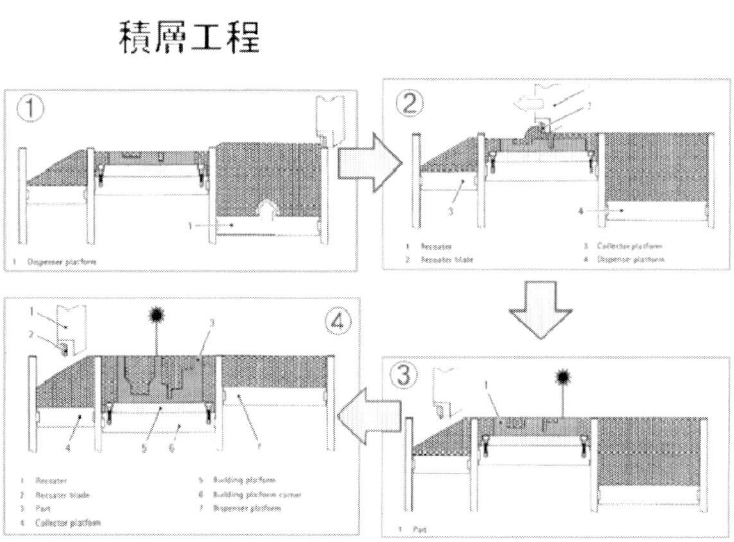

図5　EOSINT M270の積層工程の模式図

図6　各種コーピングを積層したプレート

9.4　材料および方法

従来の修復物の製作は絶えず膨張，収縮する材料を駆使しながら作製していたが，本システムを使用することにより，それらに影響され難い，安全・安心で安定した修復物の提供が可能となった。

使用材料である歯科用Co-Cr合金「SP2」安全性を確認するために下記試験を行った。

①生体親和性に関する試験

長崎大学大学院医歯薬学総合研究科口腔インプラント学分野にてインプラント形状に成形したものをウサギの脛骨に埋入を行い，骨との接触率による親和性の確認を行った。

②金属イオンの溶出試験

保険適用12%Pd合金「a社，b社」，白金加金系焼付用合金「KIKハードⅡ」，鋳造用Co-Cr合金「Wirobond280」，金属粉末Co-Cr合金「SP2」の5種の試料を作製し，JIS T6002:2005に準拠し，試験を行った（㈱アイディエス）。

③内部気孔について

金属積層体断面の顕微鏡写真や㈱キーエンス社のデジタルマイクロスコープVHX-1000にて確認を行った。

9.4.1　生体親和性について

Co-Cr合金の骨親和性を市販の純Tiインプラントと比較検討した。PLATON社製インプラント（φ3.8，長さ10mm）を対照群とし，実験群として同じ形状にレーザーシンタリングで作製したCo-Cr合金を用いた。それぞれを家兎（日本白色種，体重約4.0kg）6羽の両側脛骨近位端に対称に埋入した。埋入4週間後に検体を採取し，通法に従い固定，脱水，レジン包埋後，非脱灰研磨標本（厚さ約20μm）を作製した。得られた標本はトルイジンブルー染色を行い，組織学的ならびに骨形態計測学的解析を行った。

埋入4週間後，実験群（Co-Cr），対照群（Ti）共に周囲にトルイジンブルーに濃染する幼弱な

第4章　3Dプリンターを用いた応用技術と応用事例

骨組織が多く観察された。対照群ではインプラントに沿って骨の伸展が見られたが，実験群では観察できなかった。しかし，インプラント全周の骨接触率の平均値（SD）は，実験群：25.8%（11.2）対照群：32.1%（9.1）で第3スレッドまでは，実験群：34.1%（8.6）対照群：37.9%（7.3）であり，インプラント全周と第3スレッドまでの骨接触率には有意差を認めなかった（P＞0.05）（図7）。

次にすべてのスレッド内，図8の点線で囲まれた面積内の骨組織の占める割合を計測した。Co-Cr合金では24.9%，Tiインプラントで19.8%とこちらも両者に有意な差を認めなかった（図8）。

9.4.2　金属イオンの溶出について

上記試験結果より，SP2は保険適用12%Pd合金（a社）より1/4位，保険適用12%Pd合金（b社）より1/2位，の金属イオンの溶出量でしかなく，中央のMB用白金加金系合金とほぼ同等に溶出量

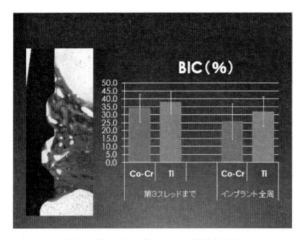

図7　骨とインプラントの接触率比較

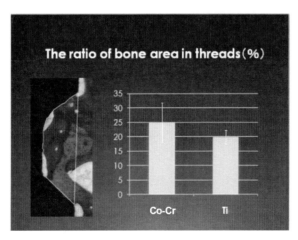

図8　スレッド内の骨接触率比較

が少なく，鋳造用Co-Crの中で非常に安定していると言われているWirobond280よりも溶出量が少なく，更に安定している金属だということが分かる（図9）。

Co-Cr（金属）を鋳造すると必ず偏析が起こるが（図10），金属粉末積層造形法で積層すると偏析は一切起こらず，合金内での電位差による腐食が起こり難くなり，金属イオンの溶出も少なくなると思われる。その結果，歯肉の変色や歯牙の変色などが起こり難い材料であることが分かった（図11）。

9.4.3 内部気孔について

従来法である鋳造でフレーム（コーピング）を製作する時においてはフレームやブリッジのポンティック部などの肉厚部においては何らかの鋳造欠陥が発生することが多いが，金属粉末積層造形法ではCo-Crの支台歯部およびポンティック切断面からは気孔は認められなかった（図12）。

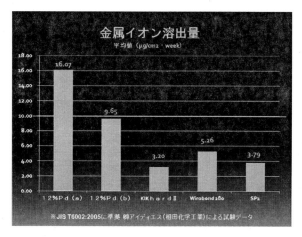

図9　金属イオン溶出量比較

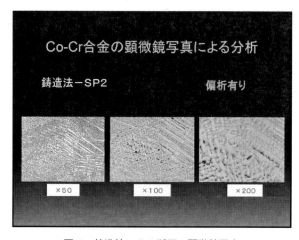

図10　鋳造法による断面の顕微鏡写真

第4章　3Dプリンターを用いた応用技術と応用事例

図11　金属粉末積層造形法による断面の顕微鏡写真

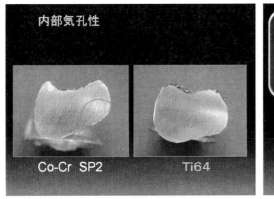

図12　肉厚部の断面写真(a)

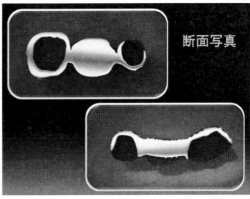

図12　肉厚部の断面写真(b)

図13　Co-Cr（SP2）の断面拡大写真

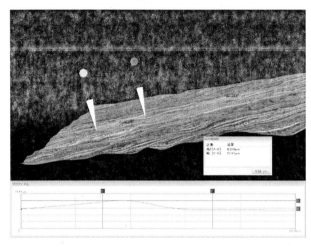

図14 Co-Cr（SP2）の断面の表面粗さ写真

部分的に黒点が認められたがデジタルマイクロスコープ（㈱キーエンス社）にて観察すると粒径の違う粒子であることが分かり，内部欠陥ではないことを確認することができた（図13，14）。

9.5 設計の自由度

図15は同じCADデーターを基に左は金属粉末積層造形したCo-Cr，右はCAD/CAMで削り出したチタンフレームである。図16上は金属粉末積層造形したCo-Cr，下はCAD/CAMで削り出したチタンフレームである。その違いはCAD/CAMで加工する場合は最終加工のツールが1mmもしくは0.8mmなのでそれより細いところの加工はできないことである。最も顕著に表れるのは歯

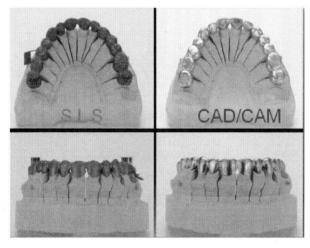

図15 レーザーシンタリング法とCAD/CAM法の比較

第4章　3Dプリンターを用いた応用技術と応用事例

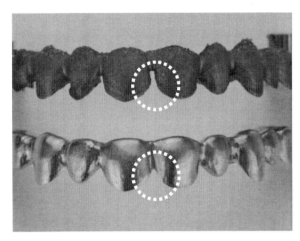

図16　レーザーシンタリング法とCAD/CAM法の比較

冠と歯冠の間である下部鼓形空隙など細部にはツールが入らないので加工できない場合が多い。しかし，臨床的にはCAD/CAMで製作した場合には後加工で手作業にて細部の調整をしているのが現状である。それに対して金属粉末積層造形法で製作したフレームでは後加工での調整時間が非常に少なくなる。

9.6　レーザークラウンの適応製品

使用金属はCo-Cr「SP2」①メタルボンド（セラミック前装冠），②ハイブリッドレジン（樹脂前装冠）の2種類が主な適応製品となる（図17）。

金属表面に①はセラミック材料を②は樹脂材料を築盛することにより自然な色調の歯冠部を製

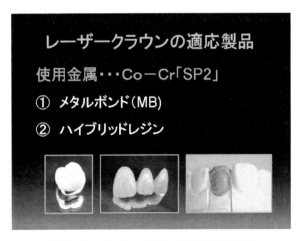

図17　レーザーシンタリングによる適応製品

作することができる。メタルボンド（セラミック前装冠）については金属とセラミックスは昇温することにより，金属酸化層に焼き付けることが可能であるがハイブリッドレジンについてはリテンション機構（機械的維持）によって一体化しているため，そのリテンション（機械的維持）付与が必要不可欠である。本システムにて製作することにより，最大限利点を活用し，その確実なリテンション付与が可能となっている。これはCAD/CAM加工では付与できないところであり，ハイブリッドレジンの接着強度的にも安心して使えることとなる。

9.7　レーザーシンタリングのこれからの適応製品
9.7.1　インプラントブリッジなどへの応用

積層後の内面加工を一層，CAD/CAMにて行う加工ができれば，クラウンだけでなく，インプ

図18　積層の後，CAD/CAMにて内面加工をしているメーカー

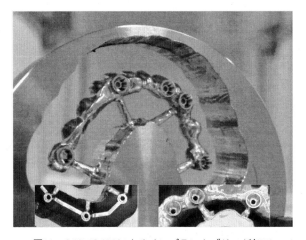

図19　CAD/CAMによるインプラントブリッジ加工

第4章　3Dプリンターを用いた応用技術と応用事例

ラントブリッジなどへの応用も可能となり，材料ロスが大幅に軽減され，適合精度の向上に繋がる（図18，19）。

9.7.2　インプラント印象採得時のベリフィケーションインデックスへの応用

インプラント治療時における印象採得は従来法のように梯子状治具と比べ，必要最小限のパターンレジンで確実固定可能となるため，精度の向上と大幅な時間短縮が行えるため，患者の精神的，肉体的負担軽減に繋がる（図20）。

9.7.3　インプラントオーバーデンチャーへの応用

インプラントオーバーデンチャーへの簡易型維持装置のハウジングやバータイプをCADで設計することにより，そのまま造形することが可能であり，チェアーサイドでのメンテナンスも容易

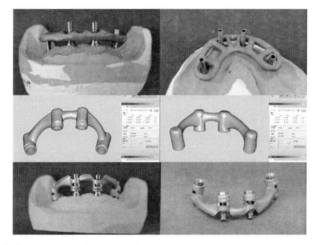

図20　従来法の取り込み印象用治具（上）とレーザーシンタリング法による治具（下）

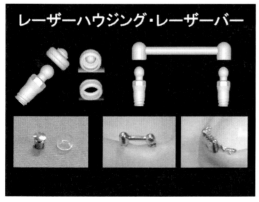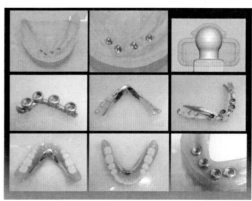

図21　レーザーハウジング＆バー

なパーツ作製が可能であり，より強度的にも安定したインプラントオーバーデンチャーの製作が可能となる（図21）。

9.7.4 レーザーサブペリインプラントへの応用

埋入フィクスチャーのオッセオインテグレーション期間を待つ間のプロビジョナルレストレーションを暫間固定する目的で応用が可能である。昔の製作法では歯肉部を大きく切開して骨印象をしていたので術後の回復にも時間が掛っていたが，今ではCTデーターを基にインプラントシミュレーションソフトを使用し，サブペリインプラントの任意の設計を画像上で行い，個々の患者に適合する形状を造形して術前に製作することができるため，手術時間を大幅に短縮することができるようになった。また，同時にテンポラリー義歯も事前に作製することができるため，術後すぐに装着できるので患者満足度も非常に高くなる（図22）。

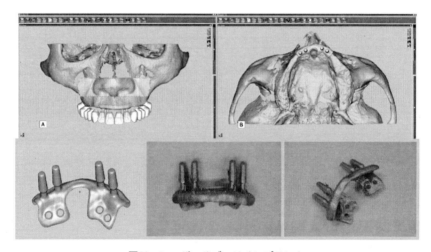

図22　レーザーサブペリインプラント

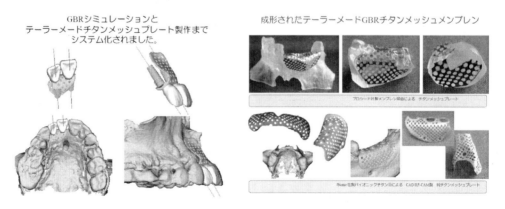

図23　テーラーメイドチタンメッシュプレート各種

第4章　3Dプリンターを用いた応用技術と応用事例

 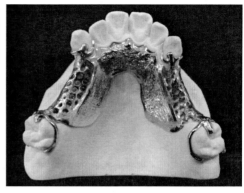

図24　金属粉末積層造形法によるクラスプや金属床

9.7.5　テーラーメイドチタンメッシュプレートへの応用

　GBR（骨再生誘導療法）におけるメンブレンの製作においては従来，既成のメッシュ板を歯肉切開後骨に合わせて手技により曲げて合わせていたがこちらも事前にCADデーターから設計製作が可能なため，骨造成手術が短時間で確実に行えるようになる。

9.7.6　義歯のクラスプや金属床への応用

　義歯のクラスプや金属床への適用も随時検討しているがクラスプには十分適用可能と思われる。海外においては既に多く使用されている金属床においても活用していくためにテストをしているが，金属床等面積が大きくなれば適合精度のコントロールがまだまだ必要である（図24）。

9.8　レーザーシンタリングの将来展望

　現状の金属粉末積層造形についてはAdditive Manufacturingとして部分的には実用化されているものの，まだまだ少ないのが現状である。今後，造形装置自体の小型化により価格的にも安価になれば更に発展し，粉末粒径や積層ピッチが細かくなれば表面性状，適合性も更に良くなり，活用展開も加速されるものと思われる。

　また，サポートを付与せずに積層造形ができるようになれば作業効率も大きく改善され，普及し易くなるものと思われる。

　また，粉末積層造形は金属粉末だけでなく，セラミック材料の開発も行われており，現在歯科でも多く使用されているジルコニアにおいても造形できるようになればCAD/CAMによる切削とは違って材料の無駄の少ない製品がパラレルに大量に製作可能になる。

　本システムを今後も種々の症例に適した修復物材料の選択肢の一つとして活用することにより，安心・安全で安定した製品を多くの患者様に提供し，皆様の「口福」を目指したい。

10 3Dプリンターで成形するカスタムメイド人工骨
―主に粉末固着法による人工骨成形の基礎と応用―

安齋正博[*]

10.1 はじめに

近年，失った体を取り戻すための手法として再生医工学と呼ばれる技術が注目されている。骨折や腫瘍，骨移植などで骨を欠損した患者や先天的に欠損している患者（口唇口蓋裂や小耳症など）に対して人工骨を移植するのもその範疇に入る。

図1に移植用人工骨の技術開発背景を示す。骨を移植するには自分の骨を移植する（自家骨移植），死体からの骨を移植する（他家骨移植），人工骨を移植する3通りがある[1]。米国においてはボーンバンクが多く存在するためもあって9割が自家骨・他家骨移植である。我が国ではボーンバンクが少なく人工骨に頼らざるを得ない状況である。それぞれの移植には問題も多く，人工骨では，強度，吸収置換，形状が不十分などの問題がある。

図2に代表的な従来の人工骨成形法を示す。これまでの人工骨の成形は主に金属，セラミック（ハイドロキシアパタイトなどの焼成ブロック）を切削して形状を製作する手法かペーストにして

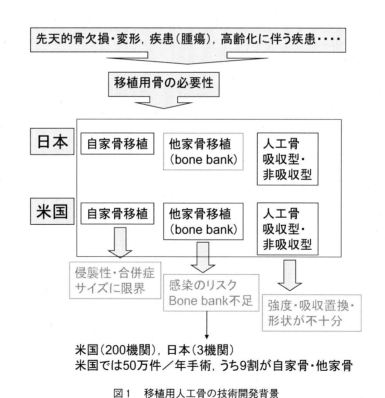

図1　移植用人工骨の技術開発背景

---

*　Masahiro Anzai　芝浦工業大学　デザイン工学部　デザイン工学科　教授

第4章　3Dプリンターを用いた応用技術と応用事例

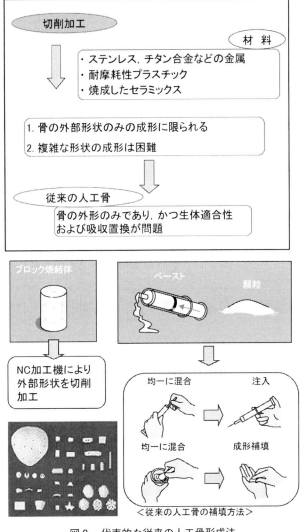

図2　代表的な従来の人工骨形成法

直接注入する方法が用いられている[2,3]。骨の内部は輪切りにすると外側から硬い皮質骨，軟らかめの海綿骨，ゼリー状の骨髄からなっており空隙のある複雑な構造になっている[4]。したがって，切削で形状を製作したのではこのような中空構造を再現することは困難であった。

　Additive Manufacturing（AM）の一手法，すなわち，3Dプリンターを用いることによって，患者個々に適した形状の人工骨が外部形状も内部構造も容易に製作できる。さらには幹細胞や分化誘導因子を複合化することにより，3Dプリンターにより製作した足場としての人工骨から新たな骨が形成されて骨の再生医療が可能になる[5]。要は人工骨がやがて自分の骨に置き換わるということである。これは，セラミック，チタン，ステンレス鋼では起こりえないことである。人工

骨が自分の骨に置き換わるためには足場に細胞が生着しなければならず，細胞に血液などの栄養分を補給するためには内部構造の再現は非常に重要になる。

これを可能にする手法の一つとして，工業製品の試作品（携帯電話や自動車部品など）を製作する際に使用される粉末積層造形法という技術に筆者らは着目した。この方法は3D-CADで設計された形状データを輪切りにして，その一層一層を積み重ねていって構造物を製作する手法である。ここでは，粉末積層造形による人工骨の形状創製技術，それ以外のAM技術によって成形する人工骨などの応用について述べる。

10.2 AMにおける粉末固着積層法[6]

AMシステムの共通原理は，まず，コンピュータ上の3D-CADシステムによって成形したい製品の立体物形状を設計し，そこで得られたCADデータをSTLフォーマットデータに変換する。このSTLフォーマットは，3次元自由曲面を三角パッチの集合体で近似する方式であり，CADから造形装置にデータを転送する際のスタンダードとなっている。次いでモデルの造形装置内での配置や積層方向を決定し，コンピュータ上で3D形状データをZ方向に0.1mm程度の輪切り状にスライスし，その一層ごとの材料（各積層造形によって異なる）を積み上げていって3次元立体モデルを製作する。

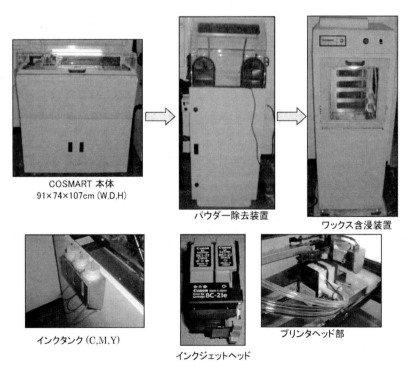

図3　フルカラー対応粉末固着積層装置の外観と主要部品

第4章 3Dプリンターを用いた応用技術と応用事例

主に光造形，粉末焼結，インクジェット，FDM，紙積層などに分類され，それらはさらに方式の違いによって細分化されている。使用される材料も液状光硬化性樹脂，ワックス，ワックス粉末，樹脂粉末，金属粉末，セラミック粉末，石膏粉末，でんぷん粉末，熱可塑性樹脂，紙・樹脂シートと多岐にわたっている。しかし，この材料の制約により身近な工業製品に比べて物性や精度の面で概して劣っているが，切削加工に代表される除去加工による形状創製法では困難な複雑形状も容易に製作できる特徴を有する。

今回の人工骨製作で使用する原材料はリン酸三カルシウム粉末であることから，インクジェット方式の粉末固着法を人工骨成形法として使用している。それ以外にAM技術の中で人工骨成形用に使用されているものは樹脂用として粉末焼結法や金属用として粉末溶融法あるいはこれらとミーリング加工との複合加工技術も使用されている。

インクジェットによる安価な印刷技術を応用した粉末固着方式は，石膏などの粉末材料を薄く敷いた面（約0.1mm厚）に対し，断面データに沿ってノズルより結合剤を噴射することにより選択的に固着させ，順次繰り返し形状創製する原理である。筆者らはこれを基に断面データの1ビット内に3原色の結合剤を噴射することにより同一モデル内で最大8色着色できるように改良した。得られたモデルの色識別性は良好で，機械的な強度の面で課題は残るが，立体模型を製作するAM機としては既に実用化されている。人工骨成形に用いた粉末固着積層装置の外観を図3に示す。これは，工業製品モデル製作用の機械であり，病院内などで使用する際は，プラスチック部品をオールステンレス鋼にするなどの配慮が必要になる。

10.3 粉末固着積層法を応用した人工骨の製作

図4に粉末固着積層法を応用した人工骨製作の概念を示す。この方法のメリットは，
①複雑な形状も容易に成形が可能。
②骨の外部構造に併せて内部構造も機械の精度範疇内で成形が可能（本機では±0.1mm程度）。
③骨の成長に必要な例えば骨芽細胞なども同時に注入して複合体を成形することが可能。
④CT画像を忠実再現することはもとより，シミュレーションを併用して個人に最適な形状にも編集・成形が可能。

非常に重要なことの一つに，使用している原料粉がある。今回使用しているリン酸三カルシウムは，臨床用にペーストとして使用されているもので，人体にとって悪影響を及ぼさない。またこのペーストは細胞を担持することにより自家骨に変わることが確認されており数年で自分の骨に置き換わる素材である。

今回の方法では，CTスキャンで輪切り状に画像化した骨の断面データを用意し，粉末の人工骨材料（リン酸三カルシウム）を0.1mmの厚みに敷いたシート上に，各データに従って3Dプリンターに使用されるインクジェットで固化剤を噴霧する。こうして骨の各層ごとの形状を製作した0.1mmの平板を積み重ねていくことで骨の内部構造を忠実に再現した人工骨を作ることができる（図5）。

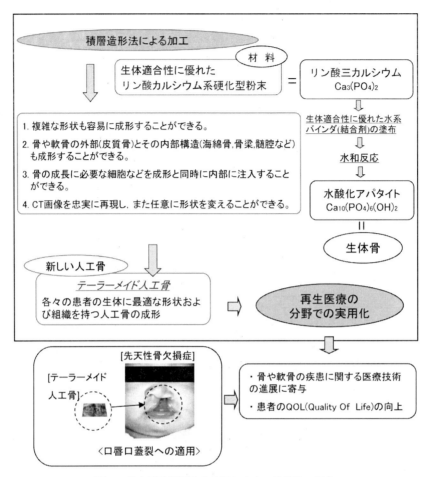

図4　粉末固着積層法を応用した人工骨製作の概念

　図6に，この方法で製作した人工骨の動物実験結果を示す。補填術後において人工骨はずれることはなかった。さらに時間経過とともに人工骨と自家骨の境界や表面に新生骨が認められ，両者の境界も識別困難となっており，このことは人工骨が自家骨へと置換していることを意味している。

　図7は，粉末固着法によって直接インプラント用の人工骨を製作したもので，CTデータから得られた人体のデータを基に，必用とする骨を設計し，実際に体内に埋め込むものである[7]。動物実験で得られた結果と同様に材料が骨の一部と同一成分であるために，ある一定期間過ぎると自分の骨に置換される。

　この方法で製作した人工骨は他の技術と比較して吸収・置換性，強度，外部・内部形状，安全性などのすべての基準をクリアしている。

第4章　3Dプリンターを用いた応用技術と応用事例

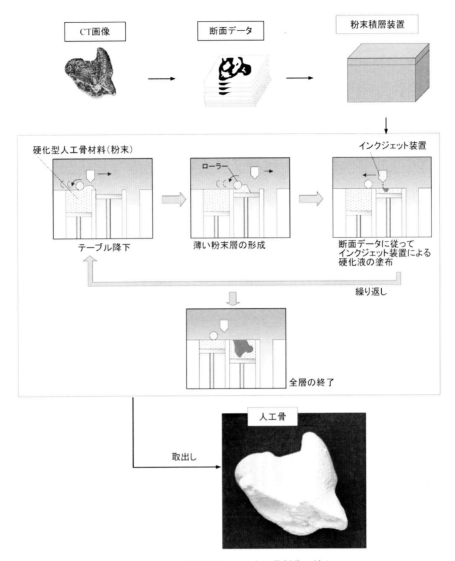

図5　粉末積層造形による人工骨製作の流れ

10.4　その他のAMを用いた人工骨の製作

以下に上記以外のAMを応用した人工骨などについて若干言及する。

図8は、レーザー焼結によって製作した膝用インプラントである[8]。従来は削り出しで製作されているが、3Dプリンターの有用性を発揮できる分野の一つであり盛んに検討されている。図9は、同様の手法による歯科への応用事例で、ヨーロッパでは既に認証されている[8]。大量の個別製品を効率よく低コストで生産する方法、複雑形状の高精度生産、生体適合性を持つ材料などの要求に対して、3Dプリンターが最適であろう。

動物臨床試験（東大動物病院）

患者犬
（6歳齢ウェルシュコーギー）

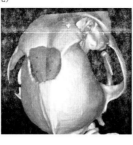
骨欠損部の補填データ
（約27×27 mm）

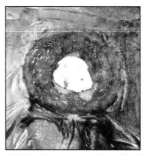
積層造形による人工骨の補填術
（腫瘍摘出2週間後）

X線CTによる頭部の経過観察

手術直後　　手術3ヵ月後　　手術7ヵ月後　　手術10ヵ月後　　手術16ヵ月後

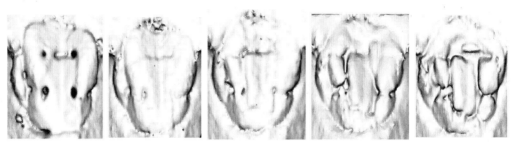

※ 補填術後においても人工骨にずれはなく，人工骨周囲には新生骨が認められた。

図6　粉末積層造形によって作製した人工骨の動物実験結果
参考：最新インクジェット技術【2007年版】，技術情報協会（2007）

適用患者
診断名：顎変形症
手術日：6月27日
年　齢：38歳
性　別：女性

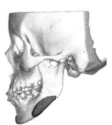
正面図　　側面図

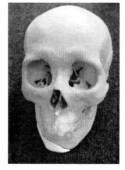

図7　3Dプリンター（インクジェット方式）で製作した人工骨の適用事例
　左はCADデータと設計した人工骨との照合，右は異なるデータで作製した人工骨の事例で，青い部分は，CTデータを基に製作した頭蓋骨（石膏），白い部分は顎変形部分に合わせて製作した人工骨（リン酸三カルシウムが素材）を示す。この骨は数年かけて実際の骨になっていく（㈱ネクスト21）。

第4章　3Dプリンターを用いた応用技術と応用事例

図8　Laser Meltingで試作した膝用インプラント
（㈱NTTデータエンジニアリングシステムズ）

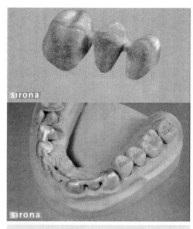

図9　Laser Sinteringの歯科への適用事例
（㈱NTTデータエンジニアリングシステムズ）

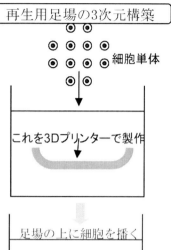

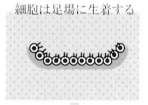

図10　3Dプリンターの再生医療への応用

　今後我が国でも認証されれば飛躍的に普及するのではないかと考える。
　図10は，細胞を体内に埋め込むときの足場をどのように造形するかの提案である[9]。細胞単体で形状をつくるのは難しい。足場を3Dプリンターで製作した後，これに細胞を生着させて，足場はやがてなくなって細胞だけが足場の表面形状をコピーして残るというものである。詳細な工程は，以下の通りである。体内で分解する性質（生分解性）を持つポリマーを用いて足場を形成

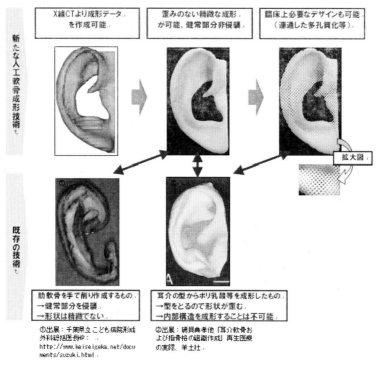

図11　3Dプリンターの再生医療への応用
レーザー焼結によるポリ乳酸製外耳製作

図12　レーザー焼結による頭蓋骨インプラント（PEEK材）製作事例：Custom-IMD project
（㈱NTTデータエンジニアリングシステムズ）

し，それに培養細胞を播いて足場上に生着させる。足場に生着した細胞を体内に埋め込む。やがて細胞自身が基質タンパクを生産分泌するとともに，ポリマーでできた足場は吸収されていく。

　ES細胞やiPS細胞などの3次元形状造形に今後役立つことになるだろう。

　図11は，図10に示した応用事例の実際の提案である[9]。小耳症という外耳がない場合の対応と

第4章　3Dプリンターを用いた応用技術と応用事例

して，ポリ乳酸を用いてレーザー焼結によって造形し，それに軟骨細胞を生着させるというプロセスである。今後の臨床が期待される。

図12は，スーパーエンプラであるPEEK材をレーザー焼結したインプラントを示す。複雑形状で生体に対して親和性を有する表面性状の形成に3Dプリンターは威力を発揮するだろう[8]。

10.5　おわりに

ものづくりのための形状加工，成形加工に完璧な手法は存在しない。種々の手法の中から，現状で最適なものを選択して組み合わせていくのがものづくり工程である。3Dプリンターもその一手法にすぎない。種々の加工法との棲み分けをきちんと考えて，それぞれの加工法の最適化を図っていかなければならない。その選択過程において3Dプリンターが最適であれば，大いにものづくりの将来に寄与することは間違いないところである。

ものづくり技術の異分野への応用もターゲットに入れ，新たな使い方を考えれば3Dプリンターの適用範囲はさらに広範囲になろう。その一つに医療関連分野への応用があり，今後さらに広範囲な応用が展開されることは間違いない。

なお，本稿は，光技術コンタクト向けに執筆した内容に加筆したものである[10]。

文　　献

1) ㈱ネクスト21社内資料（2004）
2) ペンタックス㈱ホームページ製品紹介，APACERAM
3) 大正製薬㈱資料，下肢関節内骨折に対するバイオペックスを使用した手術手技（2002）
4) 米田俊之，骨のバイオサイエンス，30，羊土社（2002）
5) 松原全宏，川口浩，高戸毅，中村耕三，鄭雄一，図解再生医療工学，127，工業調査会（2004）
6) 中川威雄，丸谷洋二編，積層造形システム三次元コピー技術の新展開，95-108，工業調査会（1996）
7) 安齋正博，山澤建二，成形加工，**16**(10)，626（2004）
8) 前田寿彦，素形材，**48**，13-17（2007）
9) 山澤建二，粉末積層造形法を用いた人工骨の成形に関する研究，九州工業大学博士論文公聴会資料，No.12，13（2009）
10) 安齋正博，光技術コンタクト，**53**(621)，28-34（2015）

11　3Dプリンターを用いた超軟質心臓シミュレーターへの応用

竹田正俊*

11.1　はじめに

　弊社は2001年の設立で，今年で15年目を迎える樹脂製品の開発試作を行うメーカーである。事業領域はプロダクトデザインや樹脂筐体設計から光造形と真空注型を活用したラピッドプロトタイピングまで，樹脂製品の開発工程で必要とされる迅速性を意識したものづくりを行っている。特に，御客様に提供できる最大の価値とは何かを常に考え，開発工程の短縮化，いわゆる「時短」という価値を御客様に買って頂いているという意識を社員全員が持ち，世界最速の開発支援企業を目指している（図1）。

　創業から現在に至るまでのこの十数年間で我々を取り巻く環境は激変した。このような時代だからこそより一層御客様の声に耳を傾け，そこから新しい方向性を見出していく必要がある。御客様の望むカタチを具現化できる世界最速の工法を常に意識し，社員全員が開発者視点に立って考えること。これこそが私たちに与えられた使命であると考えている。

　これからの時代，開発工程での「高速試作」は卓越した高度なものづくり技術が益々必要とされる。3Dデジタルエンジニアリングのフロントランナーとして，御客様をリードし常に期待を超える試作品をどこよりも速く提供し続けなければならない。このような開発試作品製作を通じて，私たちは大切な御客様と共に「輝き続けられる企業」へと成長していきたいと思っている。

図1　我々の使命とは？

---

*　Masatoshi Takeda　㈱クロスエフェクト　代表取締役

第 4 章　3Dプリンターを用いた応用技術と応用事例

11.2　時間および原価管理システム「CMAX」の構築

　世界最速の開発支援企業を目指す為には，最先端の設備投資を行うだけでなく社員一人一人の時間に対する意識を変化させることが大切であると痛感した。そこで最も大切となるのは「徹底した案件ごとの時間管理」と，「リアルタイム原価管理」であると定義づけ，これらをITを駆使することによって格段に効率をアップさせた。具体的には，スマートフォンを活用し，「時間および原価管理システム（システム名：CMAX[※1]）」の構築によって，製造工程の時間短縮を行った。

　この原価管理システムの構築で，案件ごとの収支が瞬時に把握できるようになっただけでなく，受発注管理や図面管理などの「ペーパーレス化」を可能にした。また，Webからの短納期案件に応える為に，工程管理システムを強化し，顧客からの細かな要求を瞬時に全作業員に一斉に通知することで，柔軟かつ迅速な顧客対応を実現している。

　まさしくこれは時間に対する「意識改革」こそが，開発工程を縮める唯一の方法であることを証明したと言える。いくら最先端の設備やソフトウェアを導入しようとも，作り手の時間という概念に対する意識を変えない限り納期は短縮できないのである。

11.3　いのちを救うプロジェクト

　工業製品の開発現場で培ってきた「高速試作技術」を用いて，超精密心臓シミュレーターモデルの開発を行っている。特に，患者ごとに撮影されたCTデータを活用し，3Dデジタル技術でこれまでに無い再現性の高い超軟質の心臓モデルを作製することに成功した（図2）。

　現在，100人に1人の割合で発症している先天性小児心疾患の外科治療では，極めて難易度の高い外科手術が必要となることから，心臓内部の複雑な立体構造を術前に正確に把握することができる心臓シミュレーターモデルが切望されている。本シミュレーターを普及させていくことによって患者の手術成功率が格段に上がり，また外科執刀医の精神的かつ肉体的な負担を軽減したい

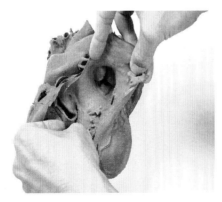

図2　成人正常モデルの内腔

※1　Cost MAnagement System of Xeffect

と我々は考えている。そして若手医師に様々な模擬手術の機会を提供していくことで，未来を担う医師の創出に役立ちたいとも考えている。本プロジェクトでは「人命救助の一端を担う」という大きな使命を掲げ，一法人として営利目的だけでなく社会的使命を実感しながら携わっていくつもりである。

11.4　再現性にこだわった技術革新

　平成21年度より㈱国立循環器病研究センターなどの協力を得て，精密心臓シミュレーターの開発に取組んでいる。患者個体ごとのCTスキャンデータを用いたフル・オーダーメイド精密心臓シミュレーター製作の基礎技術を確立し，術前の緻密な検討や若手医師の教育訓練用として，本物に酷似した精密性・質感・強度を有するリアルな「心臓シミュレーター」の開発に成功した。

　弊社のコア技術である高速光造形技術とハイブリッド真空注型技術を駆使することで，心臓の内腔までを忠実に再現した「オーダーメイドによる精密心臓シミュレーター」の独自技術を基に，更なる製品の高度化および事業化を推進している（図3）。

　これらは若手執刀医の教育訓練用としての利用だけでなく，患者個体ごとのCTスキャンデータを用いたフル・オーダーメイド精密心臓シミュレーターにより，精度の高い術前シミュレーションを短納期で実現させ，高難易度手術の成功に寄与している。

　現在普及している医療用臓器モデル，特に心臓のモデルは，硬い樹脂製または木製のモデルであり，これらは，実際に曲げたり，ネジったり，切ったり，縫ったりすることは不可能である。また，あくまで実際の臓器を，"模倣"した手作りの「構造理解用」のモデルである為，実際の手術のトレーニングや検討としては使用できなかった。

　この現状普及しているモデルと，今回我々が開発したモデルの大きな相違は，

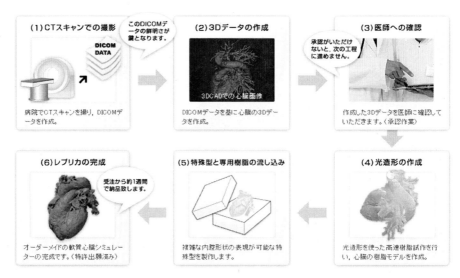

図3　オーダーメイド心臓シミュレーターが出来上がるまでの工程

第4章　3Dプリンターを用いた応用技術と応用事例

　①患者個体ごとのCTスキャンデータ（生体データ）をデジタル構築した繰り返し性のあるフル・オーダーメイドモデルである。
　②形状の再現性だけでなく，本物に酷似した質感・強度を有する超軟質素材モデルである。
　上記の点で若手医師の教育訓練や構造理解だけにとどまらず，極めて難易度の高い手術の「術前シミュレーション用モデル」としての利用を可能とした。
　患者の個体に合せた心臓シミュレーターのモデリング技術は，3Dプリンターや光造形機などによるレプリカが最先端とされてきた。この工法では，樹脂の種類が限定されるため質感や強度が実物と大きく異なり，医療現場からの改善要望が非常に強かった。
　そこで我々は，画像診断で用いられるCTスキャンデータを活用し，弊社が培ってきた3Dデータ構築技術を基にして，大学や研究機関との共同研究により独自のデータ処理技術を確立した。
　また，従来は困難とされてきた一体型薄肉中空形状を可能にする独自の真空注型技法を確立し，超軟質素材で心臓の「内腔」を表現したモデルとして，その精密さと再現性は他の追従を許していない。これらを参入障壁として，市場優位性を確保している。
　これまでは，このような技術障壁により，患者個体に合せた精密な心臓シミュレーターは製品・サービスとして，存在していなかったが，現在上記の技術を以って，国内は勿論，海外への新規市場を開拓推進中である。
　我々がこの技術を開発するにあたって，克服しなければならなかった技術的課題・ボトルネックは，大きく分けて以下の項目であった。
　①CTスキャンデータの精密な3D処理技術の確立
　②本物に酷似した超軟質材料での精密モデル製造工法の確立
　③緊急手術に対応する為の時間的課題
　まず，CTスキャンから得られるデータは，心臓，肋骨，食道，肺，横隔膜など全てが存在しており，そこから必要となる心臓だけを抽出する作業が必要であった。また，医療用3DデータのDICOMフォーマットを，工業用のSTLフォーマットへ変換する必要があった。必要部位の抽出には，CT画像のコントラストを用い，一定の閾値を設定し不要部位を除去していくのであるが，コントラストは必ずしも濃淡がはっきりしたものではなく，「血液」「血管」「心筋」などの閾値に大きな差が現れない状態での作業が必要であった。従来のソフト・工法では，単一の閾値でしか抽出を行っていなかった為に，精密なモデルデータが構築できなかったが，弊社独自の技術革新と大学との共同研究により，弊社独自の3Dデータ処理技術を確立した。
　次に，本物に酷似した超軟質材料でのモデル作製については，既存の技術，材料，設備では心臓の内側を精密に表現することは不可能であった。そこで，本物に酷似した超軟質素材での心臓の「内腔」を表現したモデルを独自技術である真空注型技法を確立し，完成させた。特殊構造の型作製により心臓の部位ごとに色や素材や硬度を変えて成形できる多色成形法も開発に成功している（図4）。
　これらの技術的課題をクリアーにしつつ，緊急手術にも対応できるよう短時間でのモデル作製

産業用3Dプリンターの最新技術・材料・応用事例

図4　二色注型モデル

能力が求められることから，弊社固有の時間管理システムを最大限活用し柔軟かつ高速でのオーダーメイドモデルの供給が可能になった。

11.5　独自性と今後の波及効果

　心臓シミュレーターの標準モデルの開発により，主に若手執刀医の訓練・教材としての利用が可能となり，複雑な形状理解を飛躍的に深め，執刀医育成に寄与している。

　即ちこれらは，これまで衛生面・費用面で開催の限られていた「ウェットラボ」を手軽に開催できるようになっただけでなく，非常に難解な先天性疾患モデル（図5）の開発によって，中堅・ベテラン執刀医に対しての訓練・教材としての利用が可能となり，複雑な形状理解を飛躍的に高めている。今後我々の精密な臓器シミュレーターや，カテーテルトレーニングができるようなモデルの普及により，生体動物を使用しない『ドライラボ』が実施，開催できるようになり，環境衛生面，動物愛護の観点でも貢献できるのではないかと考えている。

　我々の開発したモデルの材質は，真空注型法を活用することによって人間の皮膚の感覚と酷似しているShoreA仮想硬度0度を達成している。また，精密さでは，心臓外側の冠動脈・冠静脈という直径1mm程度の血管を中空で表現しており，さらには，心臓内部の厚さ1mm以下の4つの弁，0.5mm以下の乳頭筋を再現している。これらは，CTスキャンからの3Dデータを基にしており，外科執刀医・内科医の監修の下，安全性・正当性を確認した上で市場投入を行い総合品質を担保している。既存の教育用モデルが，硬い樹脂または木製の実物を模倣した手作りモデルであることから，性能・品質面の優位性は比較に及ばない。

　国内では年間数千件に及ぶ小児先天性心疾患の手術が行われており，術式の検討に際して近年はCTスキャンデータを基にした3D画像の活用が普及しているが，難易度の高い症例などでは再

第4章　3Dプリンターを用いた応用技術と応用事例

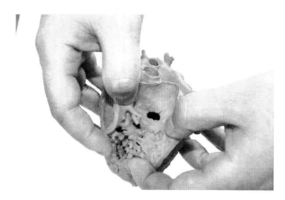

図5　先天性小児心疾患モデル

現性の高い心臓シミュレーターが要求されることになるだろう。㈱国立循環器病研究センターだけでも，同疾患に係る手術が年間300症例以上行われており，同センターをはじめ国内外の高度医療機関の協力を得て，難易度の高い症例に対して国内外への普及が見込める。

　更には，国内外の心臓用カテーテルおよびペースメーカーなどを開発している医療機器メーカーが，自社製品開発に際して再現性の高い心臓モデルを求めていることが非常に多く，潜在している開発案件は相当数に達すると思われる。精密臓器シミュレーター製作という市場自体が過去に存在しなかった為，我々自身が市場を創造していくつもりである。社会的背景として欧米では動物実験に対する考え方がより厳しくなっていってる現状を考えると，我々の精密臓器シミュレーターが今後は益々切望されると予想している。

11.6　How to makeからWhat to makeへ

　我が国日本は個別の要素技術には非常に長けた国である。中でも中小企業の技術力は世界でもトップクラスの実力を有し先進性や独創性に溢れた技術が多く存在する。しかしながらそれらをうまく「事業化する」という点では力不足と言うか能力不足を感じてならない。技術力は超一流であっても，事業化していく為の販売力や販売戦略は二流以下であることが多い。これらの原因となっているのが「寄らば大樹の陰」的な，まさに典型的な日本中小企業の思想であると言ってよい。どのようにコストダウンを図るか，どうすればダウンサイジングが可能になるかなど，我々ものづくり中小企業はHow to makeばかりを追いかけてきた。今こそ「どのように作るべきか」から「何を作るべきなのか」への転換期であり，少ない経営資源を最大限生かせる方策を熟考し，オリジナルにこだわった技術やサービスを世に出す時期にきている。日本発の新しい技術をいち早く商品化し，「3Dプリンターを導入して何をするのか？」を真剣に考え，ものづくり大国日本を再び世界にアピールすることが次世代を生き抜く我々ものづくり中小企業の最大の使命なのかもしれない。

12 Additive Manufacturingに特化したプロセス管理・自動化システム

矢田　拓*

12.1　現在のAM技術

3Dプリントは25年以上も前に開発された技術であり，製造上の形状に制約がないことと，使用材料を最小限に抑えることができることが強みである．当初はプラスチック製のプロトタイプを素早く効率的に作る技術としてのみ使われていたが，最近ではAdditive Manufacturing（AM）とも呼ばれ，生産技術としての活用も始まっている．プラスチックのみならず金属で3Dプリントされたパーツが最終製品として使われることもあり，従来の生産技術を補完することで生産全体を最適化することができる．生産技術として，3Dプリントには多数のメリットがある．製造プロセスの簡略化，コスト削減，製品のカスタマイズ，市場に出るまでのリードタイムの短縮，現地でのフレキシブルな生産などである．例えば，マテリアライズ社が事業化したRSプリントはAMを用いることで，靴のインソールのオーダーメイド製造を工業化するのに成功している．

図1　カスタマイズインソールを3Dプリントで製造

またGE社は，LEAPエンジンの給油ノズルを大量生産するのに，AMを活用しているであろう．この給油ノズルは，何千ものジェットエンジンで使用される非常に重要なコンポーネントである．従来は20個もの異なる部品を組み立てて製造されていたが，AMを用いることで重量が25％軽量になり，耐久性も5倍高くなった．さらには生産スピードが上がり，コスト削減にも役立っている．

12.2　AMを用いた生産

12.2.1　AM生産における課題

今日，適切な設備を用いれば，作りたいモノは全て3Dプリントで生産することができるであろう．マーケットには様々な工法と材料に対応した3Dプリンタが存在し，幅広い機種のスキャ

---

*　Taku Yada　マテリアライズジャパン㈱　Streamicsコンサルタント

第4章　3Dプリンターを用いた応用技術と応用事例

ナや造形品の仕上げ用装置まである。様々な3Dプリントの技術には，デザイン設計から部品生産までの各工程にそれぞれ適したものがある。また，専用のソフトウェアも多数用意されている（部品をデザインするためのCADパッケージ，シミュレーションソフト，マシンを制御するソフトなどである）。そして労働市場には，3Dプリントの造形データ準備，マシン操作，造形品の仕上げ加工，品質管理などのスキルに精通したプロフェッショナルがいる。

3Dプリントで試作品を作る際，主な課題は二つある。造形可能であるソリッドな3Dデータを設計すること，およびコストとリードタイムを削減しつつ良品質な製品を造形できる効率的な製造プロセスを実施することである。しかし3Dプリントが，試作品の一品生産から連続した部品の生産や大量生産に移行するには，さらなる課題が存在し，それらは軽視されがちである。

製品を大量生産しようとした場合，その製品の設計がAMプロセスにどのような影響を及ぼすかということを精確に判断することができる経験豊かなエンジニアは確かに重要である。例えば，パーツの造形方向によってサポートの位置と量が決まり，材料費，造形時間，仕上げ工数など，幅広い項目に影響するからである。そういった意味で，プリンタの性能を最大限に活かし，製品の品質を最良にする造形データを準備できるエンジニアをそろえることは，極めて重要である。しかし，コスト削減とリードタイム短縮を行いながら大量生産を実践したいのであれば，そのような技術的な知識だけではまだ足りず，工程を自動化して経済的にも成り立つ方法を見つける必要がある。

例えば同一形状の部品を多数生産するのであれば，単純にデータ上でコピーすれば造形データ自体は準備できる。しかしその場合，同一データで製造することになるため，実際に造形された部品同士の識別は不可能である。データ上にシリアル番号を刻印することでトレーサビリティを持たせることができるが，その刻印を一つずつ手動で行うか，それとも自動化させることができるか。

また類似形状の連続生産（同一カテゴリの一品一葉な製品の"量産"）を行う場合には，製品一品ごとにデータ設計が必要となる。設計から造形データの準備までに何時間も要してしまうと，生産数を増やすためには人海戦術を行うしかなく，持続可能なビジネスにはならない。経済的に成り立たせるためには工程を自動化し，生産数の増加に対応可能な生産体制を構築することが必要不可欠となる。

また，FDA，ISOなどの規格を遵守した製品を作るには，全てのプロセスの履歴が記録され，追跡可能である必要がある。そして人為的ミスというリスクは最小限に留めなければならない。例えばシックスシグマの基準では不良品の発生率を100万回のうち3.4回に抑えねばならず，これはプロセスの管理と自動化無しには実現不可能である。

生産を続けていくと何かしらの欠陥は発生しうるが，その根本的な原因を理解し，プロセスに対して常にフィードバックを組み入れていく必要がある。適切なプロセス管理が行われていないと，不良品や無駄が材料の10％以上に達してしまうこともある。それでは製品の品質は下がり，規格も遵守できなくなる。こうした問題を是正するには多大な労働力と専用設備が必要となり，

NEN-EN 9100:2009

EUROPEAN STANDARD
NORME EUROPÉENNE
EUROPÄISCHE NORM

EN 9100

August 2009

ICS 03.120.10; 49.020

Supersedes EN 9100:2003

English Version

Quality Management Systems - Requirements for Aviation, Space and Defense Organizations

Systèmes de management de la Qualité - Exigences des Organisations pour l'Aviation, l'Espace et la Défense

Qualitätsmanagementsysteme - Anforderungen an Organisationen der Luftfahrt, Raumfahrt und Verteidigung

This European Standard was approved by CEN on 3 July 2009.

Where traceability is a requirement, the organization shall control the unique identification of the product and maintain records (see 4.2.4).

NOTE ***Traceability requirements can include***

- ***identification to be maintained throughout the product life,***
- ***the ability to trace all products manufactured from the same batch of raw material, or from the same manufacturing batch, to the destination (e.g., delivery, scrap),***
- ***for an assembly, the ability to trace its components to the assembly and then to the next higher assembly, and***
- ***for a product, a sequential record of its production (manufacture, assembly, inspection/verification) to be retrievable.***

図2　EN9100（欧州　航空宇宙産業品質マネジメント認証）でのトレーサビリティ要求の例

製品形状の検討から生産性の確認，実際の製造に至るまでに何度も繰り返し検討を行わなければならなくなる。プロセス管理が不十分だと，一部品あたりのコストと生産予定数量にもよるが，毎年何千万円もの費用が余計に発生してしまう場合もある。

このように，AMを用いた大量生産を成功させるには，造形ノウハウとソフトウェアシステムを組み合せ，全体のプロセスの管理，工程の自動化，他のビジネスソフトとの統合を実現させなければならない。

12.2.2　AM生産の成功事例

ここで，フォナック社の補聴器の事例を紹介する。元来，カスタム補聴器は顧客の耳ごとに合わせて全ての電子部品とバッテリ，時にはアンテナやケースまでを手作業で組み立て製造しており，労働集約型の非常にコストがかかるものであった。製品が実際の耳に合わないこともしばしばあり，その際には多大な追加工作業が必要となった。AM技術と専用ソフトウェアを用いることで，製造プロセスのデジタル化と自動化が進み，フォナック社は作業工数を削減して製品リードタイムを短縮できるようになった。数年の間に業界は激変し，顧客は外からは隠れて見えないほど耳深くに入り込んだ，快適で高性能な補聴器を利用できるようになった。

第4章　3Dプリンターを用いた応用技術と応用事例

図3　顧客の耳に合わせたカスタム補聴器（フォナック社）

12.3　AMプロセスを管理する専用システム
12.3.1　一元管理と自動化

　Streamicsとは，マテリアライズ社が開発したAMプロセスに特化した一元管理&自動化システムであり，その唯一の目的はAMビジネスの全てを掌握できるようにすることである。このシステムは人・マシン・工程・材料をつなぎ，その情報を整流化する。それによって生産性が向上し，AMをビジネスの持続可能な生産オプションとして組み込めるようになる。

図4　AM業務に関わるスタッフとマシン，プロセス，材料を相互にリンクする生産管理システム

12.3.2　効率的な生産

　AMで生産する場合には，様々なオーダーの部品を一つずつ順番に作る必要はなく，一つのプラットフォーム上に異なる部品を複数同時に作ることができる。しかしその結果，異なるオーダー仕様や加工プロセスの部品を混在して製作することになるので，ワークフローが複雑化し，その生産スケジューリングは困難を極める。

　Streamicsは堅牢な基幹システムであり，各プロセスのフローを整流化して管理することができる。またカスタマイズ性もあり，ユーザ固有のプロセス管理情報やデータを扱うことができる。AMに特化した専用ユーザインターフェイスを介して，生産工程中に記録された全データを見られるので，プロセスの各工程に対して更に詳しく状況を把握することができる。関連するデータ同士はリンクが貼られており，必要な情報へのアクセスが容易である。そのため，例えばいったん処理が開始されたオーダーに対して，後からデータや仕様が変更になることも起こり得るが，そのような突発事項にも対応しやすい。情報は全て一元管理されており，自動的なレポート生成を活用してビジネス分析を可能にする。具体的にはマシンの稼働率といったKPIを簡単に分析することができ，ビジネスの新しいアクションを的確に設定できる。

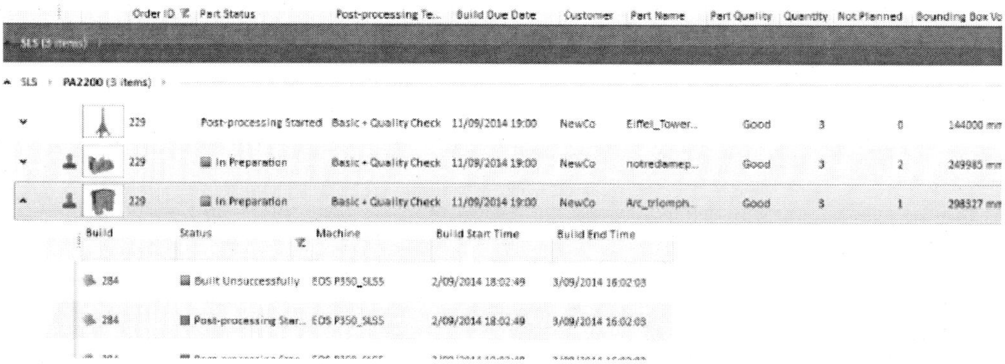

図5　オーダー情報の一元管理

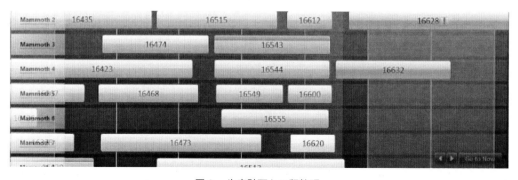

図6　生産計画と工程管理

第4章　3Dプリンターを用いた応用技術と応用事例

12.3.3　トレーサビリティと品質管理

Streamics Robotは，各パーツやプラットフォームに対してStreamicsデータベースと連動した自動化処理を実行することができ，人為的ミスのリスク撲滅と生産性の向上を実現する。例えばパーツへのシリアル番号の自動ラベリング機能を用いると，各パーツの生産工程や使用した材料バッチを完全に記録することで追跡が可能となり，製品の完全な製造履歴を提供することができる。このような品質管理方法により，製造された全部品はあらかじめ定められた仕様を満たしていることを保証できる。

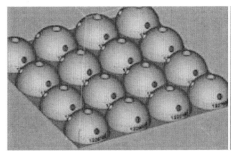

図7　パーツシリアル番号のラベリング

　Streamicsは，マテリアライズ社のBuild Processor（BP）を介すことで，様々なタイプのAMマシンと双方向の通信を行うことができる。BPはシステムとマシン間のインターフェイスとして機能するソフトウェアのフレームワークである。

　例えばBPを介して，準備した造形データをマシンへ転送することができる。その際，オペレータは事前に検証済みの造形プロファイルしか設定できないようになっており，人為的ミスを著しく抑えることができる（データのアクセス権はユーザアカウントごとに規定されており，造形プロファイルの検証を設定できる管理者権限なども用意されている）。

　マシンからシステムへの通信としては，マシンのステータスがリアルタイムでシステムに反映される。ユーザがシステムにアクセスさえすれば，遠隔地にいてもマシンの状況（あるいはオーダーの進捗状況）が手に取るように正確に判断することができる。また，マシンの造形ログの情報も自動的にシステム内の造形データと紐付けて保存される。それにより，マシンや材料の実績情報を製品の品質管理に直接用いることができる。

12.3.4　シームレスな統合

　Streamicsソリューションはオープンシステムであり，AMプロセスを他の生産工程と連携して管理することを可能にする。APIが準備されており，それを用いることで既存のハードウェアやビジネスソフトウェア（注文・在庫・出荷管理のERP，顧客情報管理のCRM，製品ライフサイクル管理のPLMなど）とシームレスに連携，統合して運用することができるのである。一例とし

て，オンラインの受発注ページにStreamicsデータベースと自動化システムのRobotを連携させれば，顧客とのコミュニケーションを簡略化させることもできる。

12.4 まとめ

　3Dプリントの技術は当初，ラピッドプロトタイピングとして利用されていた。その後，最終製品を作るAM技術として用いられるようになり，現在は，類似形状の連続生産が始まっている。この新しいフェーズでは幅広いイノベーションが起こり得るが，同時に課題も多く，それを過小評価してはいけない。AMによる連続生産に関する正しいノウハウを学び，必要な技術を習得する必要がある。その専門技術と，プロセス全体の管理・自動化を実現する専用ソフトウェアこそが，連続生産を成功に導くカギとなる。

第5章　市場動向と今後の展望

1　3Dプリンタ最新情報と今後の可能性

小林広美*

1.1　はじめに

　米国製造最大手のゼネラル・エレクトリック社（GE）の会長兼CEOのジェフ・イメルト氏は，アトランティックマガジン主催の「製造業の将来」というパネルディスカッションでこう語った。
　「タービンブレードは，少しの形状の違いが燃焼ポイントやエンジンが機能する方法に影響し，結果的に何兆円ものコスト削減につながる。現在の製造方法は，ある意味，削り取っていく手法である。素材のブロックをスクラッチから切ったり削ったりしてパーツを作る。それに対して3Dプリントは，史上初めて，積み重ねる方向でパーツを作る。そのため，廃棄材は少なくて済み，ツーリングは安く済み，サイクルタイムは短縮できる，つまり我々にとって「ホーリーグレイル（聖杯）」なのである。（抜粋）」
　さらに同社製造・素材部門技術部長のクリスティーン・ファーストス氏は「GEのモノ作りの過程で現在は約10％の割合で3Dプリンタを試作品の製作などに活用しているが，将来は，試作品の作製，医療機器やジェット・エンジンのパーツの作製などの場面の50％で3Dプリンタが活

図1　3Dデータの流れ

---

　*　Hiromi Kobayashi　㈱スリーディー・システムズ・ジャパン　3Dプリンター事業本部
　　　　営業部　マネージャ

躍することになるであろう。」と述べている。GE社はすでにジェット機のエンジン開発に3Dプリンタを活用することを決めている。

　2012年8月，米国オバマ大統領が発表した国家プロジェクトで「21世紀の産業革命」として，一躍有名になった3Dプリンタ。日本でも，2013年に安倍内閣が「日本再興戦略」として3Dプリンタを国家戦略に組み込んだ。もともと試作やモックアップ製作で使われていた3Dプリンタは，昨今では従来工法では不可能な製品の生産手段となりつつあり，企業の戦略的ツールとなってきている。ここでは，そんな3Dプリンタの最新状況と今後の可能性について探りたいと思う。

1.2　3Dプリント＝積層造形（成形）法

　一般に"3Dプリント"と呼ばれる「積層造形法」は，1980年代に発明された成形技術である。これは，光硬化樹脂や熱可塑性樹脂などの材料を薄い層にして「必要な分だけ，固めて積み重ねる」ことで，立体模型を自動造形するという，当時は画期的な方法であった。

　まず，コンピュータ上で3Dデータを3次元CADなどで作成する。その3次元形状を，例えば0.1mmなどの層ピッチに合わせて薄くスライス化し，薄板を重ね合わせたような2次元スライスデータを複数枚作成する。そのスライスデータと同一の形状になるように，材料を紫外線やレーザなどで固めて物理的に0.1mm厚などの薄い層（レイヤー）を作る。それを一層ずつ接着しながら高さ方向に積み重ねていき，最終的には，設計データと同一の立体模型ができる（図1）。

　Additive Manufacturing（付加製造）と呼ばれる3Dプリント法（図2下段）は，従来の切削工具で金属や樹脂を削り取っていくSubtractive Manufacturing：切削加工（図2上段）とは，全く異なる発想の手法である。

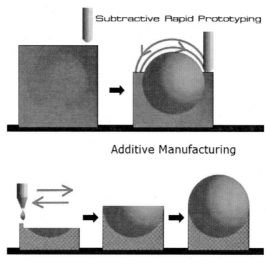

図2　従来法と3Dプリント法の違い

第5章　市場動向と今後の展望

3Dプリント法には，切削加工に比べていくつかの明らかな特徴がある：①中空や入れ子状など成形できる形状の自由度の高さ，②同一時間内で"異なる形状のパーツを複数"製造できる，③データからほぼ全自動で同じ品質のパーツを繰り返し作れる，などである。一方制約としては，①利用できる材料が限定される，②積層という性質上，どうしても階段状の積層跡が残る，③同じ形状を大量生産する場合，射出成型品に比べ材料費が高く造形時間がかかる，などがある。3Dプリンタのメリットを活かし，スピードが求められる試作品，さらにカスタム生産，少量多品種生産で威力を発揮している。

1.3　3Dプリンタ　市場性

3Dプリンタはこの30年で高機能化や低価格化が進み，個人用3Dプリンタの普及と共に世界中で積極的に導入されている。アメリカの業界調査レポートのWohler's Reportは，2013年度の3Dプリンタ関連市場が30億ドル（約3,000億円）に達し，年間成長率は32％を維持，2020年までに2兆円産業になると予測している（図3）。

製品が多様化し開発サイクルが短くなっていることから，3Dプリンタは大企業から中堅，中小企業にも広がっている。現在では，自動車，航空宇宙，家電，電子機器などの工業分野（設計製造）をはじめ，建築・土木，教育，医療・歯科，エンターテインメント，宝飾品や，ファッション，アートまで，広く応用されつつある。最近は特に，少量ロットのカスタム生産，オンデマンド製品の生産方法としても注目されている（図4）。

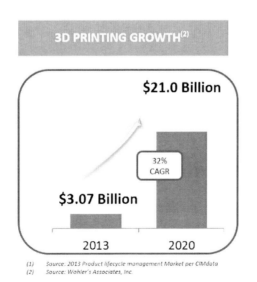

図3　成長する3Dプリント市場

産業用3Dプリンターの最新技術・材料・応用事例

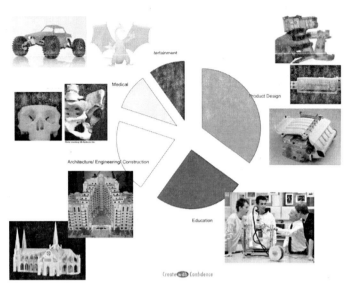

図4　3Dプリンタ主な応用分野

1.4　3D Systems社について

弊社スリーディー・システムズ (3D Systems, Inc.) は米国サウス・カロライナRock Hillに本社のある，3Dプリンタの業界最大手の総合メーカで，ニューヨーク証券取引所上場企業(DDD)である。1984年に創始者のチャック・ハルが世界初の積層造形となる「光造形技術 (Stereolithography)」の特許を取得，1987年に世界初の光造形装置SLA™-1を商用化。デファクトファイル形式のSTLも，弊社が定義したものである。創設から28年を迎え，"Manufacturing The Future（未来を製造する)"というスローガンで，3Dスキャン，3Dコンテンツから3Dプリントまで，総合的に3D技術を使った新しいモノづくりへのソリューションを提案している。現在の事業の柱は，(1) 3Dプリンタ製造販売，(2)コンシューマ事業，(3)サービスビューロー事業，(4)ヘルスケア（医療）の4本である。

1.5　様々な積層造形方式と特徴

実は3Dプリンタにはオールマイティなものはなく，方式と利用する材料によって適用分野も異なる。弊社では7つの造形技術；

①PJP：Plastic Jet Printing熱溶融
②FTI：Film Transfer Imagingフィルム転写
③CJP：Color Jet Printingカラージェット
④MJP：MultiJet Printingマルチジェット
⑤SLA：Stereolithography光造形
⑥SLS：Selective Laser Sintering粉末焼結

第5章 市場動向と今後の展望

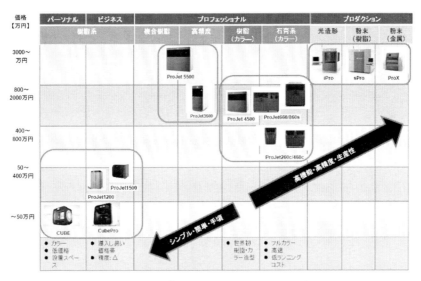

図5　3Dプリンタ製品ポジションマップ

⑦DMP：Direct Metal Printing金属

をベースに，10万円台〜1億円以上までの価格帯で，Cube®，CubePro®，ProJet®，iPro™，sPro™，ProX™ という製品ラインアップを展開している（詳しくは第4章1節へ）。

1.6　「ものづくり」の様々な段階で活用される3Dプリンタ

開発設計部門での3Dプリンタの導入は，試作の内製化を実現し，その結果，外注費の大幅削減，開発期間の短縮，製品品質の向上に大きく貢献している（試作・プロトタイプ）。例えばMJP方式のProJet® HDユーザのシチズン時計の例では，3Dプリンタ導入後，製品開発試作において半年で装置購入金額の約5倍のコスト削減，治具の製作では3〜4週間が2〜3日に短縮した。

同時に，短時間で多品種の立体モデルができることで，社内でのプレゼンテーションや会議，

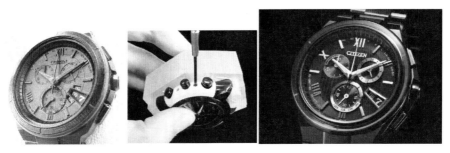

図6　左：3Dプリントモデル，中：3Dプリントした治具，右：製品
（写真提供：シチズン時計）

図7　ななつ星in九州のエンブレム型

図8　バイオコンパチ材料のカスタム補聴器

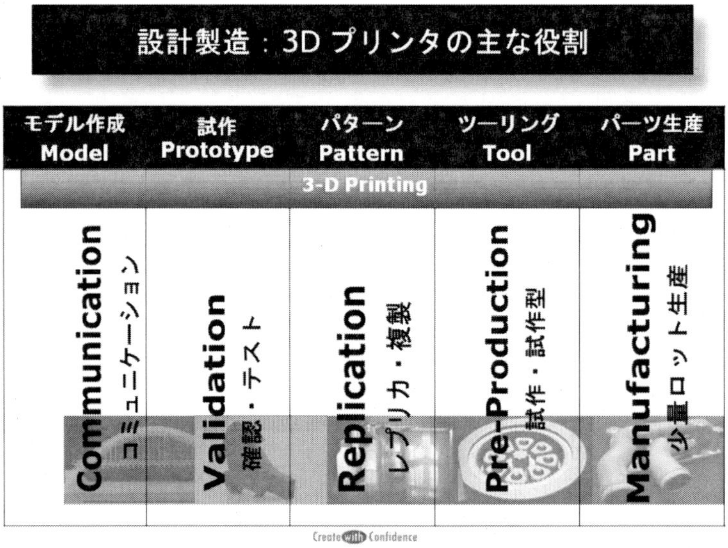

図9　設計製造での3Dプリンタ適用

　顧客との商談，展示会など，販売・マーケティングにも活用され，売上に貢献する（コミュニケーション）。そして，生産準備の段階では，直前にならないと決定できない多種多様な「治具」類を短時間でプリントすることで生産性を大幅に上げたり，真空注型，真空成型のマスター型や，

第5章　市場動向と今後の展望

射出成型，鋳造用の簡易型として利用すれば，実際の試作成型品が短時間・低コストで作れる（ラピッド・ツーリング）。

最近の例では，九州を周遊する豪華列車「ななつ星in九州」のエンブレムの鋳造マスターとして，光造形パーツが利用された。

さらに，ポリアミドや金属など強度・衝撃性・耐熱性に優れた材料や，生体適合性に優れたバイオコンパチの光硬化樹脂を成形すれば，最終パーツの少量ロット生産に活用できる。

このように3Dプリンタは，ものづくりのあらゆる段階で活用されている（図9）。

1.7　3Dプリンタを活用した新しい生産メソッド

金型を作らずにデータから直接成形できる3Dプリント法は，将来の新しい製造手法として着目されており，「少量のカスタムメード」，「オンデマンド型の製品開発と生産システム」を実現するための基盤技術となりつつある。

3Dプリンタによるエンドユース品の生産には，主に以下のようなメリットがある。
- 金型設計・製作，射出成型などの多くの製造メソッドを省略できる（時間・コスト）
- 自由な形状表現ができるため，今まで作れなかった製品が作れる（差別化，軽量化，高機能）
- 在庫を持つ必要がなく，オンデマンドでデータを3Dプリントして製造：保守部品製造に期待
- 工場は大規模な製造ラインが必要ない（設備投資を最小限に）
- データと成形が直結しているため，ワンオフ，カスタマイズ，フルオートメーションが容易

ドイツのpq社は，顧客の顔のサイズ（鼻の高さ，目の距離など）を計測して，その人にフィットしたカスタム化したアイウェアを，SLSで生産している（図10）。

またFOC（Freedom Of Creation）社やFreshfiber社は，3Dプリントした家具やスマホ・ケース（図11）で3Dプリントでしか作れないデザインの，新発想の製品を開発し，ネットで販売している。

図10　pq社のカスタム・アイウェア

産業用3Dプリンターの最新技術・材料・応用事例

図11　3Dプリントした最終製品の数々

1.8　医療分野での活用

　医療は究極のカスタム仕様で，まさに3Dプリンタが求められるアプリケーションである。CT，MR，超音波などの患者固有の医療診断データを3D化し，模型から手術支援器具やインプラント開発まで利用できる。術前のシミュレーションや検討会議で，3Dプリントした患者の模型が使われることは多くなっている。

　3Dプリンタを生産手段として使っている例としては，年間1,700万以上のユーザに提供されているアライン・テクノロジー社の「インビザライン」マウスピース歯科矯正，CONFORMIS社の

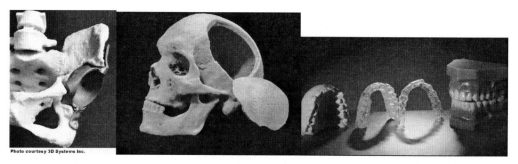

図12　医療での応用例

第 5 章　市場動向と今後の展望

図13　3Dプリントした心臓弁用のモールド3種
（国立循環器病研究センター，再生医療）

図14　Bespoke Innovations義足カバー

外科手術支援ツールがある。その他，再生医療，術中の固定器具や型の製作などがある。

　また，Bespoke Innovations社は個人向けにフィット性，デザイン性の高い義足などの装身具を5,000ドル前後で製造・販売し，障害者の価値観やライフスタイルまでを変えている（図14）。

1.9　オンデマンド3Dプリント事業

　多様な造形技術と材料を，個人や中小企業を含む多くのユーザに供給するために，弊社ではサービスビューロー事業としてオンデマンド3Dパーツ製造サービス（Quickparts®）を行っている（http://www.quickparts.com/）。Quickparts®では，誰でも3Dデータさえあれば世界中からオンラインでパーツの注文ができる仕組みである。

　日本でも3Dプリント事業を始める会社が多くなっている。元々オンデマンド印刷を手掛けていた東京リスマチック（http://www.lithmatic.net/）は，2012年より新規事業として立体造形出

産業用3Dプリンターの最新技術・材料・応用事例

図15　東京リスマチックの3D出力サービス

図16　DMM.make webサイトより

力サービスを開始，オンライン入稿による高品質＆フルカラー 3Dプリントパーツを法人企業中心に，短納期で提供している（図15）。

　コンテンツ配信大手のDMM.COM（http://make.dmm.com/）も様々な3Dプリンタを設備として装備し，ネットからのプリントサービスに対応。秋葉原には，誰でも"ものづくり"のできる環境を整え，個人の発信力を強力に支援している（図16）。

1.10　エンターテインメント，フィギュア，記念品

　現物を3Dデータに数値化してコンピュータに取り込んだり，図面化できない文化遺産などをデジタル化してレプリカを作るには3Dスキャナが必要である。この方法を一般的にリバース・エンジニアリングと呼ぶ。3Dスキャナはカメラ式，ハンドヘルド式，アーム式などいくつかの方

第5章　市場動向と今後の展望

図17　OMOTE 3D SHASHIN KANより

式があるが，残念ながら，どんな3Dスキャナも，手直しなしで完全な3Dデータを自動生成するのは現時点では難しく，そのため後処理としての手作業のデータ修復で利用されているのが，Geomagic Solutionsのソフトウェアツールである。

　自分や家族の肖像をフィギュアというカタチで残していく，世界初の試みOMOTE 3D SHASHIN KAN（http://www.omote3d.com/index.html）では，ハンドヘルドタイプの3Dスキャナ＆ソフトウェアツール＆フルカラー3DプリンタProJet®660が利用された。SCAN-DESIGN-PRINTの各要素技術は以前からあったものであるが，付加価値のある時代のニーズを捉えた企画により，消費者が対価を払っても欲しいと思えるサービスを提供し，世界的にも注目された（図17）。同等のサービスは現在，青山3Dサロン（http://aoyama3dsalon.jp/）などで提供されている。

1.11　建築，土木，住宅販売など

　フルカラー3Dプリンタ（ProJet®x60）は，建築や地図情報（GIS）の模型製作にも利用されて

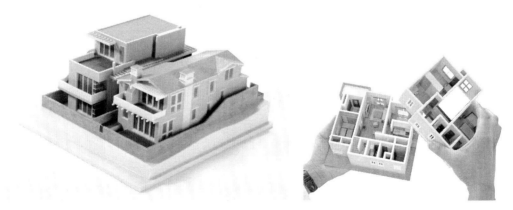

図18　3Dプリントした住宅模型の例

産業用3Dプリンターの最新技術・材料・応用事例

図19　3Dプリントした立体地図例

いる。製作コストは手作業に比較して1/3以下へ削減され，時間も劇的に短縮，より複雑な模型も作製可能になった。精巧でリアルな模型を短時間で提示できるため，プレゼンやコンペでは圧倒的に有利となり，競争力を上げ，新規ビジネスの獲得に繋がっている（図18）。

2014年3月には国土地理院が日本全国の立体地図データGISをwebで公開した（http://cyberjapandata.gsi.go.jp/3d/）。このデータをダウンロードして3Dプリントすれば，「誰でも・簡単に・日本全国どこでも」3D地図を得られる（図19）。

1.12　バーチャルリアリティと3Dプリント

3D CGをベースにして仮想空間を生成するバーチャルリアリティでも3Dプリントが助けになっている。3D CGデータと実体を合成して現実を拡張するAugmented Reality（AR），Mixed Reality（MR）では，実体となるパーツの製作に3Dプリンタが使われることがある。たとえばINITION社では，3Dプリントしたホワイトモデルとか技術を組み合わせてマーケティングやセールスツールとして活用している。ビデオにもあるが，ビルなどの建築物を3Dプリンタで作り，それをARデバイスでマーキングしながらその周囲に緑地や道路などの3D画像や，風の流れや日照などの可視化データを組み合わせ，自由方向から確認するようなアプリケーションを作っている（Youtube "Inition Brings Augmented Reality To Property Marketing"）。

また，3Dプロジェクションマッピングのコンテンツ開発でも3Dプリンタが活用されることがある。プロジェクションする立体映像は，対象物との高度なマッピング技術やソフトウェアによる調整が必要であるが，対象物は建築物など大型だったり，アクセスが限られたり，簡単に調整することが難しい場合がある。そこで対象物を3Dスキャンし，そのデータを3Dプリントして実物のミニチュアを作り，そこに縮尺をかけた映像を投影し，マッピングを調整し，コンテンツを仕上げていく（図20）。CJPタイプのフルカラーの3Dプリントを使えば，実際の建物に映像を投

第5章　市場動向と今後の展望

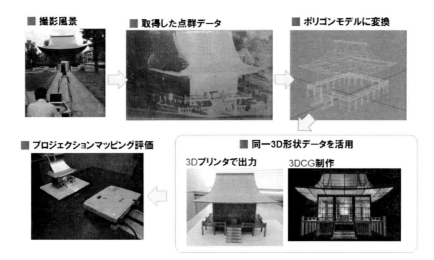

図20　プロジェクションマッピング製作工程で利用される3Dプリンタ
（アンビエントメディア　町田聡氏ご提供）

影した時の発色までもある程度確認することができる。

1.13　宇宙開発

　データと3Dプリンタさえあれば場所を問わずモノづくりができるのも3Dプリンタの大きなメリットである。Made In Spaceプロジェクトは"無重力状態で行うものづくり"実験である（http://madeinspace.us）（図21）。「宇宙空間で行う製造（in-space manufacturing）により，今日の宇宙開発や商業化やミッションデザインは大きく変わる可能性がある。そのために，3Dプリントは完璧な方法である」。ミッション用にオンデマンドのパーツを作ることから，空間に最適な住居を建

図21　Made In Spaceプロジェクト

図22 はやぶさ2に搭載された3Dプリント部品

図23 NASA小型宇宙探査機の3Dプリンタ

築することまで,無重力空間におけるあらゆる製造方法を実験している。

2014年12月3日に小惑星探査機「はやぶさ2」を載せたH-IIAロケット26号機が打ち上げに成功した。実ははやぶさ2に相乗りしているうずまき形の小型探査機(図22)は3Dプリンタ(SLS)で製作したものである。ナイロンパーツは宇宙空間での使用にも耐えられるものとして選択された。

また,NASAでも宇宙開発に積極的に3Dプリンタが利用されており(図23),小型宇宙探査機での試作では,以下のような成果が出ている。

- 重量の削減:百パウンドが20パウンドへ
- コスト削減:百億円が数億円へ
- 可動パーツ数:1,000ピースが20ピースへ

1.14 個人レベルに広がる3Dプリンタ

個人向けの3DプリンタCube3®パーソナル3Dプリンタ,価格は約16万円,素材はABSやPLA(ポリ乳酸)で表面は粗さがあるものの,材料には強度や靭性もあり,十分実用に耐えられる。趣

第 5 章　市場動向と今後の展望

図24　コカ・コーラと共同開発した，リサイクル材料を使ったEKOCYCLE Cube 3Dプリンタ

図25　Sense 3Dスキャナ

味のDIY工作，アクセサリーや身の回り品の製作，子供用の玩具やギフトとしても購入されている。

　従来ユーザは，3D CADパッケージなどで3次元の設計図を作らないと3Dプリンタを活用できなかった。しかし昨今では，低価格や無償の3Dモデリングソフトにより，3Dデータ作製の敷居は低くなってきており，3Dコンテンツのシェアサイトも増え続けている。10万円以下で購入できる個人向け3Dスキャナ（Sense®やiSense®）で人物や現物をスキャンして3Dデータを作ったり，ネット上にある無償や有償の3Dコンテンツをダウンロードしカスタマイズして，お気に入りの一品を作ることもできる。

　さらにコンシューマ市場向けには，新素材を巻き込んで新製品の開発が進んでいる。その1つ，「CeraJet™」は，世界初のセラミックプリンターとして陶磁器材料を出力できる。食器，タイルやアートオブジェクトなどを，これまでにない複雑な形状で造形できるのである。「ブランド，小売業者，デザイナー，愛好家の利益のために革命をもたらす」製品として，最終製品を作ることができる（図26）。

　さらに「ChefJet™」は，食用材料を出力できるフード3Dプリンタで，店舗や家庭のキッチンでの使用を想定した製品である。モノクロの単一材料を最大203×203×152 mmの大きさで出力できる「ChefJet™」と，フルカラーで最大254×355×203 mmの大きさで出力できる「ChefJet Pro™」

図26　CeraJet™で作ったセラミック製品例

図27　ChefJet™で作った食用できる3Dモデル

の2モデルを検討している。ChefJetでプリントできる素材は，チョコレートやバニラ，ミント，リンゴ，チェリーなどのテイストのシュガーで，お菓子やケーキに載せるデコレーションに使える（図27）。ちなみに，CeraJet™とChefJet™はいずれも2015年内にリリース予定であるが，スペックの詳細や仕様は今後発表される。

1.15　Google "Project Ara" カスタム生産ラインに組み込まれる3Dプリンタ

製品のパーソナル化には3Dプリントによるカスタム大量生産が求められる。アメリカでは，グ

図28　Project Araのパーソナル化の概念

第5章 市場動向と今後の展望

ーグル社とモトローラ社が主体の次世代携帯端末を開発中で，その中で3D Systemsは端末のカバーのカスタムデザインから生産までを担っている。モジュール化された端末は，究極のカスタム化が可能で，ユーザが自由に機能やデザインを選んでオーダーできることを想定している。

つまり，デイリーで数千個以上の「異なる」デザインのケースを生産するための高速3Dプリント対応の製造設備が必要であり，今までの3Dプリンタ技術では対応できない。弊社では現在，ファブグレードの全く新しいプロダクションラインを開発中で，2015年内に完成させ，Project Araでの初めての運用を目指している（https://www.youtube.com/watch?v＝4RQYpo2sx_s）。

1.16 最後に

「SLA（光造形）3Dプリンタで部品2,400点を20時間で製造することに成功し，これにより部品一個あたりの製造時間が30秒に下がった。これは，一般的な射出成型法のそれを下回る（2014年6月13日，3D Systems発表）」。3Dプリンタのさらなる高速化，性能向上により，ジャストインタイム方式による大量生産への足掛かりになり，3Dプリンタの大量生産のモノづくり現場への浸透に拍車がかかることが期待されている（図29）。

図29　プリント時間の高速化

3Dプリンタは従来のものづくりの手法を補完し拡張するものとして，今後5〜10年で製造業や人々の生活を変える影響力を持つと言われている。少量・多品種小ロット生産，オンデマンド，カスタム生産など，時代の要求に応える成形方法として，3Dプリント技術と市場は今後も発展していくであろう。急速に変化し続ける環境に，今後も注目していく必要がありそうである。

2　マイクロ・ナノ光造形法による次世代造形技術

丸尾昭二[*]

2.1　はじめに—光造形からマイクロ・ナノ光造形へ—

　現在，3次元CAD（Computer-aided Design）モデルから，立体モデルを自在に造形できる3Dプリンティングが注目を集めている。中でも，光造形法は，1981年に小玉秀男氏（当時，名古屋市工業研究所に所属）によって発明された日本発の技術であり，3Dプリンターの原点とも言える技術である[1]。光造形法の大きな特徴は，光硬化性樹脂を材料に用いるため透明な3Dモデルを作製できることである。このため，エンジンブロックや配管の流体可視化用モデルの作製など工業製品の試作に幅広く活用されてきた。また，光造形法は3Dプリンターの中でも最も加工分解能が高く，高精細なモデルを作製できるという特徴がある。そこで現在では，フィギュアやジュエリーなどの高精細な3次元モデルの製造技術としても活用されている。また，歯科医療においてインプラントなどの作製にも広く利用されている。

　この光造形法の加工分解能・加工精度をさらに向上し，マイクロ・ナノスケールの加工分解能を持つ造形技術の研究開発も盛んに進められている。黎明期である90年代初めには，機械工学を専門とする日本の研究者らが，光造形法の加工自由度の高さに着目し，光造形法の加工分解能をミクロンオーダーまで向上させて，立体的なマイクロマシンを作製しようという試みが始められた。特に，生田らは，従来の光造形法と同様に，光硬化性樹脂の薄層を積層させて3次元構造を形成する手法を用いて，光硬化性樹脂の硬化特性を改良することで，世界で初めて面内5 μm，奥行き3 μmという高い加工分解能を実証した[2]。そして，マイクロ光造形法を用いることで，リソグラフィーを基礎とする微細加工では作製が困難な複雑な3次元形状やハイアスペクト比構造を造形できることを実証した。しかしながら，この方法では，規制液面法と呼ばれる積層造形法を採用していたため，紫外光が照射されるガラス窓に，硬化した光硬化性樹脂が接着してしまうなどの影響によって，歩留まりが低いという課題があった。また，紫外光によって光硬化性樹脂を硬化させるため，硬化反応の感度が極めて高く，微細な造形を安定に行うことが困難であり，広く活用されるまでには至らなかった。

　一方，1997年に，従来の紫外光を用いたマイクロ光造形法ではなく，フェムト秒パルスレーザーによる2光子重合反応を用いる「2光子マイクロ光造形法[2,3]（以下，2光子造形法）」と呼ばれる手法が提案・実証された[3]。この2光子造形法を用いれば，光の回折限界を超えた約0.1 μmの加工線幅で複雑な3次元モデルを再現性よく作製することができる[4]。また，最近では，光硬化性樹脂を硬化させるフェムト秒パルスレーザー光と同時に，硬化反応を阻害する別のレーザー光を同時に照射することで，硬化領域をさらに微小化し，0.1 μm以下の3次元ナノ加工を可能とする新技術の開発が進められている。ごく最近報告された例では，9 nmの加工線幅も実証されており，高分解能化が急速に加速している[5,6]。

---

[*]　Shoji Maruo　横浜国立大学　工学研究院　システムの創生部門　教授

第 5 章　市場動向と今後の展望

　このため，2 光子造形法は単なる 3 次元高精細モデルの作製だけでなく，ナノ・マイクロ領域の産業応用も検討されている。例えば，光通信分野では，フォトニック結晶と呼ばれる微細で複雑な格子構造や，光ファイバーを接続する 3 次元コネクターの作製などに応用されている[7,8]。機械工学分野では，特異な機械特性を示す複雑な機械部品が作製されている[9,10]。また，我々は，化学分析装置や細胞解析装置を手のひらサイズに小型化したラボオンチップへの応用を目指して研究開発を行っている。これまでに，光駆動型のマイクロポンプやマイクロミキサー，マイクロピンセットなど高機能マイクロ流体デバイスを開発している[11〜13]。

　このように 2 光子造形法の応用研究が活発に行われているが，これらの研究では，材料である光硬化性樹脂そのものを 3 次元マイクロ・ナノ構造体に加工することで機能デバイスを作製している例がほとんどであった。一方，最近では，光硬化性樹脂の特性を改良して，3 次元構造体に新しい機能を付与する研究が活発化している。例えば，磁気ナノ微粒子やカーボンナノチューブなどのナノ材料を混合したハイブリッド樹脂が開発されている[14,15]。また，pH に応じて膨潤するゲル材料[16]を用いたマイクロバルブや，色素を混合した生体高分子[17]を用いたドラッグデリバリーデバイスなども試作されている。

　さらに，2 光子造形法で作製した樹脂構造体に後処理を加えることで，機能を付与する研究も行われている。例えば，我々は，熱処理によって樹脂を炭化させて，アモルファスカーボンからなる 3 次元構造体を形成できる樹脂材料を開発している[18]。また，作製した 3 次元樹脂構造体に無電解めっきを施して樹脂構造体を金属化し，立体的なマイクロエレクトロニクスデバイス[19]や，高効率な光駆動マイクロマシンなどが開発されている[20,21]。

　また，我々は，光硬化性樹脂材料に限定されることなく，多種多様な材料を用いて 3 次元機能構造体を作製する方法として，マイクロ光造形法を用いた 3 次元鋳型技術を開発している[22]。この鋳型技術では，マイクロ光造形によって作製した 3 次元樹脂鋳型に，セラミックス微粒子からなる高濃度の懸濁液（セラミックス・スラリー）を注入し，乾燥後に樹脂鋳型を焼失して，セラミックス構造体を形成する。したがって，母型の材料である光硬化性樹脂に制限されることなく，様々な材料を用いて最終製品であるセラミックス構造体を形成できる。これまでに，紫外レーザーを用いたマイクロ光造形法および 2 光子造形法を用いて樹脂鋳型を作製し，シリカ製の 3 次元流体回路の作製に成功している[23,24]。また，バイオセラミックスを用いた医療用足場[25]や，圧電セラミックスを用いた振動発電素子などを作製している[26]。

　上記のように 2 光子造形法は，単なる 3 次元マイクロ・ナノ構造体の作製にとどまらず，適用材料の拡張や後処理技術との融合によって実用的なマイクロ・ナノデバイスの製造技術として発展しようとしている。以下では，2 光子造形法の原理と特徴について述べ，加工分解能や加工速度の向上など最近の造形技術の進展について紹介する。次に，2 光子造形の応用研究の例として，我々が開発している高制御ラボオンチップについて述べる。無電解めっきによって金属化した高効率な光駆動マイクロマシンの開発についても述べる。また，新規な光硬化性樹脂として，アモルファスカーボン構造体の作製に適した樹脂開発の例を紹介する。さらに，マイクロ光造形法で

作製した3次元樹脂鋳型を用いて，マイクロマシンを量産する複製技術や，多種多様なセラミックス材料からなる機能デバイスを創製する鋳型技術についても紹介する。最後に，マイクロ・ナノ光造形法の今後の展望について述べる。

2.2　2光子マイクロ光造形法の原理と特徴

図1に，2光子造形法の原理を示す。この方法では，従来の光造形法で用いられる紫外光による1光子吸収ではなく，紫外光の2倍の波長を持つ近赤外フェムト秒パルスレーザー光による2光子吸収によって樹脂を硬化させる。硬化形状は，2光子吸収の発生確率が光強度の2乗に比例するという特性から，光軸方向に長軸を持つ楕円体（ボクセルと呼ぶ）となり，その大きさは集光スポットよりも小さくなる（図1(a)）[4,5]。したがって，レーザー光を樹脂の内部で3次元走査することにより，光の回折限界を超える加工分解能で3次元微小構造体を作製できる（図1(b)）。

図2は，我々が2光子造形法を用いて作製した3次元マイクロ造形物の例である。図2(a)のワイヤーフレームモデルは，光硬化性樹脂の内部で集光スポットを3次元的に走査して作製した。このように2光子造形では，集光スポット内の微小領域のみで光硬化性樹脂が硬化するため，従

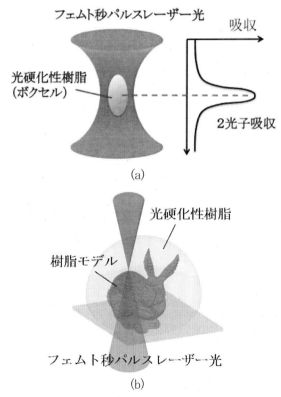

図1　2光子造形法による3次元造形
(a)集光レーザーによる樹脂の硬化，(b)レーザー走査による樹脂中での3次元造形

第5章　市場動向と今後の展望

来の積層造形とは全く異なり，あらゆる方向に造形物を造形できる。まさに，究極の3次元レーザー描画技術と言える。

　また，2光子造形では，従来法のように光硬化性樹脂をタンクなどに貯蔵する必要がなく，所望の箇所に必要最少量の樹脂液滴を滴下して，3次元造形を行うことができる。よって，例えば，光ファイバーの先端や毛髪の上，さらにはマイクロ流路の内部など，様々な場所に3次元マイクロ構造体を付加加工できる。例えば，我々は，図2(b)に示したように毛髪の上に微細なウサギモデルを作製できることを実証している。

　さらに，2光子造形法を用いると，光硬化性樹脂の内部でレーザー光を走査するだけで，シャフトと一体化した微小な可動部品を持つマイクロマシンも一括作製できる[27]。図3は，ガラス基

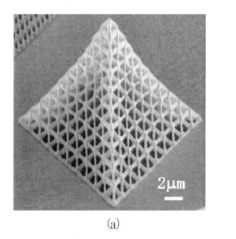
(a)

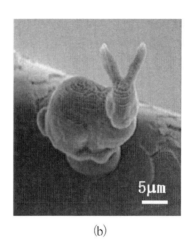
(b)

図2　2光子造形によって作製された3次元微小構造体
(a)ワイヤーフレームモデル，(b)毛髪上に作製したウサギモデル

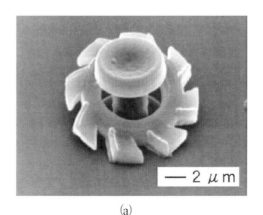
(a)

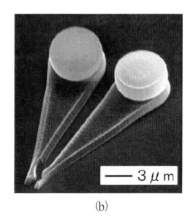
(b)

図3　2光子造形によって作製したマイクロ可動部品
(a)マイクロタービン，(b)マイクロピンセット

板上に一括作製したマイクロギアとマイクロマニピュレータの例である。従来の光造形法では，可動部品を造形するためにサポートと呼ばれる支持構造が不可欠であった。また，リソグラフィーを基礎とするマイクロマシン作製法でも犠牲層と呼ばれる支持構造が必要であった。一方，2光子造形では，光硬化性樹脂中でレーザー光を3次元的に自在に走査するだけで，任意の3次元形状を持つ可動部品を支持構造なしでダイレクトに造形できる。

現在，この2光子造形法を用いた市販の3次元マイクロ光造形装置がドイツのNanoscribe社から販売されている[28]。2光子造形に適したフォトレジスト材料も提供されており，フォトニクス，バイオ，メカニクスなど幅広い応用に活用できる装置である。したがって，光学や材料の専門知識を持たない医療・バイオ系など幅広い研究者・技術者が活用できる超高精細な3Dプリンターとして世界的に利用者が拡大しつつある。今後，ますます2光子造形のユーザーが増え，様々な応用研究が加速すると予想される。

2.3　2光子造形法の進化―加工分解能・加工速度の向上とハイアスペクト化―

近年，2光子造形法の加工分解能および加工速度の向上に関する研究が世界中で活発に行われている。中でも，加工分解能と加工速度の向上が大きく進展している。面内および奥行き方向の加工分解能の評価では，図1(a)に示したボクセルと呼ばれる硬化単位形状を計測する方法や，基板上に細線を描画し，その線幅を評価する方法などが用いられている。河田らは，世界に先駆けて120 nmの加工線幅を実証し，2光子造形法の有用性が世界に広く知られるようになった[4]。その後も加工分解能の向上に関しては，多くの研究が行われている。例えば，フェムト秒レーザーの波長を短波長化することで，加工線幅を微細化する試みが行われており，Haskeらは，波長520 nmのレーザーを用いることで，60 nmの加工線幅を実証している[29]。

最近では，樹脂を硬化させるレーザー光に加えて，硬化反応を阻害するレーザー光を同時に照射することで，樹脂が硬化する領域を制限し，加工分解能を向上させるナノ光造形法が複数提案されている[5,6]。これらの方式では，硬化用レーザーの集光スポットの周囲に，ドーナツリング状の強度分布を持つ硬化阻害用レーザーを重ねて照射することで，ボクセルサイズをより小さくしている。例えば，Wegenerらの研究グループは，蛍光顕微鏡の3次元分解能を数十nmまで向上させるSTED (Stimulated Emission Depletion) 法を用いた造形法を開発し，65 nmの加工線幅を実証している[30]。また，Fourkasらの研究グループは，特殊な色素を光重合開始剤に用いることで，樹脂を硬化させるフェムト秒パルスレーザーと同波長の連続光で光重合反応を阻害できることを実証し，奥行き方向に40 nmの加工線幅を実証している[31]。さらに，Guらの研究グループは，紫外光の阻害レーザー光を用いる手法を開発し，9 nmの加工線幅を実証した[6]。今後，サブ10 nmの加工線幅の再現性が向上されれば，リソグラフィーの代替技術としても活用が期待できる。さらに，2次元的な描画だけではなく，3次元マイクロ・ナノ構造体を自在に作製できるようになれば，ナノフォトニクスやメタマテリアルと呼ばれる新しい3次元マイクロ・ナノデバイスの製造技術として利用も期待される。

第5章　市場動向と今後の展望

　一方，加工速度の向上も活発に行われている。例えば，Liらは，高効率な光重合開始剤を開発し，従来法に比べて2桁以上速い80 mm/sの高速描画を達成している[32]。今後，さらに高速な造形が可能となれば，複雑な3次元構造体の単品生産や多品種少量生産だけでなく，量産技術としての利用も期待できる。

　また，従来の2光子造形法では，レーザー光を集光するために高開口数の油浸対物レンズを使用しているために，レンズの作動距離が数百μm程度に限定されていた。そのため，光硬化性樹脂中にレーザー光を集光して作製できる3次元構造体の高さも数百μm程度となっていた。この課題を解決するために，近年，油浸対物レンズのマッチングオイルの代わりに光硬化性樹脂を用いて，樹脂中に直接対物レンズを挿入してレーザー描画を行うディップイン方式の造形法が提案・実証されている[9]。また，対物レンズにカバーガラス付きのアタッチメントを取り付けて光軸方向に移動させることで，ミリスケールの高さを持つ構造体を作製する方法も開発されている[33]。今後，これらのハイアスペクト造形と高速造形が組み合わされることで，従来の微細加工では作製が困難な複雑形状を持ったミリサイズの3次元構造体の作製と応用が進められると期待される。

2.4　2光子造形法の応用—高機能ラボオンチップの開発—

　現在，2光子造形法の普及に伴って，様々な分野において応用研究が活発に行われている。主な応用例としては，フォトニック結晶[7]や3次元光導波路[8]などのフォトニクス応用や，医療用スキャフォールド[34]，微細で複雑なワイヤーフレーム形状を有する超軽量機械部品への応用[9,10]などが挙げられる。

　一方，我々は，独自の高機能ラボオンチップの研究開発を進めている。ラボオンチップとは，ガラスやプラスチックの微小な流体回路を用いて，化学反応や細胞分析を行うマイクロ化学分析チップである。分析装置をマイクロ化することで，試薬や試料の低減，分析速度の向上などが期待できる。しかしながら，一般的なラボオンチップは，流路や反応部だけが微小化された単純な流体回路が用いられていることが多く，ポンプやバルブなどの流体制御素子は外付けである。このため，試料や試薬の微量化に限界があり，微小なポンプやバルブを内蔵した高機能かつ廉価なラボオンチップの実現が期待されている。

　そこで我々は，2光子造形法によって，マイクロ流体回路の内部に，マイクロポンプやマイクロピンセットを内蔵させて，これらをレーザー光を用いた「光ピンセット技術」を用いて遠隔駆動することで，流体制御や生体試料の分析などを行うことができる「光制御ラボオンチップ（図4(a)）」を提案・開発している[35,36]。

　図4(b)，(c)に，我々が開発したマイクロポンプの例を示す。図4(b)は，2つのロータを噛み合わせて液体を輸送するローブ型ポンプであり，レーザー光を時間分解して，2つのロータに交互に照射させて，同時に回転させている[11]。また，図4(c)は，1つのディスクを回転させるだけで，液体や細胞を搬送する粘性型ポンプである[12]。流路をU字型にして，流路幅を最適化することで，ロータの回転による逆圧を低減し，一方向の流れを実現している。このようにマイクロ領域では，

産業用3Dプリンターの最新技術・材料・応用事例

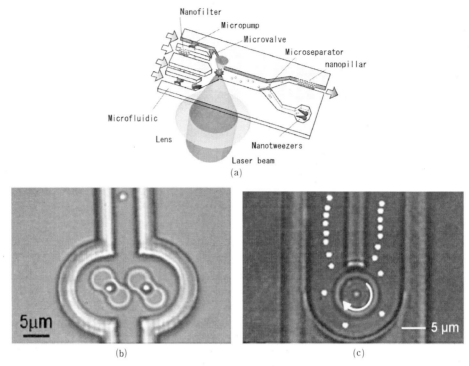

図4　光制御ラボオンチップの開発例
(a)概念図，(b)ローブ型マイクロポンプ，(c)シングルディスク型ポンプ

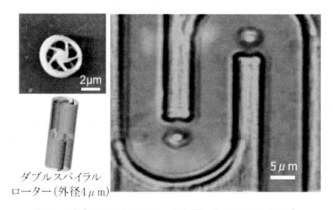

図5　ダブルスパイラルロータを用いたマイクロポンプ

慣性力よりも粘性力が支配的となるため，回転するロータの周辺の粘性力によって十分に流体を輸送することが可能となる。さらに，この粘性型マイクロポンプを改良し，2枚のらせん状ブレードを持つダブルスパイラルロータを開発した（図5）。このロータは，レーザー光を集光させるだけで回転するため，従来のようにガルバノスキャナを用いてレーザー光を回転させる必要がない。したがって，マイクロポンプの駆動システムの小型化，低コスト化に役立つ。図5は，この

第5章 市場動向と今後の展望

ロータを2つ内蔵させて同時に高速回転させて形成したタンデム型マイクロポンプである[13]。細胞などの生体試料をダメージレスで搬送するセルソータなどへの応用が期待できる。

2.5 無電解めっきによる金属化マイクロマシンの開発

これまで紹介した光駆動マイクロポンプは，すべて光硬化性樹脂から形成された透明な樹脂構造体であった。このような透明な樹脂構造体は，光ピンセット技術によってレーザー光の焦点に捕捉し，自由自在に駆動することが可能であった。しかしながら，これらを駆動するには，1W程度の高出力レーザーが必要であった。そこで我々は，2光子造形で作製した樹脂構造体に無電解めっきを施し，金属で表面をコーティングすることで，駆動力を向上させる研究を行っている[20,21]。金属化することで，これまで可動部品を透過・屈折していたレーザー光は，すべて反射されるため，可動部品には大きな反発力が作用する。この反発力を利用して，マイクロマシンを高効率に駆動できる。

図6に，2光子造形で作製したマイクロマシンに無電解めっきを施し，金属化マイクロマシンを作製する工程を示す[20]。まず，可動部の表面全体を無電解めっきするために，アンカーで支持

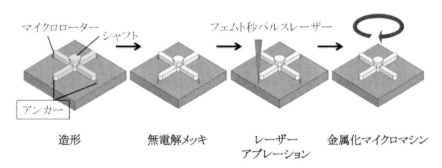

図6 無電解めっきとレーザーアブレーションを利用した金属化マイクロマシンの作製法

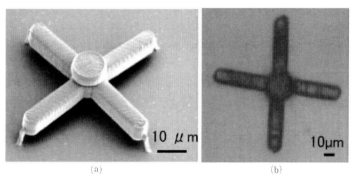

図7 金属化マイクロマシンの作製例
(a)アンカー付きロータの造形，(b)レーザーアブレーション後に銅めっきされたロータ

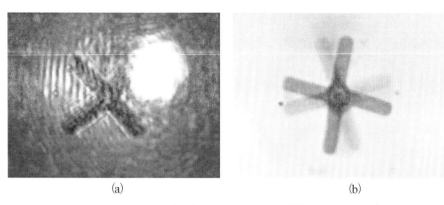

図8　金属化マイクロマシンの光駆動
(a)レーザー照射（図中の白色部分）によって回転するロータ，(b)連続的に回転するロータ

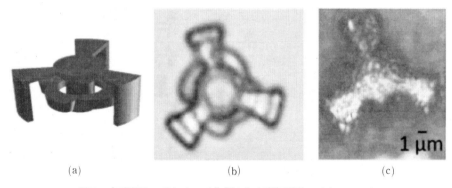

図9　無電解めっきによって作製された磁気駆動マイクロロロータ
(a)CADモデル，(b)樹脂製ロータ，(c)マグネタイト皮膜ロータ

した可動部品を造形する。そして，無電解めっき処理を行った後，アンカー部にフェムト秒パルスレーザーを照射して，アンカーを除去することによって，金属化マイクロマシンを作製する。

　図7に，この方法によって作製されたマイクロロータの例を示す。図7(a)は，2光子造形で作製したアンカー付きマイクロロータの電子顕微鏡写真である。図7(b)は，このロータに無電解銅めっきを施し，レーザーアブレーションによってアンカーを除去した光学顕微鏡写真である。ロータの羽根を破損することなく，アンカーのみが除去されていることがわかる。

　実際に，本手法で作製した金属化マイクロマシンを，1 mW程度の微弱なHe-Neレーザー光で回転駆動させることに成功している[21]。図8(a)は，レーザー光をガルバノミラーで高速回転走査させて，反発力によってロータ羽根を回転させている様子である。また，図8(b)は，照射レーザー光をフィルターでカットし，回転するロータだけを観察した光学顕微鏡像である。このように，微弱なレーザー光でも，レーザー光が羽根部に照射された際に大きな反発力を与えることで，金属化ロータを回転させることができる。

第5章 市場動向と今後の展望

このような2光子造形と無電解めっきを組み合せた融合技術は，マイクロマシンだけでなく，立体的なエレクトロニクス部品[19]や，メタマテリアル[37]，さらには磁気駆動型マイクロマシン[38,39]の作製にも利用されている。例えば，最近，我々は無電解銅めっきと同様のプロセスを利用して，マグネタイトの皮膜を樹脂製マイクロマシンに付与して，磁気駆動型マイクロマシンの開発を行っている[40]。例えば，図9は，シャフトと一括造形された樹脂製マイクロロータにマグネタイトを無電解めっきして作製した磁気駆動マイクロマシンの例である。このような磁気駆動マイクロマシンは，永久磁石で簡単に駆動できるため，レーザーを用いる光駆動タイプに比べて，小型で低コストな駆動装置を構築できる利点がある。今後，磁気駆動型のラボオンチップやマニピュレーションツール，さらには，密閉微小空間で遠隔駆動して自由自在に動き回るマイクロマシンなどへの応用が期待できる。今後，2光子造形と無電解めっきなどの後処理工程を組み合せることで，様々な機能デバイスの創製が期待される。

2.6 シリコーン樹脂型を用いた3次元構造体の複製技術

これまで紹介した光駆動マイクロポンプや磁気駆動マイクロロータなどのマイクロ可動部品は，2光子造形によって直接造形されていた。このため，1つの素子を造形するのはわずか数分で完了するが，大量生産する場合には作製に長時間を要する。そこで我々は，シリコーン樹脂を用いた転写技術によってマイクロマシンを複製する技術を確立した[24,41]。図10に，シリコーン樹脂型を用いたマイクロ可動部品の複製方法の概略を示す。この方法では，2光子造形によって作製した3次元樹脂モデルを母型として，ポリジメチルシロキサン（PDMS）を用いて鋳型を作製し，3次元微小構造体を複製する。このとき，可動部を円筒薄膜状の支持膜で支えた構造体を母型に用いることで，PDMSが可動部を包含することを防ぎ，PDMS型の離型が可能となる。離型後に，

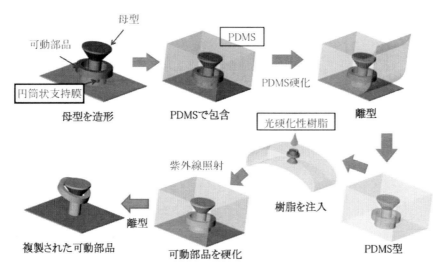

図10 PDMS型によるマイクロ可動部品の複製方法

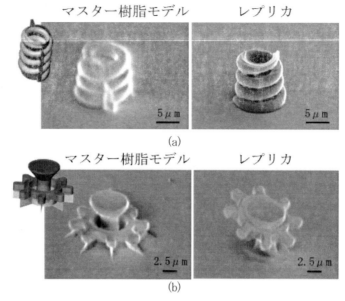

図11 シリコーン樹脂型による複雑な微小構造体の複製
(a)マイクロコイルバネ，(b)マイクロギア

PDMS型を撓ませながら，可動部の空洞にのみ光硬化性樹脂を充填し，紫外線露光を行うことで，可動部を硬化させる。最後に，PDMS型を離型すれば，シャフトに拘束された可動部品を複製できる。実際に，この方法を用いて，バネなどの複雑形状や，マイクロギア，ピンセットなどの可動部品の複製に成功している[41]（図11）。この転写技術を活用すれば，複数のマイクロポンプやバルブを内蔵した高機能なラボオンチップや，様々なマイクロマシンも量産できる。

2.7　新規な感光性材料による機能構造体の作製—アモルファスカーボン構造体の形成—

2光子造形法を用いて機能構造体を作製する方法として，材料となる感光性材料を改良し，様々な機能を付与する研究が盛んに行われている。代表的な例としては，磁気ナノ微粒子やカーボンナノチューブなどのナノ材料を混合したハイブリッド樹脂が多数開発されている[14,15]。また，pHに応じて膨潤するゲル材料[16]や，ドラッグデリバリーに応用可能な生体高分子[17]などが開発されている。

一方，我々は，2光子造形後に熱処理を行うことで，硬化した樹脂を熱分解して，アモルファスカーボンの3次元構造体を形成できる新規な樹脂材料の開発に成功している[18]。この樹脂は，レゾルシノールジグリシジルエーテルを主成分としており，従来のアモルファスカーボン構造体の作製法に使用されているフォトレジスト（SU-8）よりも質量残存率が高い。また，従来法ではフォトリソグラフィーを利用しているため，ピラーアレイなどの2次元的な単純形状に限定されていたが，我々の方法では，任意の3次元形状を持つアモルファスカーボン構造体を形成できる

第5章　市場動向と今後の展望

図12　アモルファスカーボン構造体の作製
(a)シリコン基板上に造形した樹脂構造体，(b)熱処理後のアモルファスカーボン構造体

利点がある。

　図12は，我々が開発した光硬化性樹脂を用いて，シリコン基板上に作製した複雑な3次元構造体と，その後に，窒素雰囲気下，昇温速度10℃/minで800℃まで加熱して熱分解したアモルファスカーボン構造体の例である。このように，微細で複雑な3次元形状を維持したままアモルファスカーボンに変化させることができた。また，熱処理後のアモルファスカーボンの導電率は0.19Ωcm程度であり，複雑形状を有する微小電極などへの応用が期待される。また，先に述べたPDMS型を用いた構造体の複製技術を用いれば，3次元構造体の大量生産も可能であるため，大面積の電極やバイオインターフェースなどへの応用も期待できる。

2.8　セラミックス材料を用いた鋳型技術による機能構造体の創製

　これまで紹介した研究例では，最終的な機能構造体の材料として，光硬化性樹脂あるいは後処理を行った樹脂材料が用いられていた。このため，機能構造体の物性が原材料である光硬化性樹

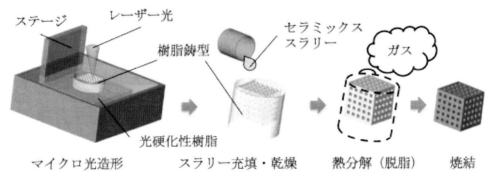

図13　マイクロ光造形と鋳型技術を用いた3次元セラミックス構造体の作製工程

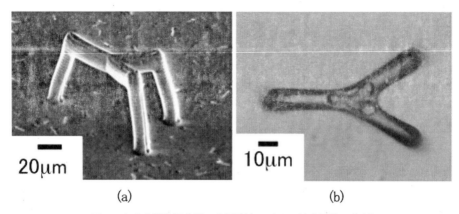

図14 シリカ微粒子を用いた透明なマイクロ流体回路の作製
(a) 2 光子造形によって作製した樹脂鋳型，(b)シリカ製マイクロ流体回路

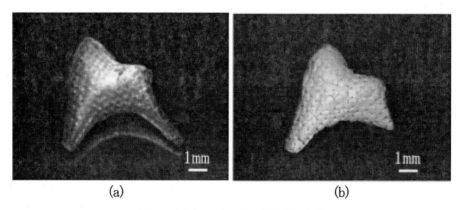

図15 バイオセラミックス構造体の作製
(a)樹脂鋳型，(b)バイオセラミックス構造体

脂に大きく依存するという本質的な課題がある。そこで，我々は，光硬化性樹脂に限定されることなく，様々なセラミックス材料を用いて3次元微小構造体を作製できる鋳型技術の開発に取り組んでいる[22]。本手法では，図13に示すように，フェムト秒レーザーを用いた2光子造形あるいは従来の紫外レーザーを用いたマイクロ光造形法を用いて樹脂鋳型を作製し，セラミックス微粒子からなる高濃度スラリーを型に注入し，これを乾燥する。そして，樹脂鋳型を熱分解によって除去した後，焼結することで，鋳型の反転形状を持つセラミックス構造体を形成する。

この方法を用いて，これまでにシリカ微粒子（平均粒径：340 nm）を用いて作製した高濃度スラリーを使用して，透明なマイクロ流体回路を作製することに成功した[23,24]。図14は，2光子造形によって作製した樹脂鋳型と，この樹脂鋳型を焼失して作製したシリカ製マイクロ流路の例である。このように，本手法を用いれば，2光子造形によって作製した樹脂鋳型の反転形状を有する微細な流体回路を作製することが可能である。このような3次元的な透明ガラス流体回路は，高

第5章 市場動向と今後の展望

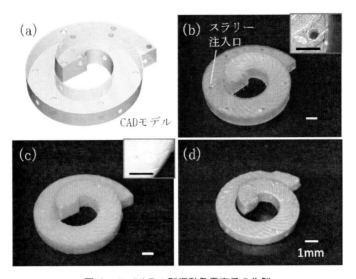

図16 スパイラル型振動発電素子の作製
(a)CADモデル，(b)ポリマー鋳型，(c)乾燥体，(d)焼結したスパイラル型振動発電素子

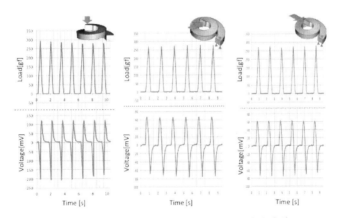

図17 スパイラル型振動発電素子を用いた発電実験

機能なラボオンチップに応用できる。

　本手法にバイオセラミックスを使用すれば，歯や骨を再生するための足場も作製できる。図15は，2光子造形ではなく，紫外レーザーを用いたマイクロ光造形法によって作製した樹脂モデルを鋳型として，バイオセラミックス（β-TCP）を用いて作製した耳小骨モデルである[25]。樹脂鋳型によって最終製品の形状を規定できるため，後加工無しで複雑なセラミックス構造体を一体成形できる。このような3次元CADモデルから作製可能なバイオセラミックス構造体は，テーラーメイド医療への応用が期待できる。

　また，最近，圧電セラミックスを用いてスパイラル形状の振動発電素子の開発にも取り組んでいる（図16）[26]。従来の圧電セラミックスを用いた振動発電素子の多くは，2次元的な片持ちはり

275

構造が主流であり，1方向の振動エネルギーしか利用できないが，スパイラル型発電素子は3次元的な振動エネルギーを電気エネルギーに変換できるため，発電効率の向上が期待できる。図17は，実際にスパイラル型振動発電素子に3方向から個別に荷重を加えて，発生した電圧を計測した例である。この結果から，らせん軸方向だけでなく，面内方向からの荷重に対しても電圧を取り出せることがわかる。今後，圧電素子の形状や電極配置の最適化によって発電効率の向上に取り組む予定である。

2.9 まとめと今後の展望

2光子造形法は，最も高精細な3Dプリンティング技術としてフォトニクス，バイオ，マイクロマシンなど幅広い分野への応用展開が進められている。特に，新材料の開発によって，新たな分野への応用が拡大しつつある。例えば，光硬化性樹脂にナノ材料を混合したハイブリッド材料や，造形後に無電解めっきや加熱などの後処理を行うことで機能化するなど，単なる3次元マイクロ・ナノ構造体のみならず，実用可能な機能デバイスを創製する取り組みが始まっている。今後，造形精度の更なる向上と，造形面積の拡大，造形速度の向上が進められれば，従来技術では作製困難な立体的かつ高性能な3次元マイクロ・ナノデバイスの創製が期待される。さらに，2光子造形によって作製した3次元マイクロ・ナノ構造体を鋳型に用いる3次元鋳型技術が確立されれば，樹脂材料に限らず，様々なセラミックス材料や金属材料を利用可能となり，新規な高機能デバイスの試作や実証にとどまることなく，実用に耐えうる高機能デバイスの創製が期待できる。

今後，市販の2光子造形装置[28]の利用拡大に伴い，ますます2光子造形の応用研究の拡大が予想される。しかし，市販装置の仕様や適用材料は限定されており，ユーザーが求める実用を目指した3次元マイクロ・ナノデバイスを作製できるとは限らない。したがって，ニーズを持った企業と，造形や材料に関する知識と技術を有する大学や研究機関が協働することで，2光子造形・鋳型技術を核とした新産業の創出を目指すことが重要である。その1つの取り組みとして，我々は，平成26年度から戦略的イノベーション創造プログラム「革新的設計生産技術」において，「超3D造形技術プラットフォームの開発と高付加価値製品の創出」に取り組み始めた。このような産学連携による3次元マイクロ・ナノ光造形技術の開発と応用が進展し，これまでにない高機能な3次元マイクロ・ナノデバイスが，フォトニクス，医療，環境エネルギーなど幅広い分野でブレークスルーを起こすことを期待したい。

文　献

1) H. Kodama, *Rev. Sci. Instrum.*, **52**, 1770 (1981)

第5章 市場動向と今後の展望

2) K. Ikuta and K. Hirowatari, *Proc. of the IEEE International Workshop on Micro Electro Mechanical Systems (MEMS 93)*, 42 (1993)
3) S. Maruo et al., *Optics Letters*, **22**, 132-134 (1997)
4) S. Kawata et al., *Nature*, **412**, 697-698 (2001)
5) J. Fischer et al., *Laser & Photonics Reviews*, **7**, 22-44 (2013)
6) Z. Gan et al., *Nature Communications*, **4**, 2061 (2013)
7) B. H. Cumpston et al., *Nature*, **398**, 51-54 (1999)
8) N. Lindenmann et al., *Optics Express*, **20**, 17667-17677 (2012)
9) T. Bückmann et al., *Advanced Materials*, **24**, 2710-2714 (2012)
10) M. Kadic, *Appl. Phys. Lett.*, **100**, 191901 (2012)
11) S. Maruo and H. Inoue, *Appl. Phys. Lett.*, **89**, 144101 (2006)
12) S. Maruo and H. Inoue, *Appl. Phys. Lett.*, **91**, 084101 (2007)
13) S. Maruo et al., *Optics Express*, **17**, 18525-18532 (2009)
14) J. Wang et al., *Optics Letters*, **34**, 581-583 (2009)
15) S. Ushiba et al., *Carbon*, **59**, 283-288 (2013)
16) B. Kaehr et al., *Proc. Natl. Acad. Sci. USA*, **105**, 8850-8854 (2008)
17) J. D. Pitts et al., *Macromolecules*, **33**, 1514-1523 (2000)
18) Y. Daicho et al., *Optical Materials Express*, **3**, 875-883 (2013)
19) A. Farrer et al., *J. Am. Chem. Soc.*, **128**, 1796-1797 (2006)
20) T. Ikegami et al., *Jpn. J. Appl. Phys.*, **50**, 06FL17 (2012)
21) T. Ikegami et al., *Journal of Laser Micro/Nanoengineering*, **8**, 6-10 (2013)
22) 丸尾昭二, 粉体技術, **5**, 638-645 (2013)
23) M. Inada et al., *Jpn. J. Appl. Phys.*, **48**, 06FK01 (2009)
24) S. Maruo, *SPIE Newsroom* (29 November 2012) DOI: 10.1117/2.1201211.004378
25) T. Torii et al., *Jpn. J. Appl. Phys.*, **50**, 06GL15 (2011)
26) K. Monri and S. Maruo, *Sensors and Actuators A*, **200**, 31-36 (2013)
27) S. Maruo et al., *J. of Microelectromech. Syst.*, **12**, 533-539 (2003)
28) http://www.nanoscribe-japan.com
29) W. Haske et al., *Optics Express*, **15**, 3426-3436 (2007)
30) J. Fischer et al., *Advanced Materials*, **22**, 3578-3582 (2010)
31) L. Li et al., *Science*, **324**, 910-913 (2009)
32) Z. Li et al., *Macromolecules*, **46**, 352-361 (2013)
33) K. Obata et al., *Light: Science & Applications*, **2**, e116 (2013)
34) A. M. Greiner et al., *Biomaterials*, **35**, 611-619 (2014)
35) 丸尾昭二, 機械の研究, **58**, 735-741 (2006)
36) 丸尾昭二, 光学, **41**, 84-89 (2012)
37) C. M. Soukoulis and M. Wegener, *Nature Photonics*, **5**, 523-530 (2011)
38) Wei-Kang Wang et al., *J. Phys. Chem. C*, **115**, 11275-11281 (2011)
39) S. Kim et al., *Adv. Mater.*, **25**, 5863-5868 (2013)
40) 丸尾昭二, 日本機械学会誌, **118**, 26-29 (2015)
41) S. Maruo et al., *Jpn. J. Appl. Phys.*, **48**, 06FH05 (2009)

3　金属の積層造形技術の今後の展開と国際標準化の動向

芦田　極*

3.1　はじめに

　ここで3Dプリンターと称する技術は，黎明期から樹脂材料を主体として，デザイン検証を目的とした試作において活躍し，産業界において一定規模の市場形成に成功した。その流れが広がる過程で様々な形態のシステムが開発され，材料選択の幅が広がるとともに応用範囲が拡大してきた。ものづくりに関わる者の目からは，3Dプリンターで実際に機械などに組み込める部品や構造体を造りたいという要求は当然のものであり，その実現に向けて種々の材料に対応して造形システムが発案，開発がなされてきた。

　2000年ごろから金属材料を直接造形する3Dプリンターが製品として市場に出始め，その夢が現実のものとなってきた。今日では本格的な実用レベルの応用開発が盛んに進められている。既に3Dプリンターで製作した金属部品が実用に供されている例としては，航空機などの軽量高強度部品，人工骨インプラント，義歯クラウン，タービン用耐熱合金部品などが挙げられる。積層造形技術の強みを活かした金属部品が，今後活躍する場を広げるものと期待され，3Dプリンター本体のみならず，設計やデータ処理のソフトウエア，シミュレーション，最適化制御技術，原材料開発でも活発な研究開発が進められている。

　3Dプリンターに関連する技術の国際標準化への取り組みは，まさにこの金属材料を対象とした3Dプリンター応用技術開発の進展に牽引されている。試作（Prototyping）から製造（Manufacturing），またプラスチックから金属への展開により，3Dプリンターで製造されたものが，試作評価にとどまらず，実用の製品に組み込まれるようになってきた。つまり，3Dプリンターで製作されたものが，一定の仕様を満たした機能部品として商取引の対象となり，それらの仕様や性能の評価手法などを標準化することが必要になってきた。この流れを受けて2009年1月にアメリカでASTM F42委員会が召集され，3Dプリンター関連の技術をAdditive Manufacturingと定義し，規格文書の策定が始まった。それを追うようにISOでもドイツが音頭を取って2011年にTC261委員会が組織され，日本も2013年からISO/TC261のメンバーに加わった。現在では，ASTMとISOが協力して国際標準化活動を行うという，これまでにない取り組みが実現し，Additive Manufacturingに関する規格が発行されている。

　本節では，最近10年間で実用化が急速に進展している金属3Dプリンターを用いた金属部品の製作について，今後の展開を国際標準化活動の動向を踏まえて解説する。

3.2　3Dプリンターの多様化と材料の変遷

　光造形から始まった当初の3Dプリンターの開発目的は，3D-CADデータから立体図形を実体

---

*　Kiwamu Ashida　国立研究開発法人 産業技術総合研究所　製造技術研究部門
　　　　　　　　　オンデマンド加工システム研究グループ　研究グループ長

第5章　市場動向と今後の展望

化することであり，2D図面を紙に印刷するプリンターに対して，まさに3Dプリンターと呼ぶにふさわしい技術として，デザインおよび基本的な機能の検証といった試作（Prototyping）で活躍した。この用途では，一般的なプラスチックや紙など，実製品と異なる材質による造形でも，コンピュータ画面でのデザイン検証では得られない実体の三次元モデルが持つ機能が評価され，一定規模の市場形成に成功した。この目的においては，金型を用いずに少量かつ多種の試作モデルを造形できる特長を活かし，金型を製作する場合と比較して非常に短い時間で試作部品の成形ができることから，ラピッドプロトタイピングやRPの略称で呼ばれ，その呼称が一般化した。

　ここで，3Dプリンターの原理（定義）に立ち返ってみると，「3Dモデルデーターに基づいて材料を結合し，主に積層することで物体を造形する工程」となっている。2009年にアメリカの標準化団体ASTMのF42委員会が3Dプリンターの正式な呼び名をAdditive Manufacturingと決めた際の定義である。この表現は極めて一般的で，材料や原料の形態，結合する技術やシステム構成について限定するものではない。数学（幾何）的には，点をつなげて線に，線を並べて面に，面を重ねて立体に，と基本要素を結合することで立体を作る技術と表現できる。つまり原理的には，出発原材料は形の定まらない液体，半溶融状態，固体なら粉体か薄いシート状材料となり，固化結合には化学反応（光硬化性樹脂），加熱と冷却による溶融と凝固，超音波摩擦による固相接合や接着剤（バインダ）などが選択肢となる。

　基本原理の提案から今日に至るまでの30年余の間，実に様々な原材料，固化結合原理，位置制御機構，それらの組み合わせによる多様な3Dプリンターが登場した。表1はそれら多様化した3Dプリンターを形態により国際標準規格に定める7種に分類し，適用可能な材料を示したものである[1]。樹脂，紙，金属，セラミックスと様々な材料に対して，対応する3Dプリンターの形態が整理されている。中には3Dプリンターの製品として市場に出たものの，あまり普及しなかったものもある。材料噴射法とバインダ噴射法は，共にインクジェットヘッドに類する機構を使うため，よく混同されることがあるが，吐出する物質が材料そのものか，結合材（バインダ）であるかの違いがある。また，バインダ噴射法は粉末床積層法と同様に，粉末状の材料をパウダーベッドと呼ばれる造形空間に1層ずつ積層する機構を用いる。これは後述する鋳造用砂型を3Dプ

表1　3Dプリンターの分類と対応する材料

材料	光造形法	材料噴射法	バインダ噴射法	粉末床焼結法	材料押出法	指向エネルギー堆積法	シート積層法
熱（光）硬化性樹脂	○	○					
熱可塑性樹脂		○	○	○	○		○
紙							○
金属			○	○		○	○
ファインセラミックス	○		○				○
構造用セラミックス			○	○	○		

リンターで製作する場合にも用いられる。造形する対象が金属およびセラミクスの場合，1次造形をバインダ噴射法やシート積層法で行い，2次工程で焼結することで強固な構造部品を製作することができる。3Dプリンターにはあらゆる材料結合技術が適用可能であり，今後も多様な目的に対応して，これまでにない材料，工法，スケールで3Dプリンターが発明されるであろう。

3.3 3Dプリンターによる金属部品の製作

前述のように多様化した3Dプリンターであるが，工業的応用が期待される実用の金属部品の製作に対応した技術に絞っていくと，間接造形と直接造形の大きく2つに分けることができる。言い換えると，3Dプリンターで型となる部品を製作し，鋳造などで金属部品を製作する方法と，3Dプリンターで実際に使用される部品そのものを造形する方法である。前者では，3Dプリンターで作ったもの自体は製造工程で使われるのみで，最終的にユーザーの手に渡ることがない。その一方で，金属部品が直接造形される場合は，その部品が実際に市販の機械などに組み込まれ，要求される性能を満たして機能しなければならない。この違いは，国際標準化活動においても現れており，市場が3Dプリンターに求める性能に関する議論は，主に後者の直接造形の技術に対して行われている。

このことは，国際標準化活動が始まった動機にも関連すると思われる。技術の発明から約30年間，ASTM F42委員会の立ち上げまで，国際標準化の必要性は大きくなかったと推察する。つまり，3Dプリンターが一般にRapid Prototypingと称されていた時代では，造形品そのものが一般ユーザーの手元に渡ることはなく，材料物性や機械的特性といった仕様を保証する必要まではなかった。しかしながら，3Dプリンターによる金属の直接造形技術が進歩し，実際に製品機器，あるいは人体などにも組み込まれることが現実のものとなってきた。そして今日では，すでにそれらが商取引の対象となっている。そうなると，3Dプリンターによる造形品そのものが，一定の基準を満たしているか否かを評価するための基準を求めるのは，市場からの自然な要望であろう。ASTM F42委員会の定義したAdditive Manufacturingからは，それまでの試作「Prototyping」から，製造「Manufacturing」へと3Dプリンターの活用の場所が広がったことを意味していると読み取る。

3.3.1 3Dプリンターによる金属部品の間接造形

国際標準化活動の中では，現在活発な議論の対象とはなっていないことは事実であるが，3Dプリンターを活用した金属部品の製作という観点では，鋳型の製作と鋳造の組み合わせは極めて実用的な応用技術である。この方法では主にバインダ噴射法によって砂を結合して砂型を製作するが，これに限定されるものではない。光造形で製作したモデルを，そのまま鋳型に埋め込んでロスト（消失）型として用いることも，材料噴射法によってロストワックス型を製作し，鋳込むこともできる。石膏や樹脂でマスター型を製作して，砂型を起こすことも可能である。間接造形故，3Dプリンターは型づくりのどこにでも適用できる。そして，造形物の品質については，3Dプリンターの性能に直接影響されることはなく，従来の鋳物製造における評価手法を適用することが

第5章　市場動向と今後の展望

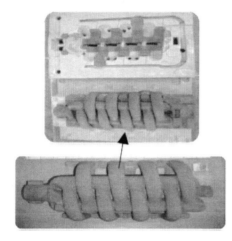
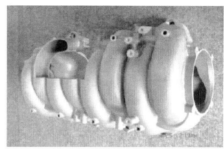

（V8エンジンインテークマニホールド）
（a）鋳型と中子　　　　　　　　　（b）鋳造製品
図1　3Dプリンターを用いた砂型による精密鋳造

できる。

　工業的な応用技術開発としては，砂型用3Dプリンターが実際の生産現場でも活躍している。図1は3Dプリンターで製作した複雑形状を持つ中子と，それを組み込んだ砂型で鋳込んだ鋳造品である。従来の木型砂型製作法に比べ，中子の点数が大幅に少なくなり，かつ形状精度が高いために，薄肉で複雑形状の鋳物を製造することができる。技術の普及には低コスト化が課題となるが，そのためには砂型用3Dプリンターの高速化，大型化を図ることが求められる。現在経済産業省主導で進められている国家プロジェクト[2]では，高速大型の砂型用3Dプリンターも開発対象となっており，この工法に適した鋳型用人工砂の開発も実施されている。この技術の適用範囲は，技術の進歩に伴って着実に進むものと思われる。

3.3.2　3Dプリンターによる金属部品の直接造形

　金属部品を直接造形する3Dプリンターとしては，一般的に表1の金属の欄に示された方式を適用できる。しかしながらバインダ噴射法の場合，金属同士の強固な結合を得るためには2次工程として焼結が必要となる。シート積層法については，米国企業が金属箔を超音波接合で積層するシステムを市販した実績はあるが，普及していない。現状では，粉末床焼結法と指向エネルギー堆積法による金属3Dプリンターが各社から市販され，応用開発が活発に進められている。技術の詳細については，本書の各章を参照いただきたい。ここでは，一般的な金属3Dプリンター装置ユーザーの視点から，現状の装置および技術の動向を俯瞰する。

　産業用の3Dプリンターとして，実用に耐えうる性能を持った金属部品を直接製造する，という目的においては，現在の3Dプリンター装置市場が反映しているように，粉末床焼結法と指向エネルギー堆積法の二つに絞られる。いずれの方式も，粉末金属を溶融させて再凝固する際に局

所的な接合を繰り返し，層を重ねることで立体形状を造り出す。金属粉末の溶融には，局所的な高温状態を作る必要があり，集光されたレーザービーム，あるいは電子ビームが用いられる。2方式で2種のエネルギー源から，4種の組み合わせが実現されている。その中で，指向エネルギー堆積法の電子ビーム方式については，真空環境が必要なため粉体での材料供給ができず，ワイヤーで供給するシステムとなっている[3]。

金属3Dプリンター装置市場で最も多くのメーカーがしのぎを削っているのが，粉末床焼結法のレーザービーム方式である。この方式の装置は2000年以降，高出力かつ高品質なファイバーレーザーの登場により，品質の良い金属粉末の溶け込み状態が得られ，より実用レベルの高い造形品の製造が可能となった。材料の選択幅も次第に広がり，鋼，チタン，インコネル，コバルトクロム，アルミ合金など，適用先に応じて粉末原料が製造，供給されている。対照的に，粉末床焼結法の電子ビーム方式では，スウェーデンのメーカー1社のみから装置が市販されている状況である。装置技術そのものでは，競争相手のいない状況ではあるが，金属3Dプリンター装置市場では，レーザー方式も含め，それぞれの特長を活かした応用技術の開発において競合している。

指向エネルギー堆積法は，部材を付加しようとする部分にだけ，ノズルから粉末を供給し，同時にレーザービームを照射して溶融状態を作り出し，冷却固化することで部材を積み上げて立体形状を造り出す方法である。図2は指向エネルギー堆積法によって部材を製造する際のノズル部と製作中の部品である[4]。粉末床焼結法との大きな違いは，周囲を未焼結の粉末で埋める必要はなく，空間に部品が成長するように造形が行われる点である。粉末床焼結法でも，未焼結の粉末は再利用できるため，正しく材料歩留りについては比較できないが，粉末床焼結法では造形空間

図2　指向エネルギー堆積法による3D造形の例[4]

第5章　市場動向と今後の展望

を全て埋める量の粉末材料が必要なのに対して，指向エネルギー堆積法では，付加する部材の体積より若干多くの粉体材料を要する程度である。また，造形物の向きを途中で変えられることも特長である。これを活かして，5軸切削加工機との組合せによるハイブリッド3Dプリンターが開発されており，市場で注目を集めている。切削加工により除去する体積を極少化しながら，切削加工によるバルク材の削り出し加工と同程度の寸法精度を得られることから，加工時間の短縮が見込まれる。また，欠損した箇所の肉盛りと切削による仕上げ加工によって，破損した機械部品の補修も可能であり，応用への期待が高まっている。

3.3.3　金属積層造形技術の開発課題

　材料を限定せずとも，3Dプリンターはプロセスの出発点をデジタルの3Dモデルデーターとし，目的とするポイントで材料を結合することで，モデル形状に対して忠実に部品を製造することがシステムに課せられた使命である。ここから3つのポイントが見えてくる。一つ目はデジタルデーターの処理と制御プログラムへの変換，ソフトウエア技術である。二つ目は材料の結合状態の制御，原材料と最適な加工条件の探索である。三つ目は3Dプリンターとして指示通りの制御を実行するための装置開発である。しかしながら，これらは相互に関連する課題を包含しており，切り離すことができないことが課題の解決を難しくしている。これをビジネスとして展開し，ソフトウエア，材料，加工条件，装置をパッケージにした販売戦略で競争力を発揮しているメーカーもある。それぞれの得意な領域での技術開発を推進する際も，相互に重なり合う領域についての知見を広げ，総合的な強みを造り出す技術を開発する必要がある。

　ソフトウエアについては，入り口となる3Dモデルのデーターフォーマットに対して，現在デファクトスタンダードとなっているSTL（STereoLithography）ファイルに代わるものとして，ASTM F42委員会がAMF（Additive Manufacturing File）を提唱し，現在ISO/ASTM52915として国際規格が発行されている。これまでSTLのみで発展してきた技術において，新しいフォーマットへの乗り換えには相当な時間を要すると予想されるが，STLでの不具合が改善されていることが認められれば，次第に普及していくものと思われる。AMFではSTLでは表現できなかった内部の記述や，拡張書式による属性情報の追加，造形パラメーターの指示も機能上は可能であり，新たな活用が期待される。

　3Dモデルと加工条件の最適化にまたがる課題として，サポート設計の最適化が挙げられる。3Dプリンターでは形状に応じて，スライス形状において離散した領域が生じる際，それらを適切な位置に固定するためのサポートが必要になる。ほとんどの場合3Dプリンターの制御プログラムを生成する前に，モデル形状に付加する形で配置し，サポート付のモデルデーター作成することになる。金属材料の場合，このサポートが単なる部材の支持だけでなく熱伝達を左右することから，造形中の部材温度に影響を与えることがある。その結果，造形した部品が冷却後の残留応力によって歪むことがあり，これらの諸現象を予測するためのシミュレーションソフトウエアや最適化設計ソフトウエアの開発も望まれている。

　材料開発においては，第一に粉体材料の製造コストの削減が挙げられる。印刷用プリンターの

ように，消耗品で儲けるビジネスモデルも聞こえるが，現状の粉末金属の材料価格レベルでは，金属3Dプリンター技術の普及の妨げとなっている可能性もある。また，造形の際に溶融再凝固の過程を経るため，それによる材料特性の変化に配慮が必要である。粉末の粒度分布，表面のレーザー光吸収率，充填密度や圧粉体の熱伝導率など，種々の特性が造形時に装置側で設定するパラメーターに影響する。指向エネルギー堆積法で使用する粉体材料としては，ノズルに搬送する際の流動特性も考慮する必要がある。材料毎，装置毎に，最適なパラメーターを予め調査する必要もあり，造形装置の特性も踏まえた粉体材料開発が求められる。

機械装置側としての課題は，基本的な性能として造形速度の高速化と造形空間の大型化が挙げられるが，前述のように総合的な観点からの装置開発が必要となる。ソフトウエアとハードウエアの両面から，投入されるモデルデーターから最適な設定パラメーターを割り出す機能を有するプログラミング技術（CAM）や，加工雰囲気を適切に保つためのチャンバ，ガス置換機能，雰囲気や造形空間の温度制御技術などを確立することが安定した造形の鍵となる。加工プロセス以外でも，加工前後の段取りや材料種の交換作業などの時短化，活性度の高い粉体を扱う場合は，防爆措置，電気的な接地，清掃方法など，安全管理マニュアルなどについても整備する必要がある。全てを1社でカバーすることも1つの理想形かもしれないが，競争的な環境による技術の進歩を促進するには，安全基準や規格などで法的な管理体制の整備を公的機関の主導で行うことも必要であろう。

3.4 国際標準化の動向

3Dプリンター関連技術の国際標準化への取り組みは，2009年1月に米国のフィラデルフィアにあるASTM本部にF42委員会が召集され，3Dプリンターと称される技術の正式な名称をAdditive Manufacturingに決めたことから始まった。ASTMの前身はthe American Society for Testing and Materialsと称する公的な材料試験技術などの規格を制定する機関で，工業製品として市場に流通する各種材料の品質を顧客に保証するための規格作りや技術教育などを行っている。2001年からは，国際的な活動を行っていることを示すASTM Internationalが正式な名称となっている。元来はアメリカ国内の工業標準を扱う機関であったが，多くの国々の標準化組織と協力関係にあり，アメリカの企業との国際的な商取引の際にASTM規格が適用されるなど，国際的に活用される機会は数多く見られる。ASTMとしても，名称にInternationalを入れることで，さらに国際的に通用する規格づくりを推進したいという意図があったと思われる。

一方で，国際標準化機構としてISO（International Standard Organization）が存在する。第二次世界大戦の終結後，1947年に18か国で発足し，現在では163か国の会員で構成される世界最大の国際標準規格の発行団体である。発足からこれまでに，19500以上の国際規格を発行している。ISOでは，2011年にAdditive Manufacturingを扱う専門委員会TC261を，多くの3Dプリンターメーカーを擁するドイツが議長国となり発足させた。先行するASTM F42委員会の動きを追ったことは容易に推測でき，ASTMの発行した規格が，国際標準となることをけん制する意図があったと

第5章　市場動向と今後の展望

思われる。フランス，イギリス，スウェーデンなどの欧州の3Dプリンターメーカーを持つ国々を含め，アメリカ，カナダ，日本，韓国，中国など23か国（投票権のあるPメンバー19か国，Oメンバー4か国）で構成されている。日本は2013年からPメンバーとして登録し，ISOのメンバーとして国際標準化活動に参画している。

3.4.1　ISOとASTMの相違点

　ISO，ASTM共に，工業製品，サービスなどの商取引の際に，品質，安全性を保証し効率的な交易を促すことを目的としている。しかしながら，ISOの国際規格は国際貿易機構WTOの枠組みにおいて貿易を制限する効力を持っている点が，ASTMの規格と異なる。また，ISO/TC261においては，アメリカも1つの参加国であり，審議の際の投票権も他の国と同様に1票として扱われる。欧州各国がそれぞれ1票を持つことから，数のバランスでは欧州連合EUやEU非加盟の欧州諸国が強い決定権を持っているようにも映る。

　一方でASTMは，ISOが国家間の工業技術の格差を性能基準で公正化しようとする意識に対して，工業製品の品質と安全性の向上による消費者利益の確保という意識で，よりメーカーとユーザー間のビジネスに視点を置いている。ASTMでは，会員資格のある個人，団体が皆1票の権利を持っており，自由に議論に参加し，発言することができる。そのプロセスは透明であり，国家ではなく個人での活動として国際規格の策定に関与できる。逆手に取れば組織票で方向性を決めることもできるが，万人に開かれたオープンなシステムと参加者が利益を確保できる公平なシステムと言える。

3.4.2　ASTM F42とISO/TC261の共同作業

　ASTM F42委員会が先行し，2年遅れでTC261専門委員会を立ち上げたISOは，前述のような少し異なる性格を持っており，時に相互に競合関係にある団体でもある。しかしながら，Additive Manufacturingに関する両委員会は，2011年の秋にThe Partner Standards Development Organization（PSDO）協力協定を締結し，「世界に似た規格は2つ要らない」という言葉の下に，協力する関係となった。その成果として，ISO/ASTM52915とISO/ASTM52921の2つの連名で番号付けされた規格文書が，ISO/TC261から発行された。これらはASTMにおいてF2915-12およびF2921-11e3として発行されたものが，そのままISO/TC261で追認される形でISOとして発行されたものである。ASTMとしての規格は取り下げとなり，ISO/ASTMの連名による文書が国際標準となった。

　その後，具体的な協力体制が形になってきたのは2013年の夏であった。イギリスのノッティンガムで開催されたAMシンポジウムに合わせて，ASTM F42とISO/TC261が召集され，合同会合が設定された。双方のメンバーが一堂に会した場で，相互にエキスパートをそれぞれ3〜5名派遣してJoint Group（JG）を編成することを決定した。当初はISO/TC261のWG1〜4およびASTM F42のSCの構成に合わせてJGを設置したが，それぞれがカバーする領域のずれなどから，現在では規格文書のドラフト単位で目的志向のJG構成を取る形に落ち着いている。図3に，現在の両者の委員会構成を示す。JGで策定された規格文書の案は，相互の対応するWGおよびSCに持ち帰

り，それぞれのルールで投票を行う。両者のプロセスで合意が得られれば，最終的にISOの国際規格として発行される。ここで問題になっているのが，両者の承認プロセスの時間軸のずれである。ISOではドラフトの策定から各段階での投票を経て，1つの規格文書の発行に3年を要する。一方ASTMでは，1年の審議で発行し，半年ごとに見直しをかけるシステムとなっている。このスピード感のずれが，JGでの作業においても少なからず影響を与えている。

3.4.3　Additive Manufacturingに関する規格の傾向

ASTMではWork Itemと呼ばれる単位で規格文書のドラフトが提案され，WKに続く番号が活動単位となり参加メンバーによって策定される。図3から見て取れるように，材料とプロセスに関するWKが多く立っている。タイトルからその内容を見る限り，金属材料の粉末床焼結法に関するものが初期の段階から多く出されており，最近になって樹脂の粉末床焼結と材料押出法に関するアイテムが出され，審議が進められている。プロセスについては指向エネルギー堆積法（金属粉末）のドラフトが出されており，議論が始まっている。JGは現在9つ設置されており，その多くはASTM側からのドラフトがベースになっている。この内容も金属3Dプリンター技術に関するものが多く，あるいは金属を含む一般の材料を想定したものを含めると，ほとんどが金属材料に関するものである。

一方でISO/TC261側は，当初に発足した4つのWG構成を維持しており，専門委員会の発足から3年が経過し，それぞれからISO17296-2〜4がISO側での審議，投票を終えて発行されたところである。WG1のTerminologyについては，JGでの共同作業の成果として，少し遅れて発行される見込みである。ISO側で発行された規格文書は教科書的で，Additive Manufacturingに関する

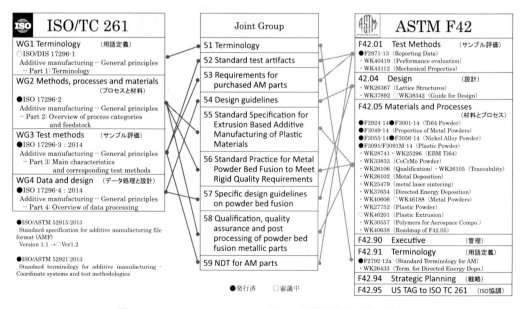

図3　Additive Manufacturingに関する国際標準化団体の構成

第5章　市場動向と今後の展望

技術を整理体系化した内容になっている。より具体的な内容については，今後JGの中で議論され，ISOとして発行されていくと思われる。現状では，実質的にASTMがリードしている状況にある。個人的なモチベーションを以て，Additive Manufacturingの国際標準化活動に参画したいと思った場合，ASTMの個人会員となり，F42委員会から参画した方が，スピード感，発言の機会，投票権の観点から意見を積極的に反映できる可能性が高いと思われる。

3.5　金属3Dプリンターの今後の展開

　金属3Dプリンター技術の進展に伴い，試作（Prototyping）から製造（Manufacturing）の目的での応用が広がり，実用的な造形品が市場で取引されるようになってきた。国際標準化活動で議論されている内容は，このような場面で，メーカーと消費者の間に起こり得る問題を想定し，双方の利益を守るためのガイドラインとなるものである。ASTM F42，ISO/TC261および両者のJGで議論の対象となっている金属3Dプリンターは，粉末床焼結法と指向エネルギー堆積法の2種であり，今後もこれらの技術が成熟し，より信頼性の高い部材製作が可能になると思われる。金属材料についても，現在のラインアップに加えて，新たな材料が開発され，並行して規格化も進むと思われる。

　また，次世代のAMF 3Dモデルデーターフォーマットとして，モデル内部の材料情報を自在に定義できる機能が提案されており，これまでは一様とされていた材料の特性を3Dプリンターの特長を活かして自在に変化させることが可能になることが期待されている。生体適合性の評価が必要な材料に対しては，ISO/TC194との連携などによる規格の整備も重要な課題である。記述の進歩と国際標準化活動が両輪となって，金属3Dプリンターで製造された部品などの実用化を促進するものと期待される。

文　　　献

1) ISO17296-2, Additive manufacturing—General principles—Part 2: Overview of process categories and feedstock
2) https://trafam.or.jp/top/about/developmentcontent/，B：超精密三次元造形システム技術開発
3) http://www.sciaky.com/additive_manufacturing.html
4) http://jp.dmgmori.com/%E8%A3%BD%E5%93%81/lasertec/lasertec-additivemanufacturing/lasertec-65-3d

産業用3Dプリンターの最新技術・材料・応用事例

2015年5月22日　第1刷発行

監　　修	山口修一	(T0972)
発 行 者	辻　賢司	
発 行 所	株式会社シーエムシー出版	
	東京都千代田区神田錦町1-17-1	
	電話03(3293)7066	
	大阪市中央区内平野町1-3-12	
	電話06(4794)8234	
	http://www.cmcbooks.co.jp/	
編集担当	井口　誠／為田直子	

〔印刷　株式会社遊文舎〕　　　　　　　　Ⓒ S. Yamaguchi, 2015

落丁・乱丁本はお取替えいたします。

本書の内容の一部あるいは全部を無断で複写(コピー)することは，法律で認められた場合を除き，著作者および出版社の権利の侵害になります。

ISBN978-4-7813-1071-8 C3054 ¥75000E